산림경제학

FORESTECONOMICS

김준순

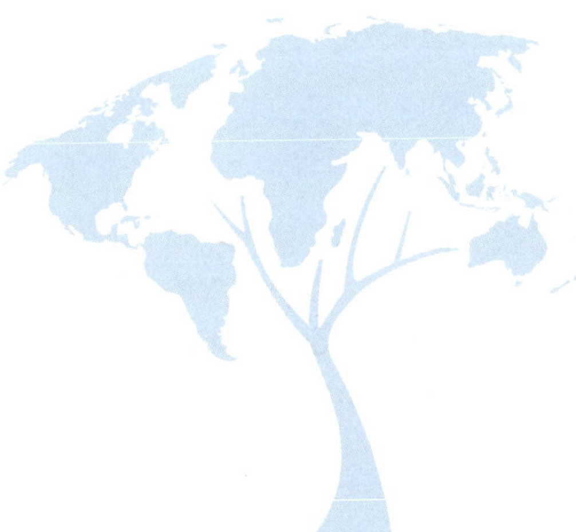

박영사

"본서는 2025년도 강원대학교 대학회계의
지원을 받아 수행한 연구 결과물임"

서문

IMF로 국내 경제가 한참 어려웠던 97년 말에 독일에서 학위를 받고 98년 초에 귀국하였을 때까지만 해도 산림경제학(임업경제학)이라는 과목을 정식으로 가르치는 학교는 몇 없었다. 가끔씩 기술고시 선택과목으로 임업경제학 시험문제 출제를 하러 가면 우리말 서적이 없어 늘 미안한 마음을 갖고 빚을 진 것처럼 지내왔다. 그러던 중 2023년에 드디어 우리말로 된 산림경제학 책을 출간하였다. 그런데 다수의 집필진이 참여하다보니 내용의 연계성이 부족하고 내용적인 면에서도 아쉬운 마음이 들었었다. 그러던 차에 2024년 후반기에 박영사에서 집필의 권유를 받았다. 이러한 상황이 마치 내가 해야만 하는 부름 같은 느낌이 들었다. 하지만 그 당시 몇 개월만에 집필을 마칠 능력이 안 되어 연구년인 2025년에 집필을 할 수 있다고 하니 흔쾌히 받아 주어 오늘 이렇게 이 책이 세상에 나오게 되었다.

이 책은 '경제학의 관점에서 산림을 어떻게 바라볼 것인가'라는 질문에서 출발한다. 산림은 재생가능자원이면서 동시에 대표적인 육상 자연환경이다. 숲은 우리에게 다양한 유무형 재화와 서비스를 제공하는 생산지로서의 역할도 하고 있다. 그러다보니 산림경제학은 자원경제학, 환경경제학, 재정학, 생산경제학 등 다양한 관점에서 해석이 필요하다.

이 책은 총 6부, 19장으로 구성되었다. 제1부에서는 산림경제학의 기본 개념과 현황을 소개하며 산림과 임업에 대한 전반적인 이해를 돕는 데 초점을 두었다. 제2부에서는 산림경제학을 이해하기 전에 기초적인 경제학의 개념을 소비자, 생산자 그리고 시장 이론으로 기본적인 경제학 개념을 정리하였다. 제3부에서는 산림을 조성하고 수확하기까지의 생산 과정에서 발생할 수 있는 경제학적인 문제들과 투자 결정을 위한 이론들을 소개하였다. 제4부에서는 목재와 단기소득임산물과 같은 재화들의 시장 특성과 함께 임산물 무역 이론과 관련 제도를 정리하였다.

제5부에서는 산림이 제공하는 다양한 공익적 기능을 생태계서비스의 관점에서 살펴보고 외부효과와 공공재적 성격, 가치평가 방법까지 함께 다루었다. 마지막 제6부에서는 산촌, 생물다양성, 기후변화와 같이 경제학적으로 해석될 수 있는 대상을 산림경제학의 영역으로 확장해 보았다.

본서는 개념과 현황 파악을 출발점으로 하여, 산림의 관리·수확에서 유통, 활용과 응용에 이르기까지 시간적 흐름 순서에 맞추어 작성하였다. 이 과정에서 일부 기초 경제학 내용이 후반부에 배치되었다. 강의 교재로 활용하고자 하는 경우에는 전체 내용을 '기초편'과 '적용편'으로 나누어 두 개의 강좌로 구성할 것을 권한다. 기초편은 「산림경제학의 기초」로서 제1장, 제3장, 제4장, 제5장, 제7장, 제8장, 제9장, 제12장, 제13장으로 구성하고, 적용편은 「산림경제학」으로 제2장, 제6장, 제10장, 제11장, 제14장, 제15장, 제16장으로 구분할 것을 추천한다. 마지막 제6부는 확장 영역으로 남겨두어도 무방할 것이다.

이 책이 세상에 나오기까지는 많은 분들의 도움이 있었다. 출간을 먼저 제안해 준 박영사의 정성혁 과장님과 편집과 교정을 맡아 끝까지 책임져 준 우석진님께 깊이 감사드린다. 아울러 본서의 출판을 허락해 주신 안종만 회장님과 안상준 대표님께도 감사의 마음을 전한다.

무엇보다 나를 산림경제학의 길로 이끌고 학문적으로 지도해 주신 폴커 베르겐(Volker Bergen) 교수님께 깊은 감사의 마음을 전한다. 집필 과정에 직접 참여하여 책의 내용을 더욱 충실하게 만드는 데 큰 도움을 준 정유진, 최태헌, 이유정 박사과정생들의 노고가 없었다면 이 책은 완성되기 어려웠을 것이다. 또한 집필을 핑계로 베트남 달랏에서 혼자 생활하는 시간을 허락해 준 사랑하는 아내 이영미에게도 이 자리를 빌려 고마운 마음을 전한다.

마지막으로 이 모든 순간에 간섭하여 부족한 저를 여기까지 이끌어 주신 주님! 감사드리며 사랑합니다.

2026년 1월
강원대학교 춘천 연구실에서
김 준 순

차례

PART 1

산림경제학 개념과 관련 산업 현황

PART 2

기초 경제학 이론: 소비자, 생산자, 시장

PART 3

임업생산과 투자

산림경제학 개념과 관련 산업 현황

PART

01

CHAPTER

01 산림, 임산업 그리고 경제학

1 산림이란?

산림, 산, 산지

산림경제학을 논하기 전에 '산림'이라는 대상과 '경제학'이라는 학문의 영역이 합쳐서 '산림경제학'이라는 하나의 학문 영역이 탄생하였다. IPCC(International Panel on Climate Change)에서는 최소 면적 0.05~1ha 이상, 수관울폐도 10~30% 이상, 성숙시 최소 수고가 2~5m에 해당되는 토지를 산림이라 정의하고 있다. 이렇듯 일반적으로 정의되고 있는 산림 이외에도 산(mountain), 산지(forested land)로도 불린다. 산림은 일정 면적 이상에서 어느 정도 교목의 비율을 차지하여 자라고 있는 생태자원을 의미하는데 반해 산(mountain)은 지형적인 개념으로 형상적인 특성으로 구분되어 사용되어지고 있다. 또한 산지(forested land)는 지상에 나무가 있거나 일시적으로 나무가 군집으로 없다 하더라도 나무를 키울 목적으로 지정한 토지의 개념을 의미한다. 특히 우리나라의 경우는 전 국토의 60% 남짓 산림으로 구성되어 있기 때문에 국토 관리적인 관점에서도 산지의 역할은 매우 중요하다. 이를 반영하듯 법령에서도 산림기본법과 산지관리법이 구분되어 있다. 일본에서는 산림보다는 삼림(森林)이라는 용어를 사용한다.

산림의 기능

과거에는 산림이 주거지에서 멀리 떨어져 있어 집약적인 이용이 어려웠기 때문에, 사람들이 간헐적으로 드나들며 땔감이나 건축재로 사용할 나무를 얻거나, 나무에서 열리는 열매나 산림 내의 식용식물을 채취하는 자원으로 인식되었다. 그러나 인구 증가와 산업화가 진행되면서 도시가 팽창하고, 그에 따라 산림은 점차 개발의 대상으로 전환되었다. 오늘날 도시 주변의 산림은 더 이상 단순한 1차 산업의 자원에 그치지 않고, 주민들의 휴양과 여가 활동을 위한 3차 산업적 기능뿐 아니라, 맑은 공기와 자연 경관을 제공하는 환경적 역할까지 수행하고 있다. 이처럼 산림은 재화를 생산하는 생산요소이자, 다양한 재화와 서비스를 공급하는 공간으로서 그 중요성이 더욱 부각되고 있다.

산림은 중요한 육상자원으로 이산화탄소의 흡수원인 동시에 다양한 생물자원의 보고이기도 하다. 전지구적으로 논의되고 있는 기후변화, 생물다양성, 사막화 문제들을 다룰 때에도 산림은 중요하게 다루어지고 있다. 산림은 기후변화와 관련해서는 온실가스흡수원 역할으로서 그 중요성이 점차 높아지고 있으며 생물다양성 관련해서는 2010년 생물다양성 제10차 당사국총회(Conference of Parties: COP)에서 나고야의정서가 채택되면서 생물자원의 접근과 이익공유(Access to genetic resources and Benefit Sharing: ABS)에 대한 문제를 다루면서 산림자원 이용에 대한 관심이 높아지고 있다.

우리나라 일부에서는 산림(山林)이라는 단어 대신 순수 우리말 '숲'이라는 일상적인 언어로 명명하면서 보다 친근하고 환경적인 기능을 강조할 때 사용하기도 한다. 중장기적으로는 산림을 자원과 환경이라는 양립되는 개념 속에서 균형있게 관리하는 것이 중요한 과제이다.

2 경제학이란?

경제학의 정의

우리의 일상 생활 활동을 경제 활동이라고 할 만큼 경제라는 단어는 우리의 생활과 매우 밀접하게 관련되어 있다. 경제학은 경제주체들이 사용 목적에 부합하게 제한된 자원을 잘 선택하도록 하는데 도움을 주는 이론이다. 선택을 하는 이유는 우리들의 욕구(needs)보다 활용할 수 있는 자원이 부족하기 때문이며 이를 희소성(scarcity)이라 한다. 대표적인 경제학자들의 정의는 다음과 같다.

애덤 스미스(Adam Smith)는 그의 저서 「국부론(*An Inquiry into the Nature and Causes of the Wealth of Nations, 1776*)」에서 경제학을 "국부의 본질과 원인을 연구하는 학문"으로 정의하며, 자유 시장과 분업의 중요성을 강조했다. 알프레드 마셜(Alfred Marshall) 역시 그의 저서 「경제학 원리(*Principles of Economics, 1890*)」에서 경제학을 "인간이 일상생활에서 재화와 용역을 소비하고 생산하는 방식"을 연구하는 학문으로 정의했다. 라이오넬 로빈스(Lionel Robbins)는 그의 저서 「경제학의 본질과 의의(*An Essay on the Nature and Significance of Economic Science, 1932*)」에서 경제학을 "인간의 무한한 욕망과 제한된 자원 사이에서 발생하는 희소성 문제를 해결하기 위해 선택하는 행위에 대한 과학"으로 정의했다. 폴 새뮤얼슨(Paul Samuelson) 역시 그의 저서 「경제학(*Economics: An Introductory Analysis, 1948*)」에서 경제학을 "희소한 자원을 어떻게 효율적으로 배분하여 생산하고 분배할 것인가를 연구하는 학문"으로 정의했다. 이렇듯 경제학은 인간의 의사결정 과정에서 자원의 희소성과 선택의 문제를 연구하는 학문으로, 미시적·거시적 관점에서 경제 활동을 분석한다. 현대 경제학은 실증적 방법론을 바탕으로 다양한 분야에 적용되며, 국가 정책 수립과 기업경영 전략에 중요한 역할을 한다.

경제학의 구분과 주체

경제학은 크게 미시경제학과 거시경제학으로 구분한다. 미시경제학은 분석대상이 가계와 기업으로 이들 각각의 경제주체들의 의사결정을 돕기 위한 학문영역인 반면, 거시경제학은 개별 경제주체가 아닌 총체적인 관점에서 접근하는 방법으로 그 대상도 금융, 경제성장, 실업 등으로 국가 전체의 기능적인 측면에서 접근한다. 마치 산림에 있는 입목의 생리를 연구하는 것이 미시경제학이라면, 거시경제학은 산림생태를 연구하는 것으로 비유 가능하다.

경제주체는 소비자인 가계, 생산자인 기업, 그리고 정부로 이루어져 있고 경제순환에 중요한 기타 경제주체로 국외가 추가된다. 각 경제주체마다 저마다의 목적이 다르다. 일반적으로 소비자는 효용의 극대, 생산자는 이윤의 극대, 정부는 복지의 극대를 추구한다. 경제주체들은 상호 밀접한 관련 속에서 국민경제 전체에 영향을 주고 받는다(그림 1).

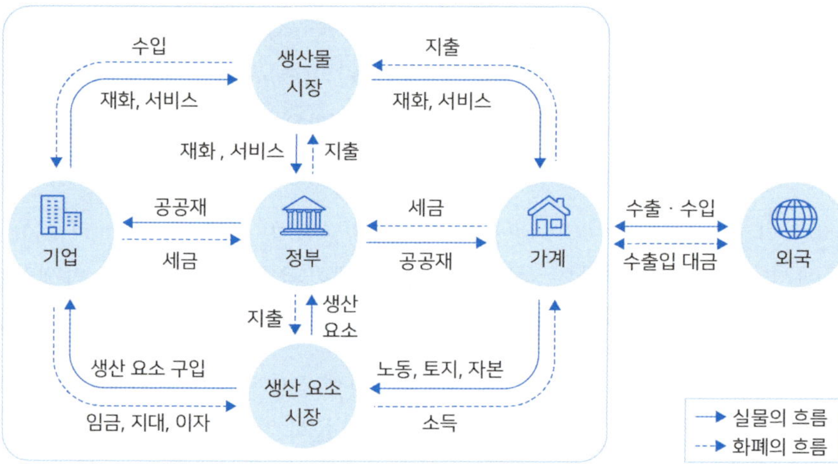

▶ **그림 1-1** 국민경제 순환 모형

경제학(economics)은 인간이 활용하고자 하는 자원의 희소성(scarcity)으로 인하여 이의 활용을 극대화하기 위한 이론이다. 경제학에서 인간은 자원이 희소하게 되면 선택 가능한 대안들을 대상으로 우선 순위를 매기고 그에 따른 선택(choice)을 해야 한다. 그래서 경제학은 선택의 학문이라고도 한다. 선택을 하는 기본적인 잣대는 기회비용[1)]에 근간을 두고 있다. 기회비용은 어떤 선택을 함으로 인해 선택할 수 있는 차선의 다른 대안을 포기하는데 따른 대가를 의미한다.

1) 기회비용의 개념은 선택하지 못한 차선의 대안의 가치로 선택을 하지 않음으로 인해 포기해야 하는 가치를 의미한다.

경제이론의 형성 단계

경제이론은 희소한 자원을 대상으로 선택하는 과정의 이해와 함께 결과의 해석과 미래 예측을 통해 지금의 현명한 선택을 하기 위하여 형성되었다. 가계, 기업, 정부, 심지어는 외국의 경제주체의 행동이 사회 전체에 미치는 영향이 크거나 그로 인해 영향을 받는 경제주체가 다수일 경우에 관심 대상이며 이에 대해 보편적 적용이 가능하다면 이론으로 정착하게 된다. 이와 같이 경제학 이론의 형성 과정을 5단계로 구분하여 설명할 수 있다.

① 현상 관찰: 국가나 지역사회에 나타나는 현상을 관찰하고 이러한 현상의 원인을 해석하고 이를 통해 미래 변화에 대한 예측과 대응이 필요할 만한 가치가 있는지를 판단

② 논거 확립: 현상을 일으키는 추측할 만한 원인 정보들의 제시하고 그에 따른 논거를 제시. 통계적 분석을 위한 자료들이 존재한다면 원인과 결과에 대한 가설을 설정

③ 정보의 수집 및 분석: 제시한 논거가 합당하다고 설득하기 위한 가설에 설정한 정보들과 가설 설정에는 활용하지 않은 변수이지만 관련이 있을 수도 있는 정보들까지 수집하여 원인과 결과의 관계를 합리적으로 분석할 수 있는 방법을 활용. 실증적 분석이 아니더라도 관련한 정보의 수집과 이론적 정립을 위한 합리적이고 논리적인 분석의 과정은 필요

④ 분석 결과의 해석 및 적용: 분석 결과를 활용하여 현상에 대한 해석이나 예측을 수행. 경제학 이론으로 새롭게 수용되기 위해서는 기존 이론에 근거하여 유의미하게 확장 해석 가능한지에 대한 검토를 먼저하고 기존 이론으로는 시대적 상황의 변화를 해석하는데 한계가 있다면 새로운 이론으로 정립 가능

3 산림경제학의 개념

산림경제학의 역사

산림경제학의 효시로 평가받는 책은 1805년에 출간한 베크만(Johann Matthäus Bernhard Bechmann)의 「과학적 접근에 따른 산림관리(*Die Forstwirthschaft nach ihren wissenschaftlichen Grundsätzen*)」로 이 책은 산림관리에 경제적 원칙을 적용해야 한다는 개념을 처음으로 제시하며, 현대 산림경제학의 토대를 마련한 것으로 인정받고 있다. 그 이후 1849년 독일의 파우스트만(M. Faustmann)이 발표한 논문 "Berechnung des Werths, welchen Waldboden, sowie noch nicht haubare Holzbestände für die Waldwirtschaft besitzen(산림 경제에서 산림토지와 아직 벌채할 수 없는 임목의 가치 계산)"은 산림자원의 경제적 가치를 수학적으로 평가하면서 산림경제학이 번성하였다. 이 논문에서 파우스트만은 산림토지와 입목의 경제적 가치를 평가하는 모델을 제시했으며, 이는 이후 산림경제학에서 가장 중요한 이론 중 하나로 자리잡았다.

현대적인 개념의 산림경제학은 1902년 미국의 페르노우(B.E. Fernow)가 출판한 「임업경제학(*Economics of Forestry*)」에서 구체화되었다. 그는 산림을 경제적 자원으로 바라보는 시각을 정립하며, 지속가능한 산림관리와 경제적 가치 창출에 대한 연구를 체계적으로 정리했다. 이후 1956년 뒤어(Duerr) 등이 저술한 「산림자원경제학(*Forest Resource Economics*)」이 출간되면서 현대 산림경제학의 이론적 토대가 더욱 견고해졌다. 이 책에서는 산림자원의 최적 이용, 경제적 가치평가, 정책 분석 등 다양한 주제를 다루며, 산림을 경제학적으로 접근하는 데 필요한 개념과 방법론을 제시했다.

산림경제학 관련 용어와 범위

산림경제학은 산림과 임업을 경제학적 관점에서 분석하는 모든 연구 분야를 포함하는 학문이다. 그러나 산림경제학의 범위를 정의하는 것은 쉽지 않다. 이는 산림을 어떻게 바라보느냐에 따라 연구 대상과 접근 방식이 달라지기 때문이다.

이러한 이유로, 영문 용어에서도 Economics of Forestry, Forestry Economics, Forest Resource Economics, Forest Economics 등 다양한 표현이 존재한다. 예를 들어, Forestry Economics 또는 Economics of Forestry는 산림을 관리와 함께 생산, 유통, 가공, 소비 과정에서 발생하는 경제적 문제를 분석하는 데 초점을 맞추고 있으며, Forest Resource Economics는 산림을 하나의 경제적 자원으로 바라보고 지속가능한 이용과 효율적 배분에 초점을 맞춘다. Forest Economics는 산림의 자원적·환경적 역할까지를 아우르는 광범위한 개념에 중점을 두고 있다.

산림경제학의 초기 연구들은 주로 산림을 목재 생산을 위한 1차 산업적 자원으로 간주하고 연구되었다. 당시에는 교통망이 발달하지 않아 주거지에서 멀리 떨어진 산림을 효과적으로 관리하고 이용하는 것이 어려웠으며, 노동력이 집약적으로 투입되기 어려운 지역에서 건축용 및 난방용 목재 생산이 주요 연구 대상이었다. 따라서, 산림의 경제적 가치는 주로 목재 생산량과 관련된 요소들로 평가되었으며, 산림을 최적의 방식으로 경영하고 수확하는 방법을 연구하는 것이 핵심이었다.

그러나 시간이 지나면서 산림의 경제적 가치가 단순한 원목 생산을 넘어 보다 포괄적인 경제 시스템의 일부로 확대되었다. 임산업은 단순히 목재를 생산하는 것뿐만 아니라, 가공, 유통, 소비 과정에서 발생하는 모든 부가가치 창출 과정을 포함하게 되었다. 예를 들어, 목재 가공업은 원목을 가공하여 가구, 건축자재, 종이, 바이오연료 등을 생산하는 산업으로 발전하였으며, 이러한 산업들은 각국 경제에서 중요한 역할을 차지하게 되었다. 또한, 산림자원을 보다 효율적으로 활용하기 위해 순환경제(폐기물의 재활용 등) 개념이 도입되었으며, 이를 통해 산림의 경제적 가치를 극대화하는 방법들이 연구되고 있다.

최근 들어 산림경제학은 1차 산업(목재 생산)에서 벗어나 휴양, 치유, 교육 등 산림이 제공하는 3차 산업적 기능까지 포함하는 방향으로 발전하고 있다. 예를 들어, 산림을 활용한 산림 치유(Forest Healing) 프로그램이나, 자연 속에서 학습하는 산림 교육(Forest Education) 등이 경제적 가치를 창출하는 요소로 주목받고 있다. 또한, 기후변화 대응과 지속가능한 도시 발전을 위해 산림이 사회적 인프라로서 기능하는 역할도 강조되고 있다.

이처럼, 산림경제학에서의 "산림"이라는 개념은 단순한 숲의 실체를 넘어,

임업적 관점, 환경적 가치, 공공재, 그리고 사회간접자본까지 포괄적인 개념으로 확장되고 있다. 산림경제학은 산지에서 생산되는 유무형의 재화와 서비스를 대상으로 생산에서 소비에 이르는 모든 과정에서 발생할 수 있는 경제문제를 해결하기 위한 학문 영역으로 정의할 수 있다. 이렇듯 산림경제학은 산림의 지속가능한 관리와 경제적 가치를 조화롭게 연구하는 학문으로, 앞으로도 다양한 분야에서 그 중요성이 더욱 강조될 것으로 보인다.

4 산림경제학의 대상

산림경제학은 자원경제학, 토지경제학, 생산경제학, 환경경제학의 개념에서 산림을 대상으로 해석 및 적용하는 학문 영역이며 주로 다루어질 수 있는 분야를 아래 10가지로 구분하였다.

1) 산림 및 임업 관련 통계 분석과 경제 동향 연구
2) 임산물의 생산·가공·유통·소비의 경제성분석
3) 산림 관련 조세·보조금 및 정부 정책 분석
4) 산림 시업 및 정책의 경제적 효과 분석
5) 임산물 국제 무역과 글로벌 시장 분석
6) 산림의 생태계서비스와 가치평가
7) 산림과 기후변화 및 탄소시장
8) 산림과 지역경제 및 사회적 영향 분석
9) 산림경영 및 투자 분석
10) 산림과 기술혁신 및 디지털 전환

1) 산림 및 임업 관련 통계 분석과 경제 동향 연구

산림경제학에서는 다양한 통계를 활용하여 산림자원의 변화와 임업 시장의 흐름을 분석한다. 대표적인 지표로는 산림 면적, 벌채량, 조림 및 재조림률, 임업 종사자 수, 목재 생산량 및 소비량, 임산물 시장가격 등이 있다. 이러한 데이터는 국가별·지역별로 비교 분석되며, 기후변화와 정책 변화에 따른 장기적인 산림 경제 동향을 예측하는 데 활용된다.

임업이 전체 GDP에서 차지하는 비중을 분석하거나, 산림 관련 산업(목재 가공업, 종이 산업, 바이오매스 에너지 등)의 경제적 기여도를 평가하는 연구도 진행된다. 최근에는 빅데이터와 위성 원격탐사 기술이 발전하면서 더욱 정밀한 산림 모니터링이 가능해졌다. 예를 들어, 위성을 이용해 산림 훼손 지역을 실시간으로 감지하거나, 기계 학습을 활용한 데이터 분석을 통해 산불 및 산사태 발생 위험도가 높은 지역을 예측하는 기술이 개발되어 활용하고 있다. 이를 통해 산림 보호 및 관리 정책을 보다 정교하게 설계할 수 있다.

산림 관련 경제 동향을 분석하는 것은 단순한 통계 해석을 넘어서, 임산업 관련 정책을 수립하고 대응하는데 중요한 근거 자료를 제공한다.

2) 임산물의 생산·가공·유통·소비의 경제성분석

임산물은 목재, 펄프, 송이버섯, 수액, 약용식물, 산림휴양서비스 등 다양한 형태로 존재하며, 이들의 생산, 가공, 유통, 소비 과정에서의 경제성을 분석하는 것이 핵심이다. 생산 단계에서는 최적의 자원 배분과 비용 절감 방안을 연구하여 생산성을 높이는 것이 중요하다. 예를 들어, 어떤 지역에서 어떤 임산물을 재배하는 것이 가장 경제적으로 효율적인지를 평가하고, 이를 최적화하는 모델을 개발한다.

가공 과정에서는 원료의 활용도를 극대화하고, 부가가치를 높이는 최적의 공정을 분석하기도 한다. 예를 들어, 목재 가공 과정에서 부산물(톱밥, 나뭇조각)을 바이오매스로 활용하여 에너지를 생산하는 다양한 방법들을 비교 분석한다. 유통 단계에서는 물류비 절감과 시장가격 변동 예측이 주요 관심사이며, 글로벌 공급망 분석과 수출입 최적화 연구도 포함된다.

소비 측면에서는 임산물의 친환경 인증(FSC, PEFC 등)과 지속가능한 소비 패턴 분석이 중요한 연구 분야다. 소비자의 선호도 변화에 따라 지속가능한 임산물 시장이 형성되고 있으며, 바이오에너지 및 바이오플라스틱 같은 새로운 임산물 활용 가능성이 증가하고 있다. 이러한 연구를 통해 임산물 산업의 경쟁력을 높이고, 지속가능한 임업 발전을 도모할 수 있다.

3) 산림 관련 조세·보조금 및 정부 정책 분석

산림 보호와 지속가능한 임업 발전을 위해 정부는 다양한 조세 및 보조금 정책을 운영하고 있으며, 이러한 정책이 경제적 측면에서 효과적인지 분석하는 것이 핵심 연구 과제다.

대표적인 산림 조세 정책으로는 산림경영 임지에 대한 재산세, 상속세 등의 세금 감면 정책을 들 수 있다. 또한 기업이 산림 보호 활동에 참여할 경우 세금 감면 혜택을 제공하는 제도는 기업의 사회적 책임(Corperate Social Reponsibility: CSR)과 연계되어 경제적 효과를 극대화할 수 있다.

보조금 정책은 조림 장려금, 산불 예방을 위한 재정적 지원, 산림 복원 사업에 대한 투자 등 다양한 형태로 운영된다. 중요한 것은 이러한 정책이 실질적으로 산림 보호와 임업 활성화에 기여하는지 비용 대비 효과를 평가하는 것이다. 예를 들어, 조림 보조금이 과연 지속가능한 산림경영으로 이어지는지, 아니면 단기적인 경제적 이익만을 유도하는지 분석해야 한다.

또한, 각국의 산림 정책을 비교하여 최적의 정책 모델을 도출하는 연구도 중요하다. 선진국에서는 탄소배출권과 산림 보호를 연계한 정책이 활성화되고 있으며, 개발도상국에서는 REDD+와 같은 국제 산림 보호 기금이 중요한 역할을 하고 있다. 이를 참고하여 우리나라에 적합한 맞춤형 정책을 설계하는 것이 필요하다.

4) 산림 시업 및 정책의 경제적 효과 분석

산림 시업은 산림을 건강하게 유지하고 지속가능한 이용을 가능하게 하기 위한 다양한 관리 활동을 의미한다. 대표적인 산림 시업으로는 조림(나무 심기), 숲 가꾸기(가지치기, 간벌), 벌채, 산불 예방, 병해충 방제 등이 있으며, 이러한 활동들이 경제적으로 어떤 영향을 미치는지 분석하는 것이 중요하다.

조림과 숲가꾸기는 장기적인 관점에서 산림자원의 가치를 높이고, 임업 생산성을 향상시키는 역할을 한다. 예를 들어, 체계적인 솎아내기(간벌)를 통해 숲의 밀도를 조절하면 남아 있는 나무들이 더 잘 자라게 되어 경제적 가치가 높은 목재를 생산할 수 있다. 또한, 지속적인 조림 활동은 탄소흡수량을 증가시켜 탄소배출권 시장에서 경제적 이익을 창출할 수 있다.

산불 예방과 병해충 방제는 산림 피해를 최소화하는 중요한 활동이다. 예를 들어, 미국과 호주의 대형 산불 사례에서 보듯이, 산불이 발생하면 단순한 나무 손실뿐만 아니라 관광산업 위축, 인프라 피해, 보건 비용 증가 등 사회·경제적으로 막대한 비용이 발생한다. 따라서, 예방적 조치를 통해 산불 및 병해충 피해를 줄이도록 해야 한다.

이러한 산림 시업을 지원하는 정부 정책도 경제적으로 중요한 영향을 미친다. 정부는 산림관리 활동을 장려하기 위해 보조금, 세금 감면, 기술 지원, 대행 등을 제공하며, 이러한 정책이 실제로 산림 보호와 경제 성장에 효과적인지 분석하는 것이 연구의 핵심이다. 예를 들어, 벌채 제한 정책이 목재시장에 미치는 영향을 분석하거나, 조림 보조금이 실제로 산림 복원에 기여하는지 평가하는 연구가 이루어진다.

5) 임산물 국제 무역과 글로벌 시장 분석

임산물 역시 전 세계적으로 거래되는 재화 중 하나로, 목재, 펄프, 바이오매스, 약용식물, 수액 등의 다양한 상품이 포함된다. 국제 시장에서의 수출입 동향과 무역 정책이 임업 경제에 미치는 영향을 분석하는 것이 이 연구 분야의 핵심이다.

자유무역협정(FTA), 관세 정책, 비관세 장벽 등이 임산물 시장에 어떤 영향을 주는지 연구하는 것이 중요하다. 예를 들어, 특정 국가가 벌목을 제한하면 목재 공급이 줄어들어 가격이 상승할 수 있으며, 반대로 수입 관세를 인하하면 외국 목재가 국내 시장에서 더 많이 소비될 수 있다. 이러한 정책 변화가 국내 임업에 미치는 영향을 예측하고 대응 전략을 수립하는 것이 필요하다.

불법 벌채 문제와 관련된 국제 규제도 중요한 연구 분야다. 대표적으로 EU의 FLEGT(Forest Law Enforcement, Governance and Trade), 미국의 Lacey Act 등의 법률은 불법 벌목된 목재의 국제 거래를 차단하는 역할을 한다. 이러한 규제가 목재 수출국과 수입국의 무역 구조에 어떤 변화를 가져오는지 분석하는 것이 중요하다.

또한, 국제적으로 지속가능한 임산물 인증(FSC, PEFC 등)이 확대되면서, 친환경 임산물이 글로벌 시장에서 경쟁력을 갖추는 전략도 연구된다. 최근에는 탄소중립 정책과 연계하여 바이오매스 연료(목재 펠릿) 수출이 증가하고 있으며, 이런 변화가 국제 임산물 시장에 미치는 영향을 분석하는 것도 중요한 연구 주제다.

6) 산림의 생태계서비스와 가치평가

산림은 목재를 생산하는 공간뿐만 아니라, 탄소흡수, 수질 정화, 생물다양성 유지, 토양 보호, 홍수 조절, 레크리에이션 공간 제공 등 다양한 생태계서비스를 제공한다. 이러한 서비스는 경제적으로도 매우 중요한 가치를 지니지만, 기존 시장에서 거래되지 않기 때문에 정확한 경제적 가치를 평가하기 어렵다. 따라서, 산림경제학에서는 다양한 방법을 활용하여 산림의 생태계 가치를 금전적으로 환산하는 연구를 수행한다.

대표적인 평가 방법으로는 조건부가치평가법(CVM), 여행비용법(TCM), 대체비용법, 회피비용법 등이 있다. 예를 들어, 사람들이 숲을 방문하는 데 지불하는 교통비와 숙박비를 분석하여 산림의 관광 가치를 평가하는 방법(TCM)이 있다. 또한, 홍수를 방지하는 산림의 기능을 평가할 때, 만약 숲이 없었다면 발생했을 수 있는 피해비용을 계산하여 그 가치를 산정하는 방법도 있다.

최근에는 생태계서비스의 가치를 경제 시스템에 반영하기 위한 생태계서비스지불제(Payment for Ecosystem Services: PES) 도입이 논의되고 있다. 이는 정부나 기업이 산림 보호 활동을 하는 사람들에게 금전적인 보상을 제공하는 제도로 우리나라 역시 2022년 10월부터 산림 직불제가 도입되었다.

이러한 연구는 산림 보전의 중요성을 강조하고, 환경 보호 정책을 경제적 논리와 연결하여 실질적인 정책 설계에 활용될 수 있도록 돕는다.

7) 산림과 기후변화 및 탄소시장

산림은 기후변화 대응에서 매우 중요한 역할을 한다. 나무는 성장하면서 이산화탄(CO_2)를흡수하여 대기 중 온실가스를 줄이는 역할을 하기 때문에, 많은 국가들이 산림을 활용한 탄소감축 전략을 마련하고 있다.

산림경제학에서는 산림의 탄소흡수 능력을 평가하고, 이를 경제적 가치로 환산하는 연구를 수행한다. 대표적인 국제적 기후 정책으로 REDD+(Reducing

Emissions from Deforestation and Forest Degradation)가 있으며, 이는 개발도상국에서 산림을 보호하고 탄소배출을 줄이는 대가로 선진국이 재정 지원을 하는 시스템이다. 이를 통해 산림 보호가 경제적 혜택으로 연결될 수 있도록 한다.

또한, 산림이 탄소배출권 시장에서 어떤 역할을 할 수 있는지도 중요한 연구 주제다. 현재 기업들은 온실가스 배출량을 줄이기 위해 탄소배출권을 구매하는데, 산림을 조성하거나 보호하면 탄소크레딧(탄소배출권)을 받을 수 있다. 기업들은 이를 활용하여 자발적인 탄소감축 목표를 달성하거나, 정부로부터 할당된 탄소배출량을 준수할 수 있다.

하지만 기후변화는 산림에도 부정적인 영향을 미친다. 평균 기온 상승은 산불, 병해충 증가, 강수 패턴 변화 등을 유발하며, 이는 산림의 건강성에 위협을 가하고 있다. 따라서, 기후변화로 인해 산림이 받는 피해를 최소화하고, 기후 적응형 산림관리 전략을 연구하는 것이 매우 중요하다.

8) 산림과 지역경제 및 사회적 영향 분석

산림은 단순히 목재나 임산물을 공급하는 자원에 그치지 않고, 지역경제 활성화와 지역공동체 발전에도 중요한 역할을 한다. 특히, 산촌 지역에서는 산림을 기반으로 한 경제활동이 주요 생계수단이 되며, 임업과 산림 관광을 통한 고용 창출이 가능하다. 산림경제학에서는 이러한 지역경제적 영향을 분석하고, 산림이 지역사회에 미치는 경제적 기여도를 평가하는 연구를 진행한다.

대표적인 연구 분야 중 하나는 산촌 개발과 지속가능한 지역경제 모델이다. 전통적인 임업뿐만 아니라 생태관광, 산림휴양서비스, 지역 브랜드 임산물(예: 산양삼, 밤, 송이버섯 등) 개발이 지역경제에 어떤 기여를 하는지 분석한다. 또한, 지역 공동체가 주도하는 산림경영 방식(Community-Based Forest Management: CBFM)이 지역주민의 경제적 자립에 미치는 영향을 연구한다.

또한, 산림 보호 정책이 지역사회에 미치는 긍정적·부정적 영향을 분석하는 것도 중요한 연구 과제다. 예를 들어, 산림 보호를 위해 벌목을 제한하면 지역경제가 위축될 수 있지만, 반대로 지속가능한 산림 관광을 활성화하면 지역경제를 성장시킬 수 있다. 따라서, 경제적 손실을 최소화하면서 환경 보호와 지역경제 발전이 균형을 이루는 정책을 마련하는 것이 필요하다.

마지막으로, 공공 및 민간 협력을 통한 지역 산림경영 모델을 연구하는 것도 중요한 과제다. 산림을 공공이 관리하는 방식과 민간이 참여하는 방식 중 어떤 모델이 지역경제 발전에 효과적인지를 비교 분석하고, 이를 바탕으로 최적의 산림경영 방안을 제시한다.

9) 산림경영 및 투자 분석

산림은 장기적 관점에서 경제적 가치를 창출하는 자산으로 볼 수 있으며, 이를 효과적으로 경영하고 투자하는 전략이 필요하다. 산림경제학에서는 지속가능한 산림경영을 위한 다양한 재정적·정책적·투자적 접근 방식을 연구한다.

먼저, 산림 자산의 경제적 가치평가와 투자 전략이 중요한 연구 분야다. 산림은 시간이 지남에 따라 자라는 자원이며, 탄소흡수원, 바이오매스, 생태관광 등 다양한 방식으로 수익을 창출할 수 있다. 따라서, 산림이 장기적으로 어떤 경제적 가치를 가지며, 투자 대비 수익성을 극대화할 수 있는 방법을 연구한다. 예를 들어, 탄소배출권 시장과 연계하여 산림을 투자 자산으로 활용하는 방법 역시 연구 주제가 될 수 있다. 공공 및 민간 부문의 투자 모델 분석도 중요한 연구 영역이다. 정부는 산림 보호와 지속가능한 이용을 위해 보조금, 세제 혜택, 연구개발 지원 등을 제공하며, 민간 부문에서는 부동산 투자신탁(Real Estate Investment Trusts: REITs), ESG(Environmental, Social, Governance) 등을 통해 산림을 활용한 지속가능한 경제 모델을 개발하고 있다.

산림경영에서 중요한 또 다른 요소는 임업 금융 지원 및 리스크 관리다. 산림은 장기적인 수익 모델을 가지고 있기 때문에, 초기 투자 비용이 크고 투자 회수 기간이 길다. 따라서, 산림경영을 위한 장기 금융 지원 정책, 산림 투자 리스크를 줄이는 보험 제도, 지속가능한 산림 인증을 통한 프리미엄 시장 형성 등이 연구되고 있다.

마지막으로, 산림 기반 신산업과 투자 가능성 분석이 있다. 전통적인 목재 생산뿐만 아니라, 바이오에너지, 바이오매스, 약용식물, 생태관광 등 다양한 신산업이 산림을 기반으로 성장하고 있다. 이러한 신산업이 경제적으로 얼마나 지속가능한지, 그리고 시장의 성장 가능성이 있는지를 평가하는 연구가 진행된다.

10) 산림과 기술혁신 및 디지털 전환

4차 산업혁명 기술이 발전하면서 산림경영에서도 AI, 빅데이터, 드론, 원격탐사, 블록체인 등의 기술을 적극 활용하고 있다. 이를 통해 산림자원을 보다 효율적으로 관리하고, 경제적 수익을 극대화할 수 있는 방법을 연구하는 것이 중요하다.

먼저, 스마트 임업 기술의 도입과 경제적 효과 분석이 있다. 최근 드론을 활용한 산림 모니터링, AI 기반 병해충 예측 시스템, IoT 센서를 이용한 토양 및 수분 상태 모니터링 등이 활발히 도입되고 있다. 이러한 기술은 산림의 건강 상태를 실시간으로 파악하고, 필요한 조치를 즉각적으로 취할 수 있도록 하여 비용 절감과 생산성 향상에 기여한다.

또한, 위성 원격탐사 및 빅데이터를 활용한 산림관리도 주요 연구 분야다. 예를 들어, NASA와 ESA(유럽우주국)의 위성 데이터를 활용하여 전 세계 산림 변화를 실시간으로 감시하고, 기후변화에 따른 산림의 변화를 분석할 수 있다. 또한, 머신러닝을 활용한 빅데이터 분석을 통해 산불 발생 가능 지역을 예측하거나, 최적의 조림 지역을 선정하는 연구도 진행되고 있다.

다음으로, 블록체인을 이용한 임산물 유통 및 인증 시스템이 있다. 불법 벌채와 불법 목재 유통을 방지하기 위해 블록체인 기술을 활용한 추적 시스템이 개발되고 있다. 이를 통해 임산물의 생산·유통 과정을 투명하게 관리하고, 소비자에게 신뢰를 제공할 수 있다.

마지막으로, 디지털 전환을 통한 산림 경제 활성화 방안 연구가 있다. 기존의 전통적인 산림경영 방식에서 벗어나, 온라인 플랫폼을 활용한 산림 관광, 탄소 크레딧 거래소, 산림 투자 플랫폼 등이 등장하고 있으며, 이러한 디지털 경제 모델이 산림 산업에 미치는 영향을 분석하는 것이 중요한 연구 과제가 되고 있다.

기술혁신과 디지털 전환은 산림관리의 효율성을 높이고, 산림자원의 경제적 가치를 극대화하는 데 중요한 역할을 한다. 이를 통해 지속가능한 산림경영과 경제적 성장의 균형을 이루는 것이 목표다.

연습문제

1. 산림경제학의 정의를 간단히 서술하고, 일반경제학과 구별되는 특징을 두 가지 이상 제시하시오.

2. 경제학 이론의 형성 과정을 단계별로 설명하시오.

3. 경제학에서 다루는 자원경제학, 생산경제학, 환경경제학이 산림경제학의 어느 영역과 연계되는지 설명하시오.

4. 산림의 다원적 기능(multiple functions of forests)을 설명하고, 공익적 기능과 경제적 기능의 균형이 필요한 이유를 서술하시오.

5. 산림경제학이 지속가능발전(Sustainable Development)과 어떤 관계를 가지는지, 환경 · 사회 · 경제 세 영역 중 산림이 각각 어떤 역할을 하는지 논하시오.

참고문헌

김동준 · 김준순 · 민경택 · 박주원 · 안기완 · 이요한 · 조장환 · 최수임(2023), 『산림경제학』, 향문사

박미선(2019), "우리나라 산림정책 및 경제 연구 동향", 『산림경제연구』, 26(1)1-10.

Convention on Biological Diversity (2010), *The Nagoya Protocol on Access to Genetic Resources and the Fair and Equitable Sharing of Benefits Arising from their Utilization to the Convention on Biological Diversity,* Secretariat of the Convention on Biological Diversity.

Faustmann, M. (1849), "Berechnung des Werthes, welchen Waldboden, sowie noch nicht haubare Holzbestande fur die Waldwirthschaft besitzen [Calculation of the value which forest land and immature stands possess for forestry]", *Allgemeine Fotst-und Jagd-Zeitung*, 25(0)441-455.

Fernow, B. E. (1902), *Economics of forestry: a reference book for students of political economy and professional and lay students of forestry*, Arno Press.

Intergovernmental Panel on Climate Change(2003), *Good practice guidance for land use, land-use change and forestry*, Institute for Global Environmental Strategies.

Marshall, Alfred (1890), *Principles of Economics*, Macmillan and Company.

Robbins, L. (1932), *An essay on the nature and significance of economic science*, Macmillan.

Smith, Adam (1776), *An Inquiry into the Nature and Causes of the Wealth of Nations*, W. Strahan and T. Cadell.

Samuelson, P. A. (1948), *Economics: An introductory analysis*, McGraw-Hill.

CHAPTER

02 산림자원과 임산업 현황

산림경제학의 이론적 영역에 들어가기 앞서 산림과 임산업에 대한 현황에 대한 이해가 선행되어야 한다. 본 장에서는 세계 산림자원과 목재산업, 그리고 국내 산림자원과 임산업 현황에 대해 간략하게 소개하고자 한다.

1 세계 산림자원과 목재산업

산림은 목재와 수실류, 버섯과 같은 임산물뿐만 아니라 생물다양성, 수자원 관리, 산림경관 등 공익적 기능을 제공하는 자원으로 다양한 기능을 가지고 있다. 유엔식량농업기구(Food and Agriculture Organization of the United Nations: FAO)는 5년 주기로 세계 산림자원평가(Global Forest Resources Assessment: FRA)를 실시하며, 이를 통해 전 세계 산림의 현황과 변화를 파악할 수 있다.

전 세계의 산림면적은 육상 면적의 1/3을 차지하고 있으며, 기후대에 따라 열대림, 아열대림, 온대림, 한대림으로 구분되어 있다. 열대림이 전 세계 산림의 가장 큰 비율(45%)을 차지하고 있으며, 한대림(27%), 온대림(16%), 아열대림(11%) 지역이 그 뒤를 잇고 있다. 열대림은 적도 부근에 위치하며 생물다양성이 높고, 아열대림은 열대와 온대 사이에 분포한다. 이들 지역은 보통 활엽수종으로 구성되어 있다. 온대림은 중위도 지역에 위치하고, 한대림은 고위도에 분포하며 대부분 침엽수림으로 구성되어 있고, 나무의 생장 속도가 느린 편이다.

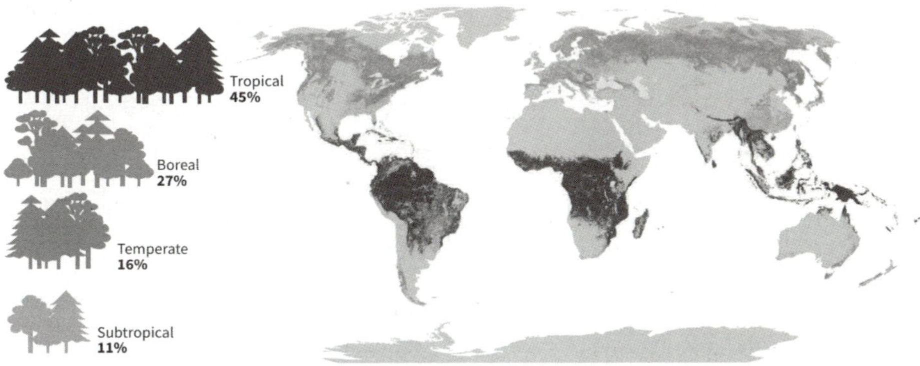

출처: FAO(2020): Global Forest Resources Assessment

▶ **그림 2-1** 기후대별 전 세계 산림면적의 비율과 분포

대륙별 산림면적을 보면, 유럽(러시아 포함)이 전체의 25%를 차지하며 가장 넓은 산림을 보유하고 있다. 이어서 남미(21%), 북중미 및 카리브해(19%), 아프리카(16%), 아시아(15%), 오세아니아(5%) 순으로 분포하고 있다. 또한, 전 세계 산림의 절반 이상(54%)이 러시아, 브라질, 캐나다, 미국, 중국 5개 국가에 집중되어 있

표 2-1 2020년 대륙별 산림자원의 특성 (단위: 천 ha/yr)

구분	산림면적 (천 ha)	임목축적 (㎥/ha)	산림률 (%)	산림면적 변화 (2010-2020)
아프리카	636,639	120.0	21.3	-3,938
아시아	622,687	100.4	20.0	1,173
유럽	1,017,461	114.2	46.0	348
북중미 및 카리브	752,710	126.3	35.5	-148
오세아니아	185,248	101.8	21.8	423
남미	844,186	222.1	48.3	-2,597
합계	4,058,931	137.1	31.2	-4,739

출처: FAO(2020): Global Forest Resources Assessment

다. 하지만 1990년과 2020년 사이에 전 세계적으로 1억 7,800만 ha의 산림이 사라졌다. 연간 감소된 산림면적은 1990년~2000년 기준 784만 ha이었으나, 2010년~2020년 기준 474만 ha로 줄어들었다.

국가별로는, 브라질은 연간 산림 순손실 면적이 1,496천 ha로 가장 크게 감소했으며, 콩고민주공화국(1,101천 ha)과 인도네시아(753천 ha) 또한 산림 감소가 발생하였다. 반면 중국은 연간 산림 순증가 면적이 1,937천 ha로 가장 크게 증가했으며, 오스트레일리아(446천 ha)와 인도(266천 ha)도 산림면적이 확대되었다. 감소한 지역은 주로 남미, 아프리카, 동남아시아로, 농경지 및 목축지 확장을 위한 대규모 벌채, 불법 벌목, 도시 확장, 산업 개발 압력 등이 주요 원인이다. 특히 브라질, 콩고민주공화국, 인도네시아 등의 국가는 아마존 우림과 열대우림이 집중된 지역으로 팜유 및 대두 산업, 목재산업 등의 영향으로 산림이 빠르게 감소

표 2-2 상위 10위 산림면적 순손실 및 순증가 국가 현황(2010-2020)

순위	순손실 국가	산림면적 변화 (1000ha/yr)	순증가 국가	산림면적 변화 (1000ha/yr)
1	브라질	-1,496.1	중국	1,936.8
2	콩고민주공화국	-1,101.4	오스트레일리아	445.9
3	인도네시아	-752.6	인도	266.4
4	앙골라	-555.1	칠레	148.5
5	탄자니아	-420.5	베트남	125.5
6	파라과이	-346.8	튀르키예	113.7
7	미얀마	-289.7	미국	107.5
8	캄보디아	-252.1	프랑스	83.4
9	볼라비아	-225.2	이탈리아	53.8
10	모잠비크	-222.8	루마니아	41.4
합계		-5,662.3		3,322.9

출처: FAO(2020): Global Forest Resources Assessment

하고 있다. 반면, 산림이 증가한 지역은 선진국 또는 최근 경제성장률이 높은 나라로, 중국, 오스트레일리아, 유럽 국가들이 대표적이다. 이들 지역에서는 대규모

조림 정책, 산림보호법 강화, 탄소중립 목표에 따른 환경 규제 등이 이루어지고 있어 산림이 회복되고 있다.

세계 산림은 지역마다 차이가 있으며, 전 세계의 지속가능한 산림관리가 중요한 과제로 대두되고 있다. 2017년에 개최된 유엔산림포럼에서는 모든 유형의 산림을 지속가능하게 관리하고 산림전용과 황폐화를 방지하기 위한 행동체계를 제공하기 위해 2017－2030년 유엔산림전략계획(United Nations Strategic Plan for Forests 2017-2030)을 채택하였다. 이 전략계획은 2030년까지 달성해야 할 자발적이고 보편적인 지구산림목표(Global Forest Goals)를 아래와 같이 6개로 설정하고 이와 관련한 26개의 세부목표를 제시하였다.

(1) 보호, 복원, 조림, 재조림 등의 SFM을 통한 전 세계 산림피복 손실률 회복을 통해 산림황폐화 예방 노력 증대 및 전지구적 기후변화 대응 노력에 기여한다.
(2) 산림의존형 주민들의 생계증진을 통한 산림 기반 경제 · 사회 · 환경적 편익을 증진한다.
(3) 전 세계 보호림 지역과 지속가능한 방식으로 관리되는 산림지역 대폭 증가, 지속가능한 방식으로 관리되는 산림에서 생산되는 임산물 비율을 대폭 증가시킨다.
(4) SFM 이행을 위한 모든 신규 및 추가 재원의 대폭 동원, 과학 · 기술적 협력 및 파트너십을 강화한다.
(5) 유엔산림협정(UNFI)을 포함하여 SFM 이행을 위한 거버넌스 프레임워크 추진 및 2030 SDG에 대한 산림부문의 역할을 강화한다.
(6) 유엔조직 내부 및 CPF 회원 조직 간, 각 부문 및 관련 이해관계자 간 각계각층 산림 관련 사안에 대한 협력, 협업, 일관성, 시너지를 강화한다.

유엔산림전략계획의 비전은 17개의 지속가능발전목표(Sustainable Development Goals: SDGs)와 일치한다. 이 계획은 글로벌 산림목표의 달성을 통해 생물다양성협약의 아이치 생물다양성 목표, 유엔기후변화협약의 파리협정, 유엔사막화방지협약 등 다른 주요 국제 협약의 목표들과도 관련이 깊다.

목재자원은 산림자원에서 얻어지는 다양한 산물 중 하나로, 인류의 생활과 산업 활동에 필수적인 요소이다. FAO에서 제공한 Yearbook of Forest Products에 따르면, 2020년 전 세계 원목 생산 및 소비 통계를 산업용재와 연료재로 구분하여 제공한다. 산업용재 부문에서는 미국이 368,738천 ㎥를 생산하며, 전 세계 산업용재 생산량의 18.6%를 차지하여 1위를 기록하였으며, 그 뒤를 러시아, 중국, 브라질, 캐나다 순으로 나타났다. 이들 5개국이 전 세계 산업용재 생산량의 절반 이상을 차지하고 있다. 연료재 부문에서는 인도가 301,150천 ㎥을 생산하며 전체 연료재 생산량의 15.6%를 차지하여 1위를 기록하였으며, 그 뒤를 중국, 브라질, 에티오피아, 콩고 순으로 나타났다. 연료재 생산 상위 5개국은 대부분이 인구가 많은 개발도상국으로 목재가 여전히 중요한 에너지원으로 활용되고 있음을 의미한다.

표 2-3 상위 5위 원목 생산 국가(2020년) (단위: 천 ㎥)

순위	산업용재 생산국	산업용재 생산량	비율(%)	연료재 생산국	연료재 생산량	비율(%)
1	미국	368,738	18.6	인도	301,150	15.6
2	러시아	203,194	10.2	중국	156,903	8.1
3	중국	166,397	8.4	브라질	122,145	6.3
4	브라질	154,720	7.8	에티오피아	114,439	5.9
5	캐나다	141,250	7.1	콩고	87,801	4.6
	세계	1,983,789	100.0	세계	1,926,769	100.0

출처: FAOSTAT(2020)

2020년 기준 전 세계에서 가장 많은 원목을 수입한 국가는 중국으로 약 59,471천 ㎥을 수입하며 전 세계 원목 수입량의 42.1%를 차지하였다. 그 다음으로 오스트리아가 약 12,491천 ㎥을 수입하며 8.8%를 기록하였고, 스웨덴 7,328천 ㎥(5.2%), 핀란드 6,463천 ㎥(4.6%), 독일 6,331천 ㎥(4.5%)이 상위 5개국에 포함되었다. 한편, 원목 수출량이 가장 많은 국가는 뉴질랜드로 20,404천 ㎥을 수출하며 전 세계 원목 수출량의 14.1%를 차지하였다. 체코 18,270천 ㎥(12.7%)로 2위

를 기록하였으며, 러시아 15,617천 ㎥(10.8%), 독일 13,292천 ㎥(9.2%), 미국 7,355 ㎥(5.1%)이 상위 5개국에 포함되었다.

표 2-4 상위 5위 원목 수입 및 수출 국가(2020년) (단위: 천 ㎥)

	원목 수입국	원목 수입량	비율(%)	원목 수출국	원목 수출량	비율(%)
1	중국	59,471	42.1	뉴질랜드	20,404	14.1
2	오스트리아	12,491	8.8	체코	18,270	12.7
3	스웨덴	7,328	5.2	러시아	15,617	10.8
4	핀란드	6,463	4.6	독일	13,292	9.2
5	독일	6,331	4.5	미국	7,355	5.1
	세계	141,284	100.0	세계	144,204	100.0

출처: FAOSTAT(2020)

2 국내 산림자원과 임산업

1) 국내 산림자원 현황

「산림자원의 조성 및 관리에 관한 법률」 제2조(정의)에 따라 산림자원이란 ① 산림에 있거나 산림에서 자라고 있는 수목, 초본류(草本類), 이끼류, 버섯류 등의 생물자원, ② 산림에 있는 토석(土石)·물 등의 무생물자원, ③ 산림휴양 및 경관 자원으로서 국가경제와 국민생활에 유용한 것을 의미한다.

유엔식량농업기구(Food and Agriculture Organization of the United Nations: FAO)에 따르면, 산림자원을 산업용 목재, 장작, 숯 등에 포함하는 목재제품(Wood Prodcuts), 약용식물과 수실류, 야생동물 등을 포함하는 비목재임산물[2)](Non－Wood forest products), 경관, 휴양 등에 해당하는 산림서비스(Forest Services)로 구분하고 있다. 이는 국내에서 정의하고 있는 산림자원의 구분과 유사한 체계를 갖추고 있다.

2) FAO(1999)는 비목재임산물을 NTFP(Non－Timber Forest Products) 및 NWFP(Non－Wood Forest Products)로 지칭한다. 이때 NTFP는 연료용 목재(fuelwood)와 소경재(small woods)를 포함하는 반면, NWFP는 이를 제외한다. 우리나라 산림청의 「임산물생산조사」에서는 비목재임산물을 단기소득임산물로도 지칭하며, 이는 연료용 목재(fuelwood)와 소경재(small woods)를 제외한 것을 의미한다.

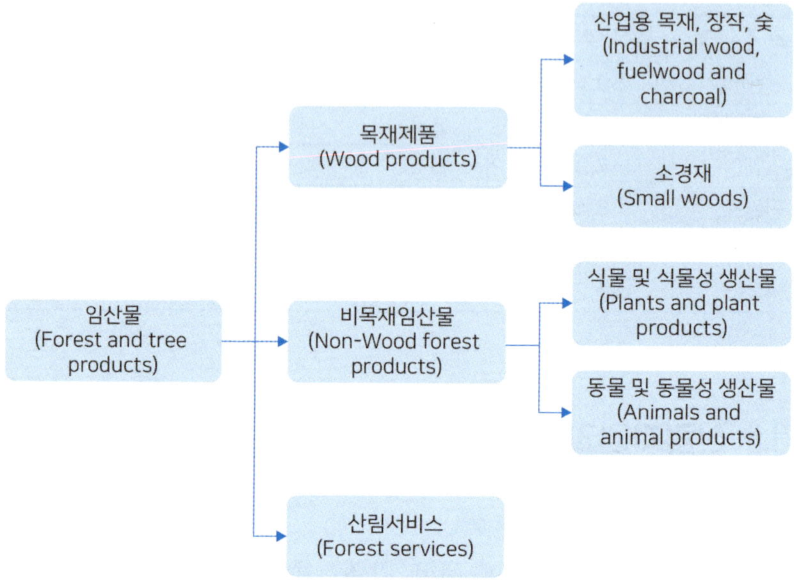

▶ **그림 2-2** 산림자원의 분류체계(FAO, 1999)

우리나라 산림면적은 2020년 기준 약 630만 ha로 전체 국토의 63%를 차지한다. 산림은 합리적인 보전과 이용을 위해 보전산지와 준보전산지로 구분하며, 이 중 보전산지는 임업용산지와 공익용산지로 구분한다. 임업용산지는 산림자원 조성과 임업생산기능의 증진을 위한 산지로 전체 산림면적의 52%, 공익용산지는 임업생산과 함께 재해방지, 수원보호 등의 공익기능을 위한 산지로 26%를 차지한다. 준보전산지는 보전산지를 제외한 산지로 22%를 차지한다.

산림은 소유자에 따라 국유림, 공유림, 사유림으로 구분한다. 국유림은 국가가 소유하는 산림으로 26%, 공유림은 지방자치단체나 공공단체가 소유하는 산림으로 8%를 차지하고 있다. 사유림은 개인이 소유하는 산림이며, 2020년 기준 전체 산림면적의 66%로 가장 높은 비중을 차지하고 있으나, 소유의 영세성이 주요한 문제점으로 제시된다. 사유림의 소유 산주는 218만 명에 이르는데, 1인당 평균 소유면적은 1.9ha이다. 소유규모 분포를 보면 1ha 미만의 소유자가 67.5%를

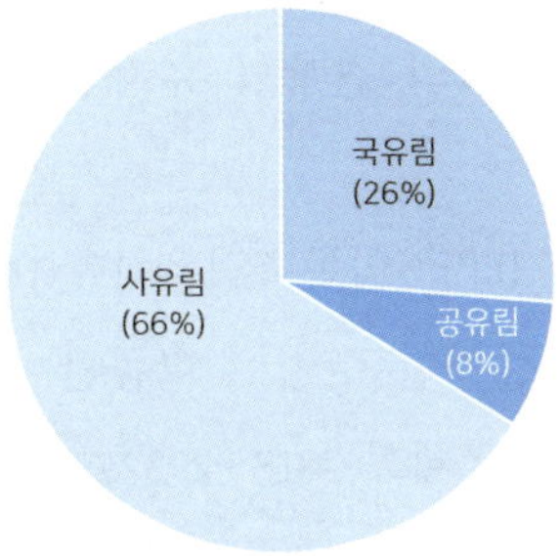

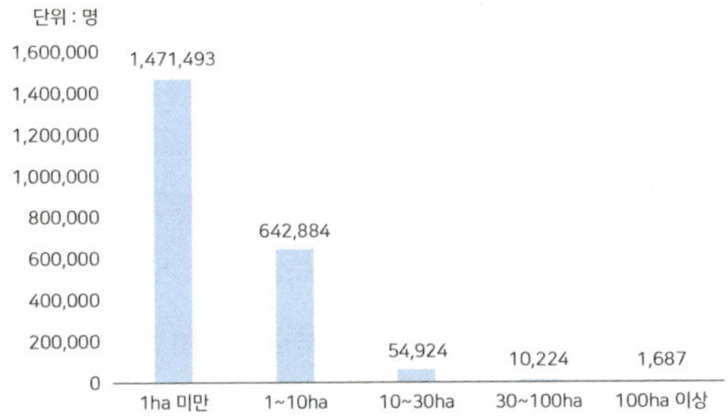

출처: 산림청, 2021

▶ **그림 2-3** 소유구조(2020년)　　▶ **그림 2-4** 사유림 소유규모의 분포(2020년)

차지한다. 산림은 소유규모가 영세하여 산림경영에서 규모의 경제를 실현하기 어렵기 때문에 집단화를 유도할 필요가 있다.

2020년 기준 영급별 산림면적 살펴보면, 4영급이 전체 산림면적의 38.9%로 가장 많으며, 5영급 이상인 산림면적이 38.5%를 차지하고 있다. 5영급 이상의 산림면적이 2030년대 76%로 급격하게 증가할 것으로 전망되고 있다. 가까운 장래

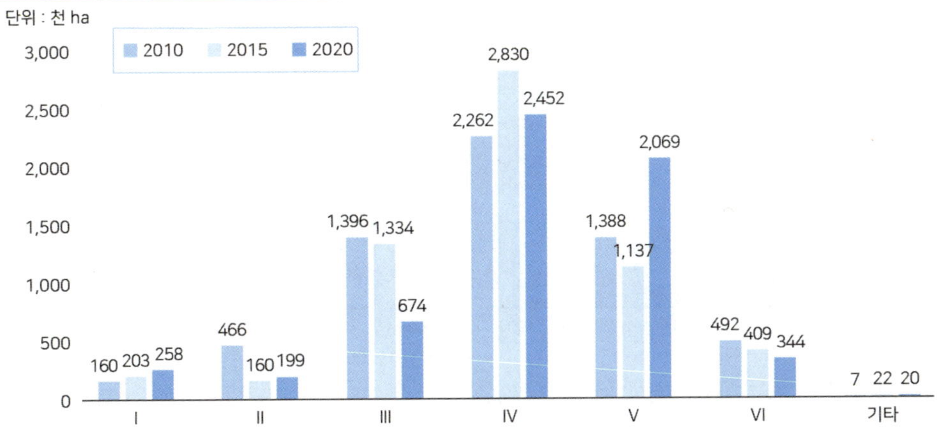

▶ **그림 2-5** 영급별 산림면적의 변화(산림청, 2024)

에 임목수확이 가능한 시기에 도달할 것이며, 이에 대응하기 위해 '조림→육림→수확 및 이용→재조림'의 선순환 구조를 구축하고, 산림의 건강성 유지와 자원확보에 힘써야 할 필요가 있다.

2023년 기준 산림의 임목축적은 1,106백만 ㎥로 ha당 임목축적은 176.0㎥/ha이다. 이는 1990년 기준 38.3㎥/ha에 비해 4배 이상 증가한 수치로 그동안 산림자원이 지속적으로 축적되었음을 보여준다. 제6차 산림기본계획(2018~2037년)에 따르면 ha당 임목축적은 산림 노령화에 따른 연간 생장량 감소, 원목 공급을 위한 벌채량 증가, 산림전환에 의한 산림면적 증가로 인해 2040년에 180㎥/ha로 정점에 도달하고 점차 감소할 것으로 전망하였으나 제6차 산림기본계획〔변경〕에서는 165('20) → 194('30) → 208('37) → 224('50) ㎥/ha로 수정하였다. 최근 10년(2014–2023) 동안 임목축적 연간 증가량은 3.47~4.54㎥/ha이다. 산림자원이 노령화되면 임목축적의 연간 생장량도 점차 감소하는데, 국립산림과학원(2019)은 임목축적의 연간 생장량(㎥/ha/yr)이 4.3('20) → 2.6('30) → 1.9('50)이 될 것으로 전망하였다. 그에 따라 산림의 탄소흡수기능 약화에 대한 우려를 하나 산림의 기능이 탄소흡수기능만이 아니므로 종합적인 시각에서 시대에 맞는 산림경영을 도모해야 할 것이다.

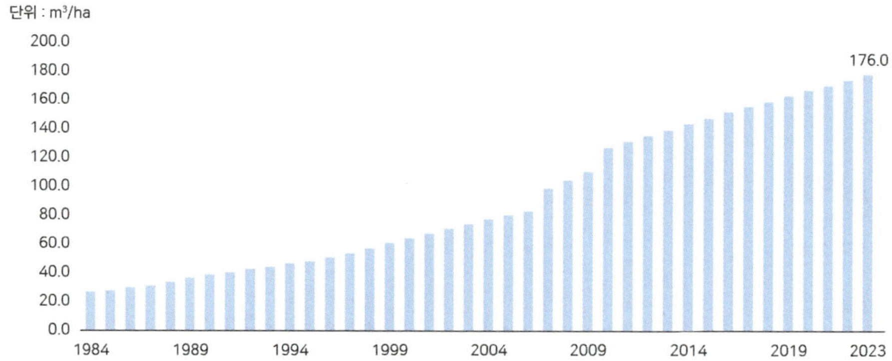

▶ **그림 2-6** 임목축적의 변화(산림청, 2024)

임업정책은 기본적으로 인공림을 중심으로 수립되므로 임종 구분이 중요하다. 국립산림과학원(2011)에서 분석한 국가산림자원조사 표본점 분포로 추정하면 우리나라 산림 중 천연림이 80.2%, 인공림은 19.8%를 차지하고 있다. 육성 임업을 지속적으로 추진하기 위해서는 조림지의 철저한 사후 관리를 통해 인공림을 유지하고 관리해야 한다.

우리나라 산림의 임상은 1990년에 침엽수림이 전체 산림면적의 48%로 가장 많았고, 혼효림 28%, 활엽수림 22% 순서로 차지하고 있었다. 하지만 2020년에는 침엽수 37%, 활엽수 32%, 혼효림 26%로 침엽수림의 비중이 감소하였다. 산림기본계획(2018~2037년)에 따르면 온대 중·북부의 생육조건이 좋은 지역에서 영급과 수관밀도가 낮은 침엽수림이 혼효림으로, 혼효림은 활엽수림으로 전환되어 2050년에는 침엽수림 29%, 활엽수림 44%, 혼효림 27%로 변화될 것으로 전망하였다. 이와 같이 국내 임분의 수종 구성 상태가 어떻게 변화되는지 예측하여 건전한 산림 육성과 함께 임산업의 활성화 및 발전 전략이 산림기본계획에 담겨 있다.

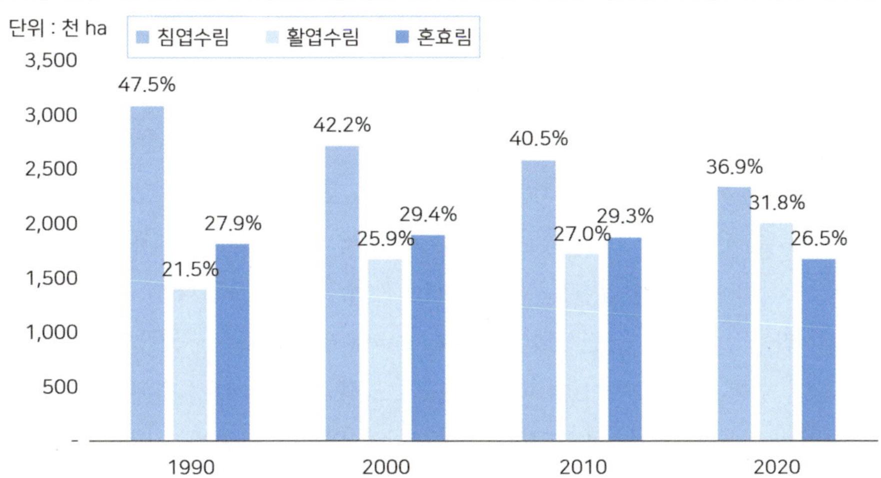

▶ **그림 2-7** 산림의 임상변화(산림청, 1991, 2001, 2011, 2021)

우리나라 산림의 수종 구성은 혼효림이 가장 많이 차지하고 있으며, 다음은 소나무, 참나무류, 기타 활엽수 순으로 나타난다. 우리나라는 산림녹화 성공 이후 경제림 조성을 위한 수종 갱신이 원활히 진행되지 못했기 때문에 목재의 고부가가치를 창출할 수 있는 낙엽송, 편백 등 통직한 특징을 가진 수종이 적다. 또한 우리나라는 온대기후에 속해 있어 생태계 천이에서 참나무류가 우점할 가능성이 높으므로 활엽수의 효율적인 이용 방안도 강구해야 한다.

▶ **그림 2-8** 주요 수종의 면적(산림청, 2024)

2) 국내 임산업 현황

가) 임산업의 정의

임산업(林産業; Forest Industry)은 조림, 육림, 벌채 등의 목재 생산활동뿐만 아니라, 임산물을 주원료로 하는 다양한 제품의 가공·유통, 그리고 산림 공간의 복합적 이용 등 산림자원을 종합적으로 활용하는 산업 전반을 포괄하는 개념이다. 이보다 협의의 법률적 개념인 산림사업(山林事業; Forest Business)은 「산림자원의 조성 및 관리에 관한 법률」 제2조(정의)에 따라 산림의 조성·육성·이용·재해예방·복구·복원 등 산림의 기능을 유지·발전 또는 회복시키기 위하여 산림에서 이루어지는 사업과 도시숲·생활숲·가로수·수목원의 조성·관리 등 산림의 조성·육성 또는 관리를 위하여 필요한 사업으로서 대통령령으로 정하는 사업을 의미한다.

「임업 및 산촌 진흥촉진에 관한 법률」 제2조(정의)에 임업인은 임업에 종사하는 자로서 임업인의 범위는 ① 3ha 이상의 산림에서 임업을 경영하는 자, ② 1년 중 90일 이상 임업에 종사하는 자, ③ 임업경영을 통한 임산물의 연간 판매액이 120만 원 이상인 자, ④ 산림조합법 제18조에 따른 조합원으로서 임업을 경영하는 자에 해당한다.

정부에서는 임업 정책 수립을 위한 기초자료를 제공하기 위한 목적으로 개별 임업인 대상이 아닌, 임업인이 가구 경영주인 임가를 대상으로 경제지표 및 동향을 파악하고 있는데, 여기서 조사 대상이 되는 임업가구는 임업인의 정의와 유사하면서도 다른 점이 존재한다. 임가는 법적으로 분류되어 있지 않으나, 임가경제조사에서 조사대상으로 설정하는 임업가구(이하 '임가'라 한다)는 생계 또는 영리를 목적으로 ① 3ha 이상 산림을 보유하고, 지난 5년간 산림사업 실적이 있는 가구, ② 연간 채취 또는 재배한 임산물 판매액이 120만 원 이상인 가구, ③ 연간 임업 종사일수가 90일 이상인 가구 중에 한 가지만이라도 해당하는 가구를 의미한다. 임업가구는 전업임가와 겸업임가로 구분되는데, 전업임가란 영리를 목적으로 30일 이상 임업 이외의 일에 종사한 가구원이 없는 가구를 의미하며, 겸업임가란 영리를 목적으로 30일 이상 임업 이외의 일에 종사한 가구원이 있는 가구를 의미한다. 겸업임가는 다시 임업주업과 임업부업으로 구분할 수 있는데, 임업주업은 겸업임가 중 임업소득이 기타 가계소득보다 많거나 같은 임가이며, 임업부업은 겸업임가 중 임업소득이 기타 가계소득보다 적은 임가를 의미한다.

한편, 「임업 및 산촌 진흥 촉진에 관한 법률 시행령」 제7조(겸업임업 등)에서는 겸업임업, 전업임업, 기업임업을 구분하고 있는데 이는 상기의 겸업임가와 전업임가와는 다르게 정의하고 있음을 확인할 수 있다. ① 겸업임업은 3ha 이상의 산림에서 임업을 경영하고 있거나, 임산물을 주원료로 하는 생산활동을 1년 중 90일 이상 할 수 있는 임업, ② 전엄입업은 50ha 이상의 산림에서 임업을 경영하고 있거나, 임산물을 주원료로 하는 생산활동을 1년 중 200일 이상 할 수 있는 임업, ③ 기업임업은 500ha 이상의 산림에서 임업을 경영하는 법인으로서, 임산물을 주원료로 하는 생산활동을 1년 중 200일 이상 할 수 있는 임업이다.

나) 임가의 현황

「농림어업총조사」에 따르면 2020년 기준 전체 임가수는 103,416가구로 2010년 대비 7.6% 증가하였다. 이 중 전업은 14,038가구로 전체 임가수의 13.6%를 차지하며, 2010년 대비 121.7%가 증가한 반면, 겸업은 89,378가구로 전체 임가수의 86.4%를 차지하나, 2010년 대비 0.4% 감소하였다. 전체 임가에서 생산부문별로 분포를 살펴보면, 재배업이 79,173가구로 전체의 76.6%를 차지하였으며,

채취업, 육림업, 양묘업, 벌목업 순으로 나타난다. 이와 같이 우리나라 임가의 대부분은 재배업에 의존해 소득을 얻고 있다.

표 2-5 임가수 및 전·겸업 임가 변화

(단위: 가구)

구분	전체 임가			전 업			겸 업		
	2010년	2015년	2020년	2010년	2015년	2020년	2010년	2015년	2020년
육림업	3,395	5,657	7,717	189	382	961	3,206	5,275	6,756
벌목업	486	368	1,725	41	48	211	445	320	1,514
채취업	10,253	6,185	10,153	368	360	839	9,885	5,825	9,314
양묘업	816	804	4,648	65	68	658	751	736	3,990
재배업	81,158	77,496	79,173	5,669	7,646	11,369	75,489	69,850	67,804
전체	96,108	90,510	103,416	6,332	8,504	14,038	89,776	82,006	89,378

출처: 통계청(2011; 2016; 2021): 농림어업총조사.

2020년 기준 임가의 경영주 연령 분포를 보면 60대가 36.8%로 가장 높은 비중을 차지하였고, 이어 70세 이상 31.8%, 50대 23.9%, 40대 6.4%, 39세 이하 1.1% 순으로 나타났다. 60대 이상 경영주는 65% 이상이었으며, 39세 이하는 1,158명으로 가장 적은 비중을 차지하였고, 이는 2010년 2,402명에서 절반 이상 감소한 수치이다. 이는 임가의 경영주가 빠르게 고령화되고 있으며, 청년층의 유입이 매우 저조함을 보여준다.

표 2-6 임가의 경영주 연령 변화

(단위: 가구)

구분	2010년		2015년		2020년	
	임가수	구성비	임가수	구성비	임가수	구성비
39세 이하	2,402	2.5%	1,100	1.2%	1,158	1.1%
40대	12,872	13.4%	7,585	8.4%	6,614	6.4%
50대	27,349	28.5%	24,495	27.1%	24,706	23.9%
60대	30,289	31.5%	30,119	33.3%	38,015	36.8%
70세 이상	23,196	24.1%	27,211	30.1%	32,923	31.8%
합계	96,108	100.0%	90,510	100.0%	103,416	100.0%

출처: 통계청(2011; 2016; 2021): 농림어업조사.

2020년 기준 산림을 보유하지 않은 임가(산림 미보유임가)는 78,201가구로 전체의 75.6%를 차지하였으며, 2010년(85.3%)에 비해 약 10% 감소하였다. 이는 산림을 보유한 임가의 비중이 점차 증가하고 있음을 보여주고 있으나, 여전히 전체 임가의 다수를 차지하고 있다. 1ha 미만의 소규모 산림을 보유한 임가는 2010년 4,124가구에서 2020년 8,421가구로 약 두 배 증가(8.1%)하였고, 1~5ha 임가는 10,831가구(10.5%)로 증가폭이 가장 크게 나타났다.

표 2-7 임가의 경영산림 면적규모 변화 (단위: 가구)

구분	2010년		2015년		2020년	
	임가수	구성비	임가수	구성비	임가수	구성비
1ha 미만	4,124	4.3%	5,503	6.1%	8,421	8.1%
1 ~ 5ha	6,510	6.8%	6,313	7.0%	10,831	10.5%
5 ~ 10ha	1,959	2.0%	1,702	1.9%	3,537	3.4%
10 ~ 30ha	1,107	1.2%	932	1.0%	1,820	1.8%
30ha 이상	471	0.5%	347	0.4%	606	0.6%
산림미보유임가	81,937	85.3%	75,713	83.7%	78,201	75.6%
합계	96,108	100.0%	90,510	100.0%	103,416	100.0%

출처: 통계청(2011; 2016; 2021): 농림어업총조사.

임가의 임업경영 형태는 재배업 임가와 비재배업 임가로 구분된다. 재배업 임가는 산지나 밭에서 단기소득임산물을 재배하는 가구를, 비재배업 임가는 육림업, 벌목업, 양묘업 및 채취업 가구를 의미한다(통계청 2022). 재배임업만 경영하는 임가는 79.2천 가구(76.6%), 비재배임업만 경영하는 임가는 17.3천 가구(16.7%), 비재배 및 재배 임업을 겸영하는 임가는 6.9천 가구(6.7%)이다. 육림업, 벌목·양묘업 임가 수는 매우 적고 대부분의 임가들이 단기소득임산물 재배에 종사한다.

표 2-8 임가의 경영형태

(단위: 천 가구)

구분	전체 임가	비재배 임업만 경영				비재배 및 재배임업 겸영				재배 임업만 경영
		소계	육림업	벌목·양묘업	채취업	소계	육림업	벌목·양묘업	채취업	
2010	96.1	10.2	2.3	1.0	6.9	4.7	1.1	0.3	3.3	81.2
	(100.0)	(10.6)	(2.4)	(1.0)	(7.2)	(4.9)	(1.1)	(0.3)	(3.5)	(84.4)
2020	103.4	17.3	6.1	4.8	6.4	6.9	1.6	1.6	3.8	79.2
	(100.0)	(16.7)	(5.9)	(4.6)	(6.2)	(6.7)	(1.6)	(1.5)	(3.6)	(76.6)
증감	7.3	7.1	3.8	3.8	-0.5	2.2	0.5	1.3	0.5	-2.0
증감률	7.6	69.6	165.2	380.0	-7.2	46.8	45.5	433.3	15.2	-2.5

출처: 통계청(2022): 농림어업조사.

임가소득은 크게 일정하고 정기적인 소득을 의미하는 경상소득(Current Income)과 비정기적으로 발생하며 자산의 변동을 유발하지 않는 비경상소득(Non-current Income)으로 구분할 수 있다. 경상소득은 다시 임업소득, 임업외소득, 이전소득으로 구분되며, 임업소득은 임업을 통해 얻는 소득으로 임업총수입에서 임업경영비를 제외한 것을 의미한다. 임업외소득은 겸업소득(임업 외 농축산업 등)과 사업외소득(근로소득 등)으로 구분된다. 이전소득은 공적보조금(임업/농업 보조금 및 연금 등 사회 보장수혜)과 사적보조금(외부에 있는 가족 구성원이 지원하는 보조 등)으로 구분된다.

2024년 임가소득은 38,405천 원으로 2020년(37,105천 원)대비 3.5% 증가하였다. 이 중 임업외소득(8.7%), 이전소득(28.9%)은 증가하였으나, 임업소득(−11.2%), 비경상소득(−28.3%)은 감소하였다. 임가소득은 임업소득 2.7%, 임업외소득 37.7%, 이전소득 28.5%, 비경상소득 6.5%로 구성되어 있다. 2024년 임업의존도는 27.2%이며, 전년대비 4.5%p 감소한 것으로 나타났다.

표 2-9 임가소득 동향

(단위: 천 원, %)

구분	2010년		2015년		2020년		2024년		증감률 (24/20)
	소득액	구성비	소득액	구성비	소득액	구성비	소득액	구성비	
임가소득	27,678	100.0	32,222	100.0	37,105	100.0	38,405	100.0	3.5
경상소득	25,026	90.4	30,086	93.4	33,601	90.6	35,891	93.5	6.8
임업소득	7,699	27.8	10,586	32.9	11,779	31.7	10,461	27.2	-11.2
임업외소득	12,424	44.9	13,098	40.6	13,335	35.9	14,490	37.7	8.7
이전소득	4,903	17.7	6,401	19.9	8,486	22.9	10,940	28.5	28.9
비경상소득	2,652	9.6	2,138	6.6	3,504	9.4	2,514	6.5	-28.3
임업의존도	27.8	-	32.9	-	31.7	-	27.2	0.1	-4.5

출처: 산림청(2011; 2016; 2021; 2025): 임가경제조사.

임가의 소득을 농가와 어가와 비교해보면, 농가와의 소득 격차는 다소 줄었으나, 여전히 농가 소득의 75.9% 수준에 머물렀다. 반면, 어가는 2024년에 큰 폭의 소득 증가를 보여 임가와의 소득 격차가 더욱 확대되었다.

표 2-10 임가와 농·어가 소득 비교

(단위: 천 원, %)

구분		2020년	2021년	2022년	2023년	2024년	증감률 (24/23)
임가		37,105	38,133	37,898	37,383	38,405	2.7%
농가		45,029	47,759	46,153	50,828	50,597	-0.5%
어가		53,187	52,392	52,911	54,779	63,652	16.2%
비율	농가대비	82.4%	79.8%	82.1%	73.5%	75.9%	-
	어가대비	69.8%	72.8%	71.6%	68.2%	60.3%	-

출처: 산림청; 통계청(2025): 임가경제조사; 농가경제조사; 어가경제조사.

주요 재배품목별 임가의 가구당 소득변화를 살펴보면, 2024년 기준 떫은감나무 재배업이 36,955천 원으로 전년 대비 10.8% 증가하였으며, 조경재업(9.7%)과 버섯 재배업(9.5%)도 증가세를 보였다. 반면, 밤나무 재배업은 15.1%, 육림/벌목업은 6.0%, 채취업은 5.9% 감소하는 등 일부 품목에서는 소득이 감소한 것으로 나타났다.

2024년 품목별 임가소득에서는 조경재업이 49,500천 원으로 가장 높으며, 채취업 38,264천 원, 육림/벌목업 37,104천 원 순으로 나타났다.

표 2-11 주요 재배품목별 임가소득 변화 (단위: 천 원)

구분	2020년	2021년	2022년	2023년	2024년	증감률 (24/23)
육림/벌목업	40,236	40,226	47,346	39,463	37,104	-6.0%
채취업	37,004	41,058	37,784	40,655	38,264	-5.9%
밤나무 재배업	42,298	42,020	39,280	42,233	35,842	-15.1%
떫은감나무 재배업	30,547	33,593	33,601	33,365	36,955	10.8%
수실류	42,814	35,749	39,526	36,187	34,684	-4.2%
버섯 재배업	29,125	28,730	30,928	22,927	25,111	9.5%
조경재업	60,515	66,660	65,919	45,113	49,500	9.7%
기타 재배업	31,465	32,880	31,471	34,740	36,211	4.2%
평균	37,105	38,133	37,898	37,383	38,405	2.7%

출처: 산림청(2025): 임가경제조사.

다) 임산업의 경제적 동향

우리나라 임업의 국내총생산은 1990년 8,560억 원에서 2024년 2조 2,295억 원으로 증가하였지만, 국내총생산에서 차지하는 비중은 1990년 0.41%에서 2024년 0.09%로 줄어들었다. 동일한 기간 동안 목재, 종이, 인쇄 및 복제업의 국내총생산은 2조 6,389억 원에서 16조 2,288억 원으로 약 6배 이상 증가하였으나, 비중은 1990년 1.28%에서 2024년 0.63%로 줄어든 것으로 확인할 수 있다. 임산업에 관련된 산업은 전체 경제에서 차지하는 비중이 지속적으로 감소하고 있다.

표 2-12 경제활동별 국내총생산 (단위: 십억 원)

구분	1990년	2000년	2010년	2020년	2024년
국내총생산 (GDP)	206,712.6	675,732.6	1,379,460.2	2,058,466.5	2,556,857.4
임업	856.0	1,783.7	2,355.3	2,379.0	2,229.5
목재, 종이, 인쇄 및 복제업	2,638.9	7,412.7	10,917.6	14,214.2	16,228.8

출처: 한국은행(2025).

산림청에서 발표하는 2023년도 임산물 총 생산액은 7조 1,298억 원이다. 이 중 순임목생장액이 2조 7,196억 원(38.1%)으로 가장 많고, 단기소득임산물 2조 4,706억 원(34.7%), 토석류 1조 3,510억 원(8.9%), 용재 4,056억 원(5.7%) 순이다. 가장 높은 생산액을 나타내는 순임목생장액은 지역, 임상, 영급별 순임목생장량에서 각 영급에 해당되는 임목가격을 곱하여 얻는다. 즉, 이는 실질적인 금액이라기보다는 산지에 서 있는 나무가 1년 동안 자란 재적량을 화폐로 나타낸 평가액이라 할 수 있다. 따라서, 실질적인 우리나라 임업 생산액은 단기소득임산물 부문의 비중이 가장 높다고 할 수 있다.

표 2-13 임산물 생산액 (단위: 억 원)

구분	2011년		2015년		2020년		2023년	
	생산액	구성비	생산액	구성비	생산액	구성비	생산액	구성비
단기소득임산물	27,659	44.8%	29,928	35.9%	22,097	26.7%	24,706	34.7%
순임목	25,118	40.7%	21,405	25.7%	42,335	51.1%	27,196	38.1%
용재	2,596	4.2%	4,676	5.6%	3,806	4.6%	4,056	5.7%
조림	-	-	-	-	1,444	1.7%	1,533	2.2%
양묘	-	-	-	-	299	0.4%	297	0.4%
토석	6,348	10.3%	27,369	32.8%	12,875	15.5%	13,510	18.9%
합계	61,721	100.0%	83,378	100.0%	82,855	100.0%	71,298	100.0%

출처: 산림청(2012; 2016; 2021; 2024): 임산물 생산조사.

① **목재제품**

「목재의 지속가능한 이용에 관한 법률」에 따르면 목재제품은 목재 또는 목재와 다른 원료를 물리적·화학적으로 가공하여 생산된 제품(수입한 제품을 포함한다)으로서 대통령령으로 정하는 비율 이상의 목재가 포함된 제품을 의미한다. 임산물 생산조사에서 용재는 칩·펄프용, 보드용, 합판용, 토목용, 제재용, 바이오매스용, 표고자목용, 톱밥용, 한옥·목조주택용, 기타용도, 죽재로 구분된다. 2023년 기준 칩·펄프용이 1,543억 원(38.0%)으로 가장 많고, 다음은 제재용 1,185억 원(29.2%), 기타용도 652억 원(16.1%), 표고자목용 346억 원(8.6%), 바이오매스용 175억 원(4.3%) 순이다.

표 2-14 용재 생산액

(단위: 억 원)

구분	2021년		2022년		2023년	
	생산액	구성비	생산액	구성비	생산액	구성비
칩 · 펄프용	1,534.9	34.7%	1,603.9	36.9%	1,543.3	38.0%
보드용	8.5	0.2%	9.8	0.2%	13.9	0.3%
합판용	22.1	0.5%	24.0	0.6%	30.8	0.8%
토목용	0.1	0.0%	0.3	0.0%	0.5	0.0%
제재용	1,219.2	27.6%	1,364.3	31.4%	1,185.4	29.2%
바이오매스용	93.5	2.1%	90.2	2.1%	174.8	4.3%
표고자목용	493.6	11.2%	523.2	12.0%	347.5	8.6%
톱밥용	86.0	1.9%	48.4	1.1%	104.6	2.6%
한옥 · 목조주택용	-	-	1.1	0.03%	3.3	0.1%
기타	963.5	21.8%	680.3	15.7%	652.4	16.1%
죽재	3.6	0.1%	0.1	0.00%	0.0	0.0%
합계	4,424.8	100.0%	4,345.7	100.0%	4,056.4	100.0%

출처: 산림청(2022; 2023; 2024): 임산물 생산조사.

② 단기소득임산물

단기소득임산물이란 단기간에 생산하여 소득을 얻을 수 있는 종실류나 버섯류와 같은 임산물을 의미한다. 단기소득임산물은 조경재, 수실류, 약용식물, 산나물, 버섯류, 기타(고로쇠, 기타부산물, 목초액 등)로 구분된다. 2023년 기준 약용식물이 6,470억 원(26.2%)으로 가장 많고, 다음은 수실류 5,870억 원(23.8%), 산나물 4,703억 원(19.0%), 조경재 3,948억 원(16.0%) 순이다.

표 2-15 단기소득임산물 생산액

(단위: 억 원)

구분	2021년		2022년		2023년	
	생산액	구성비	생산액	구성비	생산액	구성비
조경재	3,679	15.8%	4,085	17.2%	3,948	16.0%
수실류	5,919	25.4%	6,286	26.4%	5,870	23.8%
약용식물	6,237	26.7%	5,917	24.9%	6,470	26.2%
산나물	4,071	17.5%	3,952	16.6%	4,703	19.0%
버섯류	2,520	10.8%	2,400	10.1%	2,271	9.2%
기 타	896	3.8%	1,150	4.8%	1,444	5.8%
합계	23,322	100.0%	23,790	100.0%	24,706	100.0%

출처: 산림청(2022; 2023; 2024): 임산물 생산조사.

③ 산림의 공익적 기능

산림자원은 거래되는 목재, 단기소득임산물과 같은 임산물뿐만 아니라 생물다양성, 수원함양 등 무형적 가치로 인식되어져 있는 공익적 기능 또한 포함하고 있다. 산림의 공익적 기능은 온실가스흡수·저장, 산림경관제공, 산림휴양, 토사유출방지, 산림정수, 수원함양, 산소생산, 생물다양성보전, 토사붕괴방지, 산림치유, 대기질개선, 열섬완화와 같이 12개 기능으로 구분된다. 2020년 기준 산림의 공익기능은 총 259조 원이며, 2018년에 비해 약 38조 원 증가하였고, 국민 1명당 연간 499만 원의 혜택을 받는다. 이 중 공익기능 평가액은 온실가스를 흡수·저장하는 기능이 총 97조 6,000억 원(37.8%)으로 가장 컸으며, 그 다음은 산림경관 제공기능 31조 8,000억 원(12.3%), 산림휴양기능 28조 4,000억 원(11.0%), 토사유출방지 26조 1,000억 원(10.1%), 산림정수기능 15조 2,000억 원(5.9%) 순이다.

표 2-16 산림의 공익기능 평가

순위	기능	평가액(조 원)	비율(%)
1	온실가스흡수 · 저장	97.6	37.8
2	산림경관제공	31.8	12.3
3	산림휴양	28.4	11.0
4	토사유출방지	26.1	10.1
5	산림정수	15.2	5.9
6	수원함양	12.1	4.7
7	산소생산	11.6	4.5
8	생물다양성보전	11.6	4.5
9	토사붕괴방지	11.5	4.4
10	산림치유	6.7	2.6
11	대기질개선	5.3	2.0
12	열섬완화	0.6	0.3
합계		259	100

출처: 산림청(2023).

연습문제

1. 산림면적이 감소한 국가를 제시하고, 감소의 주된 원인을 설명하시오.

2. 주요 원목 생산 국가(산업용재, 연료재)를 제시하고, 국가별 특정을 설명하시오.

3. 우리나라 산림의 소유구조 및 영급구조 특징을 설명하시오.

4. 제6차 산림기본계획에 따른 우리나라 산림의 전망을 설명하고, 향후 산림관리 방향을 제시하시오.

5. 우리나라 임산업의 주요 구성 요소를 쓰고, 각각의 경제적 비중이나 특징을 간략히 설명하시오.

참고문헌

국립산림과학원(2011), 『제5차 국가산림자원조사 보고서』, 국립산림과학원.

국립산림과학원(2019), 『산림자원 순환경제 정책연구 TF 제1차 자문회의 자료집』, 국립산림과학원.

김동준 · 김준순 · 민경택 · 박주원 · 안기완 · 이요한 · 조장환 · 최수임(2023), 『산림경제학』, 향문사.

민경택 · 윤여창(2023), 『산림경제학: 생태학과 경제학의 만남』, 서울경제경영.

법제처, 『국가법령정보센터』, law.go.kr.

산림청(1991, 2001, 2011, 2021, 2024), 『산림임업통계연보』, 산림청.

산림청(2011, 2016, 2021, 2024), 『임가경제조사』, 산림청.

산림청(2012, 2016, 2021, 2022, 2023) 『임산물 생산조사』, 산림청.

산림청(2018), 『제6차 산림기본계획(2018년~2037년)』, 산림청.

산림청(2023), 『2020년 기준 산림의 공익기능 평가 결과』, 산림청.

산림청(2025), 『제6차 산림기본계획[변경](2018년~2037년)』, 산림청.

통계청(2011, 2016, 2021), 『농림어업총조사』, 통계청.

통계청(2011, 2016, 2021, 2022), 『농림어업조사』, 통계청.

통계청(2025), 『2024년 농가경제조사』, 통계청.

통계청(2025), 『2024년 어가경제조사』, 통계청.

한국은행(2025), 『국민계정』, 한국은행.

FAO(1999), *Non-wood Forest Products and Income Generation*, FAO.

FAO(2020), *FAOSTAT: Forestry Production and Trade*, FAO.

FAO(2020), *Global Forest Resources Assessment*, FAO.

Marshall, A.(1890), *Principles of Economics*, Macmillan and Co.

Robbins, L.(1932), *An Essay on the Nature and Significance of Economic Science*.

Samuelson, P.(1948), *Economics: An Introductory Analysis*, McGraw-Hill.

Smith, A.(1766), *An Inquiry into the Nature and Causes of the Wealth of Nations*, W. Strahan and T. Cadell.

United Nations(2017), *United Nations strategic plan for forests 2017-2030*, United Nations Forum on Forests.

산 림 경 제 학

기초 경제학 이론: 소비자, 생산자 그리고 시장

PART

02

제2부에서는 주요 경제주체인 소비자인 가계와 생산자인 기업의 행동에 대한 이해를 돕고자 경제학이론에 기반하여 소비자이론과 생산자이론을 간단하게 소개하고자 한다. 그리고 수요와 공급이 만나는 시장 관련한 이론을 생산물시장과 생산요소시장으로 구분하여 살펴보고자 한다. 생산물시장에서는 가계는 소비자이고, 기업은 생산자이지만 생산요소시장에서는 가계는 공급자이고 기업은 수요자이다.

제3장에서는 생산물시장을 전제로 가계를 해석하는 소비자이론, 제4장은 기업을 해석하는 생산자이론, 제5장에서는 이들이 만나는 생산물시장이론에 대해 설명하고 제6장에서는 간단하게나마 생산요소시장에 대해 소개하고자 한다

CHAPTER

03 소비자이론

수요(demand)는 소비자가 재화나 서비스를 구매하고자 하는 욕구로, 이때 수요량(quantity demanded)은 실제로 구매한 양이 아니라 구매하고자 하는 양을 의미한다.

소비자(consumer)와 동일한 의미로 가계(household)라고 표현하기도 하지만 가계라는 단어를 사용하면 그 적용 범위가 넓어진다. 즉 생산물시장에서 가계는 소비자이지만 생산요소시장에서 가계는 공급자가 되기 때문이다. 실제로 사용 가능한 예산은 제한되어 있는 상태에서 가장 만족(효율)스러운 소비를 위해서는 어떠한 기준에 근거하여 소비 행위를 하는지를 해석하는 것이 소비자이론이다. 소비자이론에서는 보편적인 인간들이 행하는 경제활동을 효용함수에서부터 무차별곡선, 가격선, 소비자균형, 수요곡선, 소비자잉여까지 단계별로 설명한다.

1 효용

우리 모두는 만족한 삶을 위해 최선을 다한다. 경제학적인 관점에서는 만족과 대응할 수 있는 단어인 효용(utility)은 어떤 소비자가 일정기간 동안 재화를 소비함에 따라 얻을 수 있는 주관적인 만족으로 해석 가능하다. 효용을 수학적인 함수 형태로 표현한 것이 효용함수(utility function)이다. 소비자가 고려하는 재화가 두 가지뿐이라고 가정하면 효용함수는 다음과 같다.

$$U = f(X_1, X_2)$$

U는 총효용, X_1과 X_2는 각각 재화1과 재화2의 수요량을 나타낸다. 효용함수는 수요량이 증가함에 따라 함께 증가하는 특성을 갖는다. 선호나 취향은 시간이 지남에 따라 변한다. 효용함수는 적용하는 일정기간에는 선호 및 취향이 바뀌지 않는다고 전제한다.

수요량이 증가할수록 총효용은 증가한다고 하였는데 얼마나 증가하는지에 대한 평가를 하고 싶을 때 다른 재화의 수요는 불변인 상태(이를 경제학에서는 '다른 모든 조건이 동일하다면'이라는 의미의 라틴어인 ceteris paribus라고 함)에서 '재화의 순간변화량에 따른 효용의 증가량'을 한계효용(marginal utility: MU)이라고 한다. 예를 들어 재화1의 수요가 불변인 상태에서 재화2의 수요가 ΔX_2만큼 증가했을 때 총효용이 ΔU만큼 증가했다면 재화2의 한계효용은 다음과 같이 정의할 수 있다.

$$MU_2 = \frac{\Delta U}{\Delta X_2} \Rightarrow \lim_{\Delta X_2 \to 0} \frac{\Delta U}{\Delta X_2} = \frac{dU}{dX_2}$$

예를 들어, 재화2의 수요에 따른 총효용의 크기를 정량적으로 표현 가능하다는 전제에서 수요량 변화에 따른 효용의 변화를 나타내었다.

일반적으로 일정기간 동안 수요량 증가에 따라 총효용은 증가하지만 수요량 증가에 따른 효용의 증가분은 점차 감소하는 특성을 갖는데 이를 「한계효용체감의 법칙」이라고 한다. 한계효용이 체감한다는 것은 총효용이 기수(cardinal number)적인 정량적인 값으로 표현할 수 있다는 전제에서 성립되는 법칙이다.

표 3-1 수요량 변화에 따른 효용의 변화

수요량	총효용	효용 변화량	한계효용
1	9		
		3	3
2	12		
		4	2
4	16		
		3	1
7	19		
		1	0.5
9	20		
		-1	-1
10	19		

2 무차별곡선

무차별곡선이란 소비자에게 동일한 만족(효용)을 주는 재화1과 재화2의 조합점들의 궤적(軌跡)을 의미한다. 무차별곡선 역시 효용함수에 기반하여 도출된 결과이지만, 큰 차이점은 무차별곡선이 기수적인 의미가 아닌 서수적인 의미만 갖는다 하더라도 그 성질에는 전혀 영향을 미치지 않는다.[1)]

그림 3-1에서 보듯 하나의 무차별곡선은 동일한 만족을 주며 원점에서 멀리 떨어져 있는 무차별곡선일수록 더 큰 만족을 줌을 의미한다($I_1 < I_2 < I_3$). 무차별곡선은 서수적 의미의 선호만 비교할 뿐이지 얼마나 큰지에 대한 해석이 불가능하지만 해석하는 데에는 전혀 지장이 없다.

1) 기수적인 의미는 효용의 값이 누구에게나 상호 비교가 가능하다는 의미이다. 실제로 개인 간의 효용의 차이가 누가 더 크다고 얘기할 수는 없다. 엄밀하게 따지면 개인 간의 비교가 불가능하다는 것이다. 단지 개인의 선택에서 그 선택의 조합에 대해 선호의 차이가 있다는 서열적인 의미에 더 무게가 있다. 만약 이런 서열적인 의미로만 해석을 한다면 소비자의 잉여가치를 설명하는 소비자잉여는 서수적인 의미로 인해 소비자잉여를 개인 간의 비교는 의미가 없다. 이러한 문제를 해결하기 위해 도입된 이론이 힉스에 의해 제시된 보상수요함수이다. 이에 대한 자세한 설명은 제16장을 참고하기 바란다.

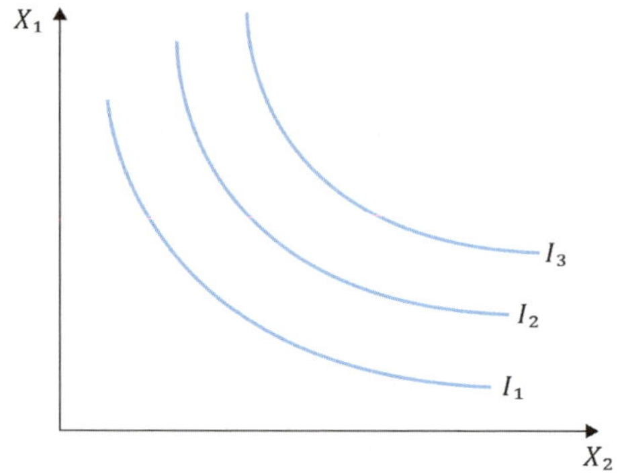

▶ **그림 3-1** 무차별곡선

무차별곡선은 다음 세 가지 특성을 가진다.[2)]

① 무차별곡선은 우하향 한다(Monotonicity).

② 서로 다른 무차별곡선은 교차하지 않는다(Transitivity).

③ 무차별곡선은 원점에 대하여 볼록하다(Convexity).

첫 번째 성질인 우하향한다는 특성과는 반대로, 만일 우상향한다면 재화가 많아짐에도 불구하고 만족 수준이 동일하다는 의미인데, 이는 기본적인 가정에 위배된다. 경제생활의 기본 원리는 만족 수준이 동일하려면 하나를 얻으면 다른 하나는 잃어야 한다. 재화를 잃지도 않았는데 추가적으로 얻을 경우에는 당연히 만족 수준이 높아져야 하는 것은 당연하다. 요약하건데, 우하향한다는 의미는 재화가 많으면 많을수록 만족 수준이 높아진다는 것을 의미한다(more is better!).

두 번째 특성인 서로 다른 무차별곡선은 교차하지 않는다는 의미는 삼단논법에 의해 설명이 가능하다. 그림 3-2의 a와 b는 서로 다른 무차별곡선이므로 만족 수준이 다르다. 그러나 a와 c는 동일한 무차별곡선 상에 있으므로 만족도가 동일하고 b와 c 역시 만족도가 동일하다. 그렇다면 삼단논법에 따라 a와 b는 만족도

2) '원점에 멀리 떨어진 무차별곡선이 원점에 가까운 무차별곡선보다 선호된다'라는 것을 성질로 하여 네 가지를 제시하는 경우도 있다.

가 동일해야 한다. 그러나 a와 b의 만족 수준은 상이하므로 상호 모순이 된다. 모순되지 않기 위해서는 무차별곡선은 서로 교차하면 안 된다.

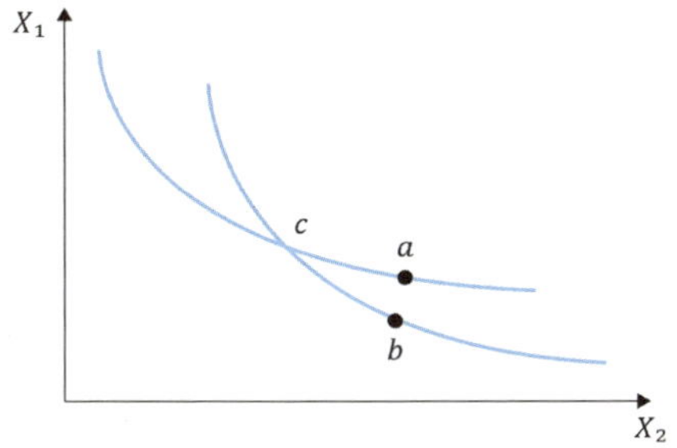

삼단논법에 따르면,
a = c 하고 b = c 하면
a = b이어야 한다.
하지만 a와 b는 같지 않은 모순에 빠진다.
이유는 교차하기 때문이다.

▶ **그림 3-2** 무차별곡선의 상호교차의 모순

세 번째 특성인 원점에 볼록하다는 것 역시 반대로 오목한 경우를 생각해 보자. 재화량이 많은 재화와 적은 재화 간의 교환을 하는 경우 개인이 생각하는 가치는 적은 재화의 희소성으로 인하여 더 높게 평가할 것이다. 즉, 보유량이 적은 재화 1개를 얻기 위해서는 다량을 보유한 재화를 1개 이상 포기하는 것은 일반적이며 이러한 논리에 근거하여 무차별곡선을 그리면 원점에 볼록하게 그려진다.[3)] 무차별곡선 상에서는 재화 묶음의 변화가 있다고 하더라도 효용의 수준에는 영향을 미치지 않음을 알 수 있다. 한편, 한계대체율(marginal rate of substitution)이란 재화2의 한 단위를 더 얻는 대가로 기꺼이 내놓고자 하는 재화1의 최대량을 의미한다. 이 경우 재화1의 감소분($\varDelta X_1$)을 재화2의 증가분($\varDelta X_2$)으로 나눈 비율 $\left(-\dfrac{\varDelta X_1}{\varDelta X_2}= -\lim\limits_{\varDelta \to 0}\dfrac{\varDelta X_1}{\varDelta X_2}=-\dfrac{dX_1}{dX_2}\right)$을 의미한다. 이와 같이 어떤 재화의 수요량이 많아질수록 그 재화의 상대적 중요성은 감소한다는 의미는 한계대체율이 체감한다고 표현하며 이를 '한계대체율 체감의 법칙'이라고 한다.

3) 만약 직선으로 우하향한다는 의미는 두 재화는 완전대체재라 할 수 있다. 예를 들면 1만 원짜리 지폐와 5만 원짜리 지폐가 이에 속한다. 또 다른 극단적인 경우는 무차별곡선이 완전 자일 경우에는 신발 왼쪽과 오른쪽과 같은 완전보완재일 경우이다.

한계대체율과 한계효용의 비율과의 관계

효용함수 $U=f(X_1, X_2)$를 전미분하면 $dU=\frac{\partial U}{\partial X_1}dX_1+\frac{\partial U}{\partial X_2}dX_2$이고 무차별곡선 상에서의 dU는 0인 상태에서 $-\frac{dX_1}{dX_2}=\frac{\frac{\partial U}{\partial X_2}}{\frac{\partial U}{\partial X_1}}=\frac{MU_2}{MU_1}$이다. 즉, 무차별곡선 상의 기울기인 두 재화의 대체율은 한계효용의 대체율의 역수(易數)와 일치한다.

3 예산제약선

지금까지는 각 소비자 개인의 취향과 성향을 해석하는 것에 초점을 맞추었다. 이제는 우리가 경제활동을 하는데 소득(M)과 재화의 가격(P)으로 인해 마음껏 소비하지 못한다. 재화를 얻으려면 응분의 대가를 지불해야 하는 현실이라는 제약 속에서 소비해야 한다. 소득을 M, 재화는 재화1과 재화2뿐이고 저축 없이 모두 소비한다면 예산식은 아래와 같이 표현된다.

$$M=P_1X_1+P_2X_2$$

이를 무차별곡선과 같이 2차원 그래프 상에 함께 그리면 재화1과 재화2의 두 축을 잇는 직선으로 표현되며 그 직선을 예산제약선이라 한다.

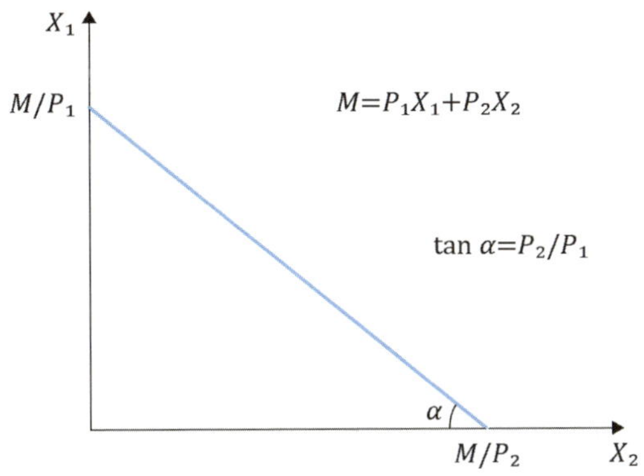

▶ **그림 3-3** 예산제약선

예산제약선은 주어진 예산과 재화의 가격 하에서 소비자가 구입 가능한 재화 묶음의 궤적을 보여주는 선이며, 그 기울기는 두 재화의 상대가격을 의미한다. 예산제약선의 기울기는 두 재화의 가격비에 의해 결정이 되며 위치는 소득에 의해 결정된다. 예산제약선은 소득이 증가하면 바깥쪽으로 평행이동하고, 반대로 소득이 감소하면 안쪽으로 평행 이동한다. 만약 소득과 재화의 가격 모두 같은 비율로 증가하거나 감소하면 예산제약선은 이동하지 않는다.

4 소비자균형

이젠 소비자는 제한 조건인 예산제약 상황에서 자신의 선호 체계인 효용을 극대화하고자 하는 선택을 할 것이다. 이를 설명하기 위해 무차별곡선과 예산제약선을 하나의 그림에 표현하였다(그림 3-4).

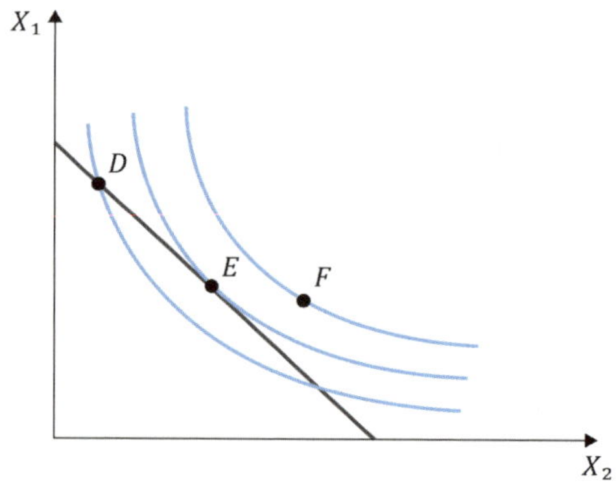

▶ **그림 3-4** 소비자의 균형

소비자는 예산제약선 상에 지나는 수많은 무차별곡선 중에 가급적이면 효용이 가장 큰 재화의 조합을 선택하고자 할 것이다. 그렇다면 소비자는 예산제약선 상의 점 중에서 무차별곡선이 가장 바깥쪽에 있는 점을 선택하고자 할 것이며 그림 3-4의 점 F는 예산이 적으므로 인하여 실현이 불가능한 점이고 D는 동일한 예산을 지출하면서 점 E보다 효용 수준이 낮다. 주어진 예산 제약에서 가장 높은 효용을 가져다주는 점은 E이고 이를 소비자균형점이라고 한다.

E점에서 무차별곡선의 기울기인 한계대체율($-dX_1/dX_2$)과 예산제약선의 기울기(P_2/P_1)가 일치함을 알 수 있다. 즉 소비자균형 조건은 $-\frac{dX_1}{dX_2}=\frac{P_2}{P_1}$이며, 무차별곡선에서의 특성($-\frac{dX_1}{dX_2}=\frac{MU_2}{MU_1}$)을 적용하면, 소비자균형에서는 가격비와 한계효용의 비율이 일치할 때($\frac{MU_1}{P_1}=\frac{MU_2}{P_2}$) 달성되며 이를 좀 더 확장하면 소비자의 선택은 고려되는 모든 재화를 대상으로 그 가격 대비 한계효용의 값이 일치함을 알 수 있다.

$$\frac{MU_1}{P_1}=\frac{MU_2}{P_2}=\frac{MU_3}{P_3}=\cdots=\frac{MU_n}{P_n}$$

이를 **한계효용균등의 법칙**이라 한다.

5 소비자균형의 이동

소비자의 행동은 자신의 효용을 극대화 하기 위한 선택을 하며 이러한 상태를 소비자균형이라고 한다. 즉 특정 재화가격의 변화에 따라 최적의 수요량을 결정하며 소비자는 소비자균형을 달성하고자 한다. 변화 전의 균형 상태를 E^0하고 재화2의 가격이 P_2^0에서 P_2^1으로 상승한다면 새로운 균형점인 E^1으로 균형점이 이동한다.

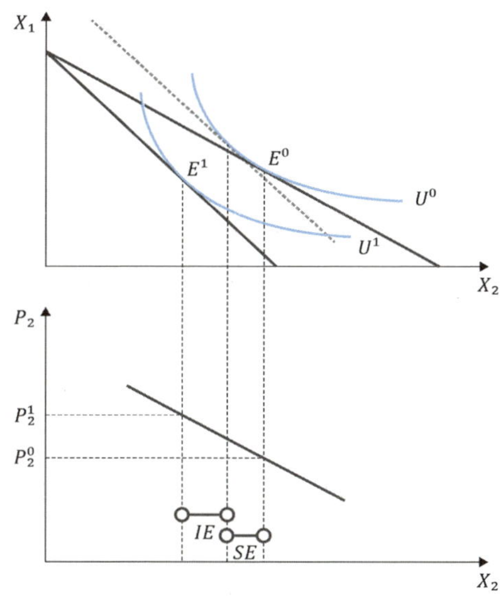

▶ **그림 3-5** 소비자 균형의 변화

가격효과, 소득효과, 대체효과

가격 변화에 따른 소비자균형의 변화가 나타나는 원인을 두 가지로 구분할 수 있는데, 하나는 상대가격의 변화로 인한 대체효과(substitution effect: SE)와 다른 하나는 실질적인 소득의 변화로 인한 소득효과(income effect: IE) 때문이다. 즉, 가격효과는 대체효과와 소득효과의 합으로 표현된다.

그림 3－5의 하단의 수요곡선은 특정 재화의 가격이 변화함에 따라 소비자 균형 점의 궤적을 해당 재화의 수요량과 가격의 축에 나타낸 선이다. 수요량은 고려되는 모든 가격과 소득에 의해 결정되며 이를 함수 형태로 나타낸 것이 수요함수이다.

$$X_2 = f(P_1, P_2, M)$$

탄력성

소득과 가격에 따라 수요량이 변하는데 각 재화마다의 재화 단위가 다르고 심지어는 외재와 비교하면 화폐단위도 상이하다. 이와 같이 단위가 상이한 재화들임에도 불구하고 상호 비교가 가능한 수단이 탄력성(elasticity)이다. 변화의 원인에 따라 수요의 가격탄력성, 교차탄력성, 소득탄력성으로 구분된다.

수요의 가격탄력성은 특정 재화의 수요량 변화율을 그 재화가격의 변화율로 나눈 값이다.

$$\epsilon_p = \frac{\text{수요량의변화율}(\%)}{\text{가격의변화율}(\%)} = -\frac{\frac{\Delta X}{X}}{\frac{\Delta P}{P}} = -\frac{\Delta X}{\Delta P}\frac{P}{X} => -\lim_{\Delta P \to 0}\frac{\Delta X}{\Delta P}\frac{P}{X} = -\frac{dX}{dP}\frac{P}{X}$$

수요의 교차탄력성과 소득탄력성 역시 위의 식에서의 가격의 변화율 대신 다른 재화가격의 변화율 또는 소득변화율을 대입하면 얻을 수 있다.

수요의 가격탄력성은 이론적으로는 0에서 ∞(무한)의 값을 가질 수 있다.

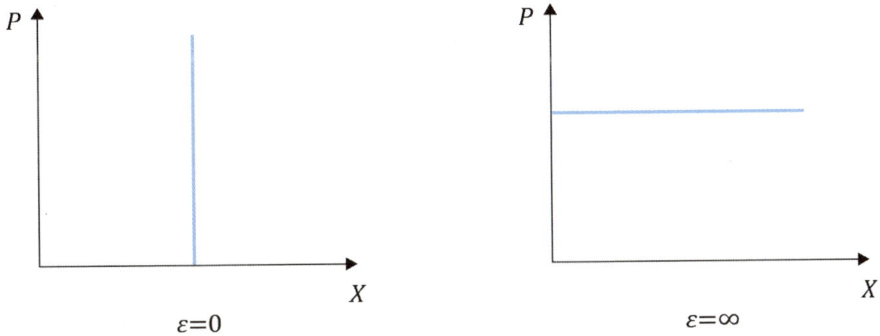

▶ **그림 3-6** 수요의 가격탄력성의 극단적인 예

수요의 가격탄력성은 수요곡선의 모든 점에서 구할 수 있다. 그림 3−7의 e점에서의 가격탄력성(ϵ_p)은 수요곡선에서의 e점을 접점으로 이은 직선($\overline{ab}$)을 기준으로 나뉜 두 직선의 크기 비율로 나타난다.

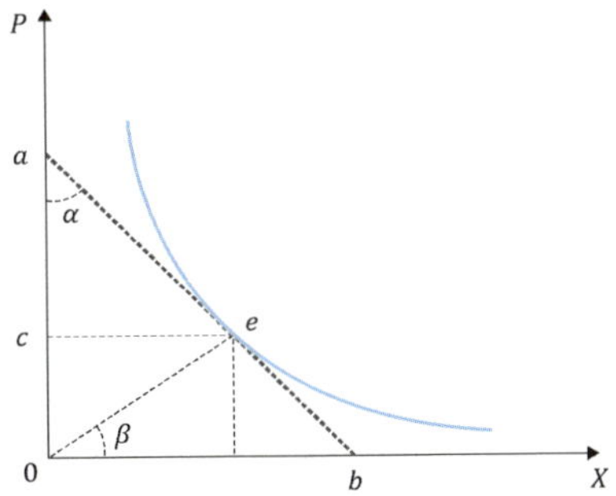

$$\epsilon_p = -\frac{dX}{dP}\frac{P}{X} = \tan\alpha \cdot \tan\beta = \frac{\overline{eb}}{\overline{ae}} = \frac{\overline{c0}}{\overline{ac}}$$

▶ **그림 3-7** 수요의 가격탄력성 산출

6 수요곡선의 이동

소비자균형 상태는 고정되어 있는 것이 아니라 소득과 가격의 변화에 따라 바뀐다.[4] 특정 재화의 가격 변화에 대해 가장 이상적인 선택을 해당 재화의 수요량과 가격의 축에 소비자균형의 궤적이 수요곡선이다. 즉, 특정 재화의 가격 변화에 따른 그 재화 수요량의 변화는 수요곡선 상에서 결정된다. 하지만 수요곡선 자체가 이동하는 경우가 발생한다. 이는 수요함수 $X_2 = f(P_1, P_2, M)$에 나타나듯이 수요량에 영향을 미치는 인자는 그 재화의 가격뿐만 아니라 비교되는 다른 재화의 가격(P_1)과 소득(M)에 의해 영향을 받는다.

재화의 종류

소득과 가격의 변화에 따라 반응하는 소비자의 행동은 재화의 특성에 따라 상이하며 이를 몇 가지 유형으로 구분 가능하다. 소득이 오르면 수요량이 증가하고 소득이 내리면 감소하는 것이 일반적이며 이러한 재화를 정상재(normal goods)라 한다. 하지만 소득이 증가함에도 불구하고 수요량이 감소하는 재화는 열등재(inferior goods)라 한다. 만약 누군가는 소득이 적어 라면으로 식사를 대신하였다가 소득이 증가하면서 자연스럽게 라면의 소비를 줄인다면, 라면은 열등재이다. 국가 경제의 상태를 파악하는 중요한 잣대로 엥겔(Engel)계수가 있는데 이는 가계 총지출액에서 음식비가 차지하는 비율을 의미한다. 가계수입이 적을수록 음식비가 차지하는 비율이 커진다는 것을 '엥겔의 법칙'이라 한다. 가격과 수요량의 변화와의 관계가 특이하게 나타나는 재화로 가격이 하락함에도 불구하고 수요량이 오히려 감소하는 재화를 기펜재(Giffen goods)라 하며 이는 열등재의 특수한 형태이다. 마지막으로 자유재(free goods)는 인간의 욕구를 충족시키는 데 사용되지만 희소성이 없어 누구나 자유롭게 사용할 수 있는 재화를 의미한다.

4) 소비자의 선호 체계는 분석하는 시간 범위에서는 변하지 않는 것으로 가정한다.

7 소비자잉여

재화를 구매하고자 하는 이유는 지출한 화폐보다 더 높은 만족을 얻기 때문이다. 수요곡선 상의 점은 가격이 주어졌을 때 개인의 한계효용 균등을 위해 구매하고자 하는 최대 수량을 의미한다. 역으로 표현하면 수량이 주어졌을 때 개인이 지불하고자 하는 최대 금액으로 '최대 한계지불의사액'이라고 표현한다. 한 개인의 수요곡선인 한계지불의사액은 개인의 주관적 가치이다. 수요곡선은 소비자이론 초반에 언급하였던 수량이 증가할수록 체감하는 한계효용을 가격으로 표현된 것이다. 수량이 많아지게 되면서 그 재화에 대한 욕구가 감소하면서 그에 따른 가치 역시 줄어든다. 예를 들어 X^1수량에서의 한계지불의사액이 P^1인데, 시장에서 형성된 가격이 P^0라면 현재의 시장가격과 소비자가 기꺼이 지불할 용의가 있는 가격과의 차이($P^1 - P^0$)에 기초하여 한계 소비자잉여(consumer surplus)를 얻는다. 소비자잉여란 소비자가 어떤 재화를 일정량 구매하기 위하여 실제로 지출한 금액과 그 재화를 구매하기 위해 기꺼이 지불할 의사가 있는 금액인, 지불의사액(willingness to pay)과의 차액으로 그림 3-8에서 가격이 P^0일 경우에 실제로 지불한 금액은 $0P^0eX^0$이고 총지불의사액은 $a0X^0e$이며 소비자잉여는 삼각형 aP^0e이다.

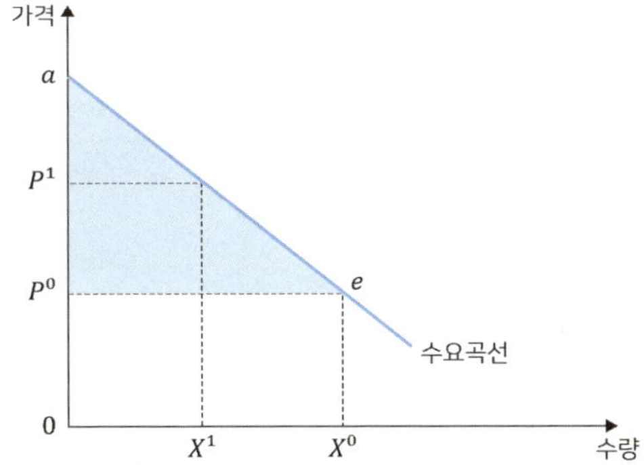

▶ **그림 3-8** 소비자잉여와 지불의사액

지금까지 설명한 수요곡선과 소비자잉여는 일반수요함수(마샬적 수요함수라고도 함)에 기초하고 있다. 일반수요함수는 시장이 존재하는 재화를 대상으로 적용하는 방법이다. 하지만 소비자균형을 도출하는 과정에서 사용하는 화폐의 한계효용이 소득과 가격에 의해 변하는 변수(variable)이므로 그 값의 변화까지 반영하여야 소비자의 진정한 만족 수준을 평가할 수 있다. 하지만 일반수요함수의 소비자잉여는 화폐의 한계효용의 변화 정도를 반영하지 못하므로 진정한 만족 수준의 정도를 대변한다고 볼 수 없다. 그래서 새로운 대안으로 힉스적 수요함수가 개발되었다.

연습문제

1. 무차별곡선의 기본 성질을 세 가지 쓰고, 산림휴양(자연경관)과 도시여가(쇼핑) 두 속성의 무차별곡선을 어떻게 해석하는지 간단히 설명하시오.

2. 예산제약선의 기울기가 의미하는 바를 서술하고, 입장료가 있는 국립공원 이용(재화 A)과 카페 이용(재화 B)의 상대가격 변화가 소비자균형에 미치는 영향을 설명하시오.

3. 정상재와 열등재의 차이를 정의하고, 산림치유 프로그램 이용이 소득 변화에 따라 어떻게 달라질지 추론하시오.

4. 효용함수 $U=XY$, 가격 $P_x=4$, $P_y=2$, 소득 $M=40$일 때 소비자균형 (X, Y)을 구하시오.

5. 한계대체율(MRS) 체감 가정이 "다양성 선호"와 연결되는 논리를 서술하시오.

6. 산림휴양 수요에서 금전비용 외에 고려해야 할 ‘가격’ 요소(시간 · 혼잡 · 접근성 등)를 열거하고 그 경제적 의미를 설명하시오.

7. 도시공원 주차요금 인상 시 공원 이용시간 변화 방향을 대체효과와 소득효과를 구분하여 설명하시오.

8. 다음 진술의 참 · 거짓을 판단하고 이유를 제시하시오: “무차별곡선은 서로 교차할 수 있다.”

참고문헌

김동준 · 김준순 · 민경택 · 박주원 · 안기완 · 이요한 · 조장환 · 최수임(2023), 『산림경제학』, 향문사.

박병진 · 여택동 · 조현국(2024), 『미시경제학』, 율곡출판사.

이준구 · 이창용(2015), 『경제학원론』, 문우사.

Mankiw N. G. (2005), 『맨큐의 경제학』, 김경환 · 김종석 옮김, 교보문고.

Varian, H. R. (1992), *Microeoconomic Analysis*, W.W. Norton & Company.

Samuelson, P. and Nordhaus, W. (2009), *Economics. 19th Edition*, McGraw-Hill.

CHAPTER

04 생산자이론

생산이란 어떤 물건을 변형, 개선 또는 가공하여 용도가 다른 새로운 재화를 만드는 행위라 할 수 있는데 이는 협의적인 생산의 정의이며, 광의적 개념에서는 협의적 개념을 포함하여 인간의 효용을 증가시키는 모든 행위로써 교환, 운반, 저장, 서비스 제공 등까지를 의미한다. 협의적인 개념에서는 기업만이 생산의 주체이나 광의적 개념에서는 가계, 정부 역시 생산의 주체가 될 수 있다. 특히, 인터넷의 발전과 함께 생산자(producer)인 동시에 소비자(consumer)인 프로슈머(prosumer)의 활동이 활발하다.

생산자는 사업 초기에는 매출 확대나 인지도 제고 등 다양한 목표를 지향하나, 장기적으로는 이윤 극대화를 궁극적인 지향점으로 삼는다. 이윤(profit)은 총수입 또는 총매출액(Total Revenue)에서 총비용(Total Cost)을 차감한 액수이다. 이윤의 극대화는 효율성에 기반을 둔 선택을 하는 것인데 생산자에게 효율성(efficiency)이란 주어진 재화나 서비스를 생산하는 데 가장 적은 비용을 투입하거나 또는 비용이 정해졌다면 가장 많은 재화나 서비스를 생산하는 것이다.

일반적으로 경제학이 신고전학파적인 관점에서 해석이 이루어지기 때문에 생산자이론 역시 함수(function)에 기반을 두고 해석이 이루어진다. 생산자이론에서 다루는 주요 함수는 생산함수(production function), 비용함수(cost function), 수입함수(revenue function), 이윤함수(profit function) 등이 있다.

1 생산함수(production function)

생산함수는 생산요소의 투입(input)과 생산물의 산출(output) 간에 일정한 기술적 관계를 나타낸 함수로 주어진 기간 동안 사용된 생산요소의 양과 이를 통해 그 기간 동안 생산할 수 있는 최대 산출량과의 관계를 나타낸 함수이다. 전통적으로 생산요소라 함은 재화나 서비스를 생산하기 위하여 투입되는 대상이라 정의되며 일반적으로 토지(land), 노동(labor), 자본(capital)으로 구분한다. 토지는 땅과 하천, 대기 등과 같이 자연으로부터 얻은 생산요소의 일체를 의미한다. 노동은 사람에 의해 제공되는 생산력이고 자본은 사람이 만들어낸 생산을 위한 요소(공장, 기계 등), 즉 인간에 의해 만들어진 자원(man-made resources)이다.

생산함수는 다음과 같이 표현 가능하다.

$$X = f(L, K)$$

X는 생산물이고 L은 노동, K는 자본으로 광의적인 개념에서 토지는 자본의 속한다고 가정하여도 무방하다. 생산요소인 L과 K가 증가하면 X도 증가한다. 생산함수에서 자본이 변하지 않는다고 가정하면 단기생산함수, 변화하는 변수로 고려되면 장기생산함수라 한다. 즉 단기와 장기는 시간의 개념이긴 하지만 자본의 변화 유무에 따라 상대적인 개념으로 구분한다

1) 단기생산함수: $X = f(L, \overline{K})$

산림에서 체인톱이 2개인 상태에서 인부를 투입하여 벌목할 경우 생산량(벌목량)이 표 4-1과 같다고 가정하자.

표 4-1 투입된 생산요소의 양과 산출량

기계(K: 체인톱)	노동(L: 인부)	총생산량(벌목량)	노동의 평균생산량	노동의 한계생산량
2	1	30	30.0	
				40
2	2	70	35.0	
				40
2	3	110	36.7	
				50
2	4	160	40.0	
				30
2	5	190	38.0	
				20
2	6	210	35.0	
				5
2	7	220	31.4	

인부 4명까지는 협업에 의한 작업의 효율성이 높아지다가 점차 낮아짐을 알 수 있다. 노동의 평균생산량(average product: AP)은 총생산량에서 투입된 총노동자 수로 나눈 값이고 노동의 한계생산량(marginal product: MP)은 인부의 변화량에 따른 변화된 생산량이다.

$$\text{노동의 평균생산량} = \frac{X}{L}, \qquad \text{노동의 한계생산량} = \frac{\Delta X}{\Delta L}$$

만약 노동의 변화량을 순간변화량(기울기)으로 나타내고자 한다면 도함수로 표현 가능하다. 기하학적으로는 함수 그래프에 접선의 기울기를 의미한다. 이러한 도함수를 구하는 과정을 미분(differentiation)이라 한다.

$$\frac{\Delta X}{\Delta L} \Rightarrow \lim_{L \to 0} \frac{\Delta X}{\Delta L} = \frac{dX}{dL}$$

일반적인 생산 과정을 파악하면 생산 초기에는 생산요소의 투입에 대한 효과가 별로 없다가 어느 정도 지나면 투입의 효과가 나타나다가 감소하는 그림

4-1 왼편의 고전적 생산곡선의 모양을 띤다. 하지만 실제로 경제분석에서 관심을 갖는 부문은 초기 투입으로 인한 효율성의 증가보다는 안정화된 후 한계생산이 감소하는 범위에서의 최적 투입량을 결정하는 것에 관심이 있으므로 그림 4-1의 오른편의 신고전적 생산곡선으로도 충분히 설명이 가능하다.

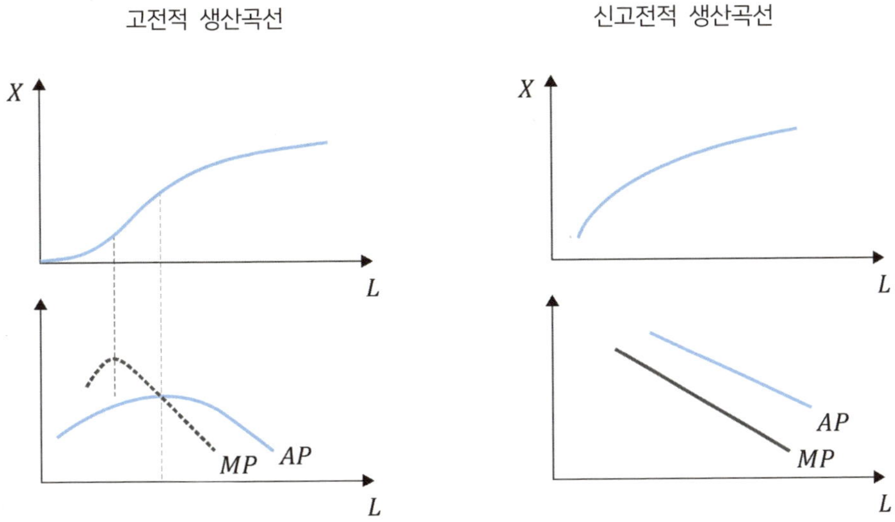

▶ **그림 4-1** 생산요소 노동에 대한 총산출량 변화

신고전적 생산곡선에 기반해서는 한계생산체감의 법칙(law of diminishing marginal product) 또는 수확체감의 법칙(law of diminishing returns)이 성립된다. 생산요소 노동(L)에 대한 총산출량(total product: TP)의 관계에서 평균생산(average product: AP)곡선과 한계생산(marginal product: MP)곡선을 그림 4-1의 하단처럼 도출할 수 있다.

2) 장기생산함수: $X = f(L, K)$

장기생산함수에서는 자본도 노동과 같이 변수로 간주하여 적용한다. 노동과 자본인 생산요소들과 생산량과의 관계를 2차원 그림에 윤곽선(contour)으로 표현 가능하며 동일한 생산량의 궤적을 등량(isoquant)곡선 또는 등생산(iso-product, equal-output)곡선이라 한다.

등량곡선은 그림 4-2의 X_1, X_2, X_3를 의미하며 동일한 양의 재화를 생산해 낼 수 있는 가장 효율적인 생산요소의 궤적으로 정의된다.

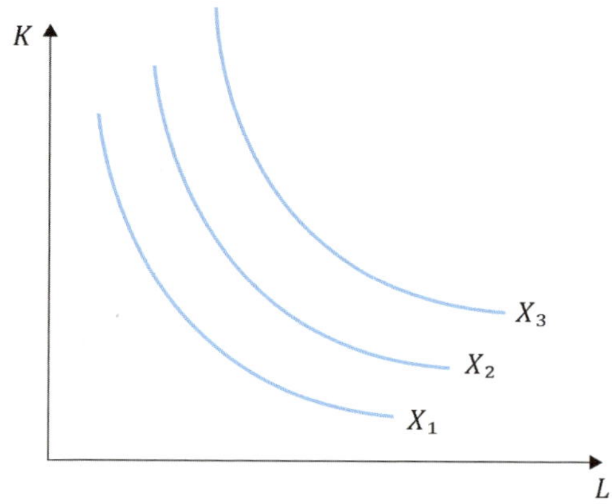

▶ **그림 4-2** 등량곡선

등량곡선의 성질[5]

1) 우하향한다: 노동과 자본 중 어떤 생산요소의 증가가 있을 경우 생산량은 더 많아진다.
2) 서로 다른 등량곡선은 교차하지 않는다: 가장 효율적인 생산을 하는 것에 위배(삼단논법으로 설명 가능)
3) 원점에 대해 볼록하다: 등량곡선의 기울기는 동등한 수준의 산출량을 유지하면서 하나의 생산요소가 다른 생산요소와 어떻게 대체될 수 있는가를 나타낸다.

등량곡선 기울기의 절대값을 한계기술대체율(marginal rate of technical substitution: MRTS)이라 하며 $-\Delta K/\Delta L$로 표현 가능하다. 등량곡선이 원점에 볼록하다는 의미는 두 생산요소의 한계기술대체율이 체감한다는 의미이다.

5) 제3장의 무차별곡선의 성질과 유사하다.

$X = X(L, K)$에 대해 전미분하면, $dX = (\partial X/\partial L)dL + (\partial X/\partial K)dK$이다. 등량곡선 상에서의 dX는 0이다. 즉, 한계기술대체율은 두 생산요소의 한계생산의 비율로 표현되며 이는 무차별곡선의 기울기가 두 상품의 한계생산의 비율과 같다.[6)]

$$-\frac{dK}{dL} = \frac{\frac{\partial X}{\partial L}}{\frac{\partial X}{\partial K}} = \frac{MP_L}{MP_K}$$

2 생산비용

경영학에서는 비용의 개념이 회계비용(accounting cost)을 고려하지만 경제학에서는 기회비용(opportunity cost)을 대상으로 분석이 이루어진다. 기회비용이란 '특정 재화를 차선의 다른 용도로 사용하지 못함으로 인해 상실한 편익' 또는 '포기한 대안이 주는 가치'로 정의한다. 예를 들어 춘천에서 서울을 다녀오는데 교통비용이 3만 원이 든다면 다녀올지 말지를 결정할 때 3만 원만이 선택을 위한 비용일까? 결론은 아니라는 것이다. 서울까지 다녀와야 하는 성과가 춘천에서 그 시간에 할 수 있는 다른 대안 활동을 포기하고 갈 만큼의 가치가 있어야 한다. 개인의 선택에 대한 이해를 제대로 하기 위해서는 교통비용과 같은 실질적인 지불비용뿐만 아니라 다녀오는데 드는 시간(약 2시간)비용까지 고려하여야 한다. 이때 교통비용을 명시적 비용, 시간비용을 암묵적 비용이 된다. 이와 같은 경제활동에서 선택을 하는 경제 행위를 제대로 해석하기 위해서는 명시적 비용(explicit cost)에다 암묵적 비용(implicit cost)까지 포함하여 고려해야 한다. 실제로 국가 정책결정과정에서는 암묵적 비용까지 반영하여 분석이 이루어져야 하기 때문에 비시장재화(non-market goods)의 가치 평가에 대한 중요성이 높아지고 있다.

생산비가 일정하다고 가정한 상태에서 노동과 자본의 생산요소를 축으로 생산비용 선을 그리면 각 생산요소 두 축을 잇는 선을 얻으며 그 선을 등비용선이

6) 이 특성 역시 제3장 소비자이론에서 두 재화 간의 한계대체율과 한계효용의 성질과 유사하다.

라 한다. 즉, 등비용선은 일정한 비용(생산비)으로 구입할 수 있는 노동과 자본의 결합을 나타낸 직선으로 총 생산비용이 C일 때 다음과 같이 표현 가능하다.

$$C = rK + wL$$

C: 총비용, r: 자본의 가격, w: 노동의 가격, K: 자본량, L:노동량

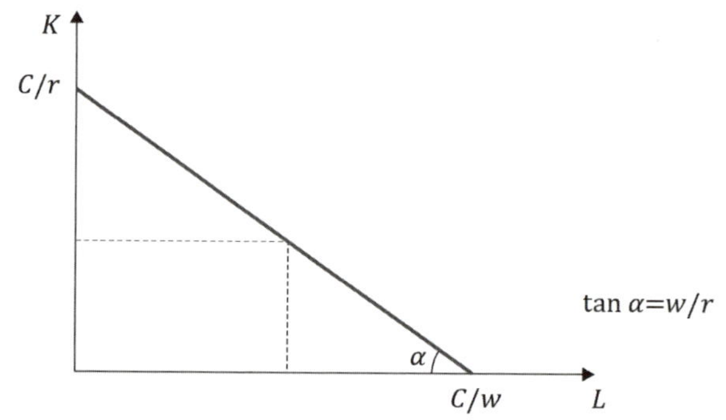

▶ **그림 4-3** 등비용선

3 생산자균형

생산자균형은 두 가지 접근 방법에 의해 도출이 가능하다. 하나는 비용이 고정되었을 때 산출량을 극대화하는 방법이고 또 다른 하나는 산출량이 고정되었을 때 비용을 극소화하는 방법이다.

1) 비용이 고정되었을 때 생산량을 극대화

$$Max \quad X = X(L, K) \qquad s.t. \ \overline{C} = wL + rK$$

2) 생산량이 고정되었을 때 비용을 극소화

$$Min\ \ wL + rK\ \ s.t.\ \overline{X} = (L, K)$$

둘 중에 어느 방법을 사용해도 동일한 결과를 얻으며 이를 생산자균형이라 하며 그림 4-4의 E점을 생산자균형점이라 한다.

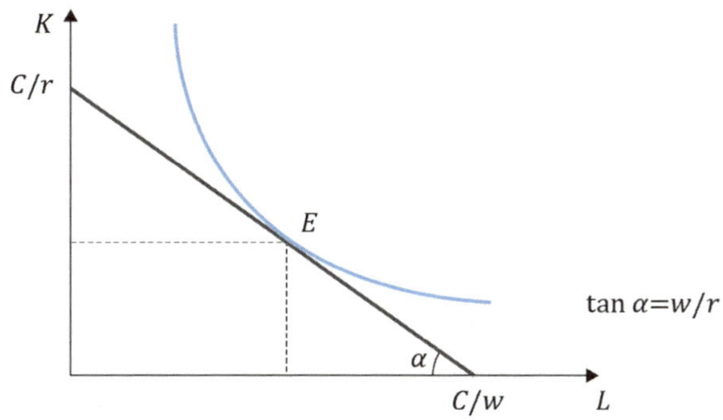

▶ **그림 4-4** 생산자균형

생산자균형인 E점에서는 등량곡선의 기울기인 $\dfrac{MP_L}{MP_k}$와 등비용선의 기울기인 $\dfrac{w}{r}$이 일치하며 이를 생산자균형의 조건이라 한다.

생산자균형의 조건: $\dfrac{w}{r} = \dfrac{MP_L}{MP_K}$

기업의 비용극소화 조건은 고려되는 모든 생산요소의 한계생산량(MP_i) 해당 생산요소의 가격(w_i)로 나눈 값이 동일해야 한다.

$$\frac{MP_1}{w_1} = \frac{MP_2}{w_2} = \cdots = \frac{MP_n}{w_n}$$

4 비용과 규모의 경제

1) 비용의 구분

재화의 생산 과정에서 비용에 영향을 미치는 인자로 요소가격 w와 r과 재화 X을 생산하는데 소요되는 최소 비용의 함수 $C=C(r, w, X)$를 비용함수라고 정의한다. 일반적으로 요소가격이 변하지 않는다는 가정에서는 $C=C(X)$로 간단하게 표현한다.

비용함수 역시 단기비용함수와 장기비용함수로 구분한다. 장기비용함수는 자본이 변수로 함께 고려하면 장기비용함수, 자본을 고정비용으로 변하지 않는 조건에서 분석하면 단기비용함수로 구분한다. 단기비용함수 개념에서 총비용(Total Cost: TC)은 총가변비용(total variable cost: TVC)과 총고정비용(total fixed cost: TFC)의 합으로 표현가능하다.

$$TC = TVC + TFC$$

총가변비용은 임금, 원료 구입비용 등이고 총고정비용은 공장, 기계에 투입된 비용을 의미한다. 자본(K)이 고정된 상태에서 산출물의 변화에 따른 비용의 변화를 나타낼 수 있다.

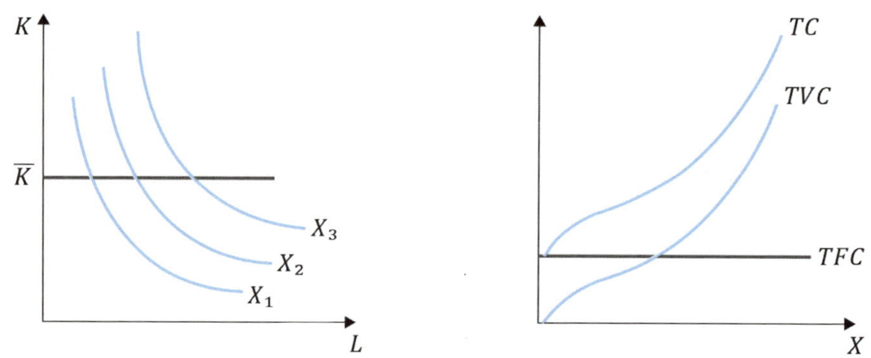

▶ **그림 4-5** 단기비용함수

그림 4-5의 비용곡선에서는 변곡점이 두 개인 고전학파적인 생산곡선(그림 4-1 참조)을 전제로 도출된 그림이다. 만약 신고전학파적인 생산곡선(그림 4-6의 1사분면)을 전제로 하면 그림 4-6의 2사분면와 같이 비용곡선은 수량이 증가함에 따라 체증하는 형태로 나타난다.

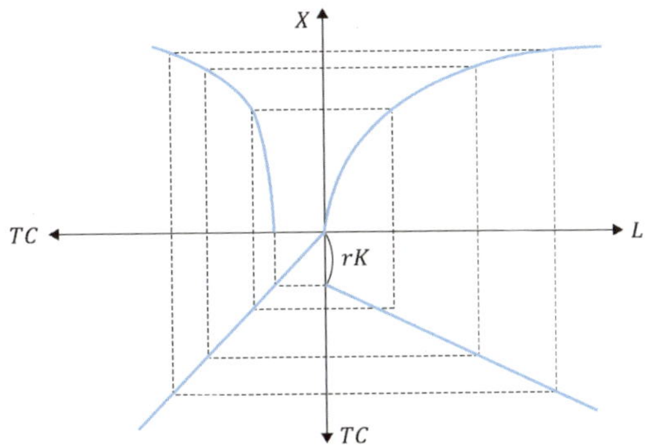

▶ **그림 4-6** 생산곡선에서 비용곡선의 유도 과정

앞으로는 이해를 보다 수월하게 하기 위해 신고전학파적인 생산함수에 기초한 비용곡선에 준하여 표현하고자 한다.

2) 규모의 경제

자본이 변하는 장기생산함수에 있어 생산량이 증가함에 따라 단기생산함수에서 자본인 고정비용의 규모가 증가함에 따라 효율성이 높아지기도 하고 감소하기도 한다. 이처럼 대량생산을 함에 따라 평균생산비용인 생산 단가가 줄어들면 규모의 경제(economies of scale)라 하고 반대로 대량생산을 할수록 생산 단가가 증가하면 규모의 불경제(diseconomies of scale)가 존재한다고 한다. 실제로 산림 벌채 현장에서는 벌채 규모가 어느 정도 이상이 되어야 고도의 장비를 투입하여 생산의 효율성을 기할 수 있다.

이는 단기평균비용곡선(SAC)이 규모가 커짐에 따라 자본인 고정비용은 증가하게 된다. 이러한 변화 상황을 그림 4-7에 단기총비용곡선(Shortterm Total Cost:

STC)들로 표현하였으며 이들 곡선의 외곽 접점을 이은 선을 장기총비용곡선(Longterm Total Cost: LTC)이라 한다.

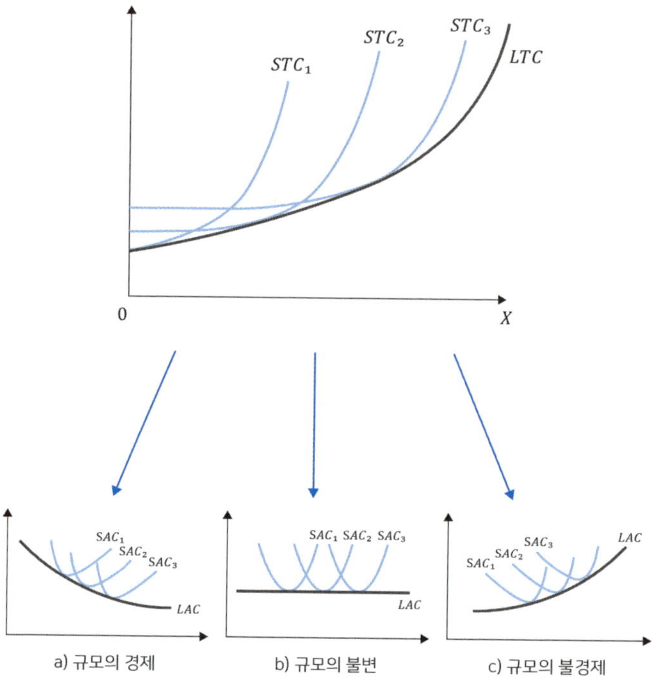

▶ **그림 4-7** 장기평균비용곡선의 형태

장기총비용곡선을 원점에 이은 기울기의 값인 장기평균비용곡선이 우하향하면 규모의 경제(그림 4－7 a), 우상향하면 규모의 불경제(그림 4－7 c)라 한다. 장기평균비용곡선이 수평하면 규모의 경제 효과가 없다고 한다(그림 4－7 b).

5 이윤극대화를 위한 최적 생산량 결정

생산량에 무관하게 가격이 변하지 않는다는 전제로 총수입(Total Revenue: TR)은 가격×수량으로, 수량 변화에 따라 우상향하는 직선으로 나타난다. 이때 생산량과 판매량은 동일하다고 가정한다. 이윤극대화를 위한 조건은 총수입과 총비용의 차이가 최대가 될 때이다(그림 4-8의 X^*).

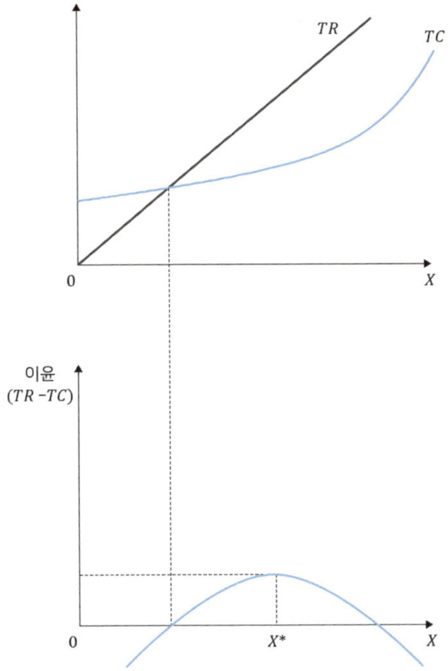

▶ **그림 4-8** 이윤극대화에서의 최적 생산량

이윤극대화를 달성하는 조건을 수식으로 나타내면,

$$\text{Max } \pi = TR(X) - TC(X) \quad \Rightarrow \quad MR = MC$$

이윤극대화를 위한 1차 조건은 X에 대한 이윤의 미분값이 0이 되어야 한다. 이윤의 극대화는 시장의 조건과 무관하게 한계수입(Marginal Revenue: MR)과 한계비용(Marginal Cost: MC)이 같아야 한다.

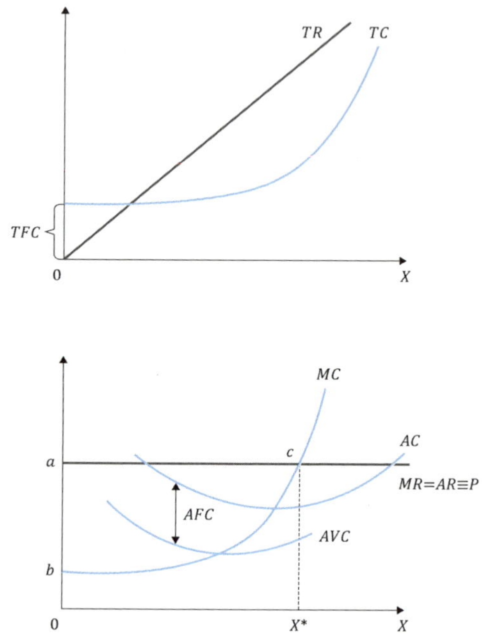

▶ **그림 4-9** 최적 생산량 도출

이윤극대화를 위한 최적 생산량은 그림 4−9에서 한계비용과 한계수입이 만나는 점 X^*에서 이루어진다. 한 기업을 대상으로 한계비용선은 그 기업의 공급곡선을 의미한다. 산출물의 가격 P는 평균수입(총수입/수량)과 동일한 의미이다. 또한 가격(P)이 한 기업의 생산량에 따라 전혀 영향을 받지 않는 완전경쟁시장을 가정할 경우에는 한계수입 역시 평균수입인 가격과 동일하다. 하지만 현실은 생산량에 따라 가격이 영향을 받는 불완전경쟁시장이다.

완전경쟁시장: $MC = MR = AR \equiv P$

불완전경쟁시장: $MC = MR \neq AR \equiv P$

그림 4−9에서 면적 abc를 생산자잉여(producer surplus)라 한다. 단기비용함수에서 생산자잉여는 이윤과 고정비용을 의미하며 장기생산함수에서는 생산자잉

여는 곧 이윤과 동일한 의미이다. 그 이유는 매출액인 $a0X^{*}c$에서 한계비용(MC) 선의 적분값인 총비용은 $b0X^{*}c$이기 때문이다.

앞에서도 언급하였지만 장기적으로는 모두 가변비용이지만 여기서는 고정비용을 따로 구분한 단기생산함수를 가정한다. 경영에 있어 중요한 정보인 손익분기점(break even point)은 이윤이 0이 되는 지점을 의미한다. 즉, 총수입과 총비용이 일치하는 상태를 의미한다. 기업에서 손익분기점은 사업 타당성 검토, 가격 전략 수립, 비용 절감 전략 등을 세우기 위한 귀중한 정보이다. 손익분기점은 총수입과 총비용이 동일할 때의 판매량 또는 매출액 정보를 의미한다. 손익분기점에서의 판매량 도출은 다음의 과정을 통해 얻을 수 있다.

$$PX = TFC + TVC = TFC + v \cdot X$$

$$\rightarrow X(P-v) = TFC \quad \Rightarrow \quad X = \frac{TFC}{P-v}$$

v는 단위 변동비, $P-v$는 단위당 공헌이익이라 한다.

손익분기가 나타나는 매출액을 알기 위해서는

$$X = \frac{TFC}{P-v} \quad \Rightarrow \quad PX = \frac{TFC}{\frac{P-v}{P}}$$

$\frac{P-v}{P}$를 공헌이익률이라 한다.

만약 재화의 가격이 하락하여 평균총비용(ATC)의 최하점에 이르면 이를 손익분기점이라도 한다. 하지만 이 상태가 되었더라도 기업은 생산활동을 계속 지속해야 한다. 왜냐하면 감가상각, 직원의 임금 등의 고정비용은 생산을 하지 않더라도 지출되는 비용으로 이들을 활용한 생산활동으로 최소한 가변비용 이상의 수입을 얻을 수 있기 때문이다. 하지만 가격이 더 하락하여 평균가변비용(AVC)의 최하점에 도달하게 되면 생산활동을 종료하게 되는 생산중단점(shutdown point)에 이르게 된다.

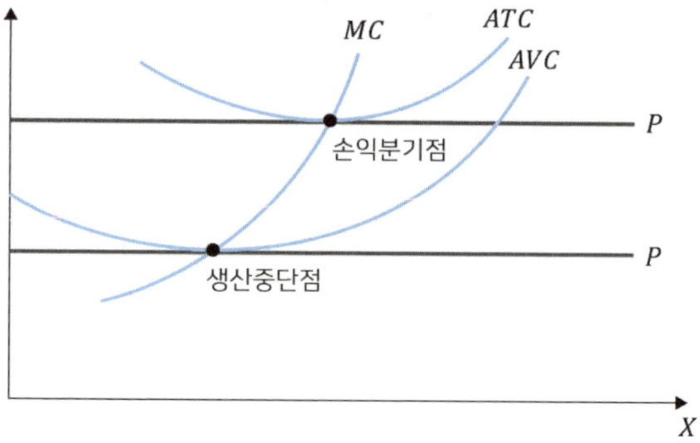

▶ **그림 4-10** 기업의 손익분기점과 생산중단점

6 공급함수

생산량은 생산요소 가격과 산출물의 가격에 의해 결정되며 이를 함수로 나타낸 것을 일반공급함수라 한다.

$X = X(w, r, P)$: 일반공급함수

생산량은 요소가격과는 음(−)의 관계를, 산출물 가격과는 양(+)의 관계를 갖는다. 생산량과 한계비용(한 기업의 공급곡선)과의 관계에서 산출물의 가격이 변화하면 생산량은 한계비용선 상에서 이동하지만, 기술 발전과 요소가격들의 변화는 한계비용선이 좌우로 이동한다. 예를 들어 새로운 기술이 개발되어 생산의 효율성을 높이거나 요소가격이 낮아질 경우에는 한계비용선은 오른쪽(아래쪽)으로 이동한다.

공급량의 변화 정도를 가격이나 재화의 단위에 관계없이 비교하기 위해서는 탄력성(elasticity)을 이용하여 평가할 수 있다. 공급량의 변화율을 해당 재화가격의 변화율로 나눈 값을 공급의 가격탄력성이라 정의한다.

$$\epsilon_p = \frac{\text{공급량의변화율}(\%)}{\text{가격의변화율}(\%)} = \frac{\frac{\Delta X}{X}}{\frac{\Delta P}{P}} = \frac{\Delta X}{X}\frac{P}{\Delta P} = \frac{P}{X} / \frac{\Delta P}{\Delta X} = \lim_{\Delta P \to 0} \frac{P}{X} / \frac{\Delta P}{\Delta X} = \frac{P}{X} / \frac{dP}{dX}$$

공급의 가격탄력성은 이해를 돕기 위해 직선으로 가정한 상태에서, 공급곡선이 수직으로 일직선이면 0이고, 수량과 평행한 공급곡선이면 무한대이다. 또한 수량과 가격이 만나는 원점을 통과하는 직선이면 가격탄력성은 생산량이 변화하더라도 항상 1이다.

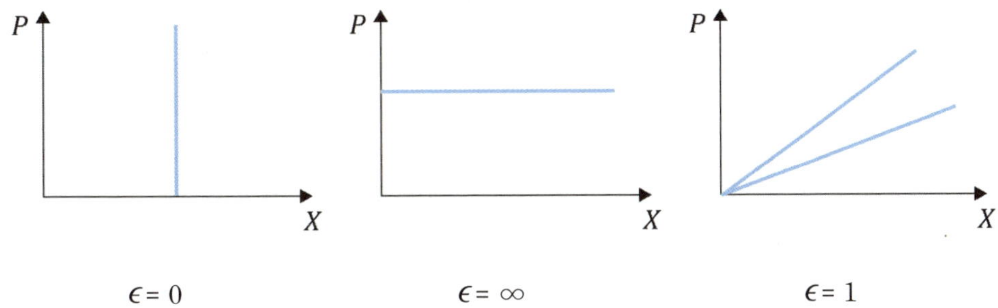

▶ **그림 4-11** 공급의 가격탄력성 비교

공급곡선이 직선이 경우에 가격의 양(+)의 축을 지나면 항상 1보다 크고, 산출물의 양(+)의 축을 지나면 1보다 작은 탄력성을 갖는다.

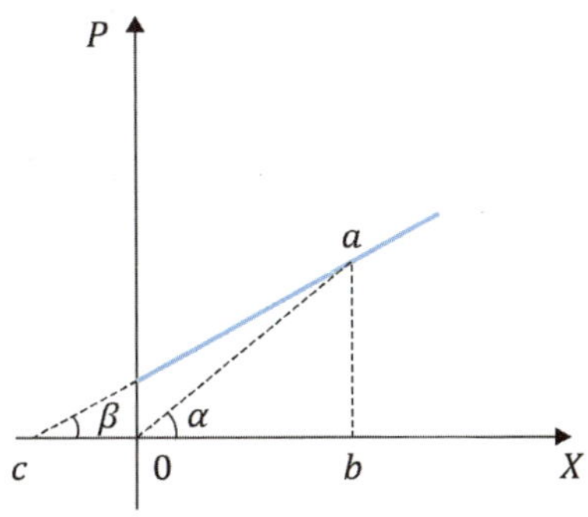

$$\epsilon_p = \frac{\frac{\Delta X}{X}}{\frac{\Delta P}{P}} = \frac{\Delta X}{X}\frac{P}{\Delta P} = \frac{P}{X} / \frac{\Delta P}{\Delta X}$$

$$= \lim_{\Delta \to 0} \frac{P}{X} / \frac{\Delta P}{\Delta X} = \frac{P}{X} / \frac{dP}{dX}$$

$$\therefore \frac{ba}{0b} / \frac{ba}{cb} = \frac{bc}{b0} > 1$$

▶ **그림 4-12** 공급의 가격탄력성 도출

연습문제

1. 한계생산체감의 법칙을 설명하고, 산림묘포장에서 노동 투입을 계속 늘릴 때 총 산출 · 한계생산이 어떻게 변하는지 서술하시오.

2. 등량곡선과 등비용선의 정의를 쓰고, 비용최소화의 1차 조건을 제시하시오.

3. 생산함수 $Q=\sqrt{KL}$, 요소가격 $w=r=10$일 때 $Q=10$을 최소비용으로 생산하는 (K,L)과 총비용 C를 구하시오.

4. 단기에서 고정비 · 가변비 · 평균가변비(AVC) · 한계비용(MC)의 관계를 설명하고, MC가 AVC 최소점에서 교차하는 이유를 서술하시오.

5. 다음 진술의 참 · 거짓을 판단하고 이유를 제시하시오: "단기에는 공장 규모를 조정할 수 있으므로 규모의 경제가 즉시 실현된다."

6. 이윤극대화의 조건을 완전경쟁시장과 불완전경쟁시장으로 구분하여 설명하시오.

7. 손익분기점과 생산중단점을 비교 설명하시오.

8. "장기평균비용(LAC)은 여러 단기평균비용(SAC) 곡선의 포락선이다"라는 명제가 의미하는 바를 구체적으로 설명하시오.

참고문헌

김동준 · 김준순 · 민경택 · 박주원 · 안기완 · 이요한 · 조장환 · 최수임(2023), 『산림경제학』, 향문사.

박병진 · 여택동 · 조현국(2024), 『미시경제학』, 율곡출판사.

이준구·이창용(2015), 『경제학원론』, 문우사.

John E, Wagner. (2023), *Forestry Economics*, Routledge.

Marshall, Alfred (1890), *Principles of Economics*, Macmillan and Company.

Mankiw N. G. (2005), 맨큐의 경제학, 김경환 · 김종석 옮김, 교보문고.

Varian, H. R. (1992), *Microeoconomic Analysis*, W.W. Norton & Company.

Samuelson, P. and Nordhaus, W. (2009), *Economics. 19th Edition*, McGraw-Hill.

Volker Bergen(2013), *Wilhelm Löwenstein, Roland Olschewski, Forstökonomie Volkswirtschaftliche Umwelt- und Landnutzung*, Vahlen.

CHAPTER

05 시장이론

1 개요

시장(market)이라는 단어는 일상 생활에서 쉽게 접하는 단어이다. 남대문시장, 동대문시장과 같이 장소적인 의미가 큰 시장도 있는 반면, 쿠팡, 11번가 등의 온라인 시장, 그리고 TV를 통한 홈쇼핑, 심지어는 당근이라는 직거래 시장까지 다양한 형태의 시장이 존재한다.

시장이라 함은 재화와 서비스를 대상으로 팔고자 하는 기업과 개인 그리고 이를 사고자 하는 기업과 개인이 접촉하는 상황이라 정의한다. 시장에서는 가격이라는 수단으로 재화와 서비스를 비싸게 팔고자 하는 판매자와 가급적 싸게 사고자 하는 구매자가 만나 서로 절충하여 합의가 이루어졌을 때 거래가 이루어진다. 시장에서의 재화 또는 서비스의 수요곡선은 개별 가계의 수요곡선의 수평 합으로 이루어진다(그림 5-1).

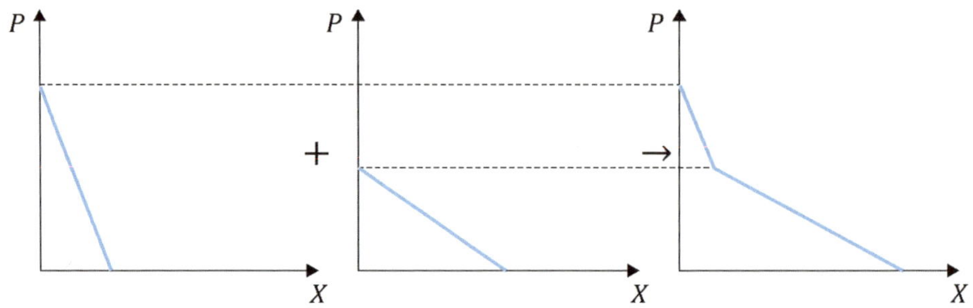

▶ **그림 5-1** 시장의 수요곡선

시장의 공급곡선 역시 수요곡선과 마찬가지로 개별 기업이 직면한 공급(한계비용)곡선의 수평 합으로 나타난다.

시장은 판매자와 구매자가 어떠한 경제주체인지에 따라 생산물시장과 생산요소시장으로 구분된다(그림 5-2). 앞에서 설명한 소비자 및 생산자이론에서는 생산물시장을 전제로 설명하였다.

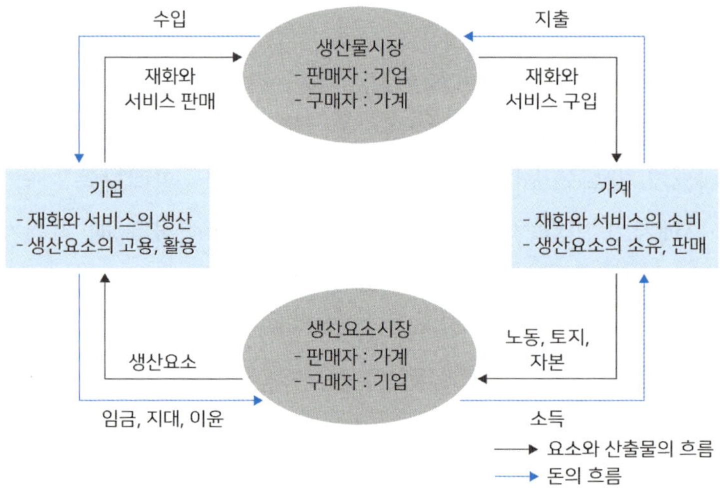

출처: Mankiw, 2005, 맨큐의 경제학, 교보문고, p. 29.

▶ **그림 5-2** 경제의 순환

2 시장의 균형

균형(equilibrium)이란, 물리학에서 유래된 개념으로 두 개의 상반된 힘이 일치될 때 이루어지며 일단 성립되면 그로부터 서로 이탈하려는 경향이 없는 상태를 의미한다. 하지만 균형은 한 순간에 이루어지는 것이 아니고 불균형 상태에서 점차 균형 상태로 이동해가는 것이 일반적이다. 시장에서의 불균형은 초과공급(excess supply) 또는 초과수요(excess demand)의 상태에서 시작한다. 초과공급은 가격(P^0)이 적정 가격(P^*)보다 높아 시장에 공급되는 상품이 소비자의 수요보다 많은 상태를 의미하며 이와 같은 경우 가격은 점차 하락할 것이다. 반대로 초과수요는 가격(P^u)이 적정 가격보다 낮아 수요량이 공급량보다 많은 상태를 의미하며 이 경우에는 가격이 점차 상승할 것이다.[7]

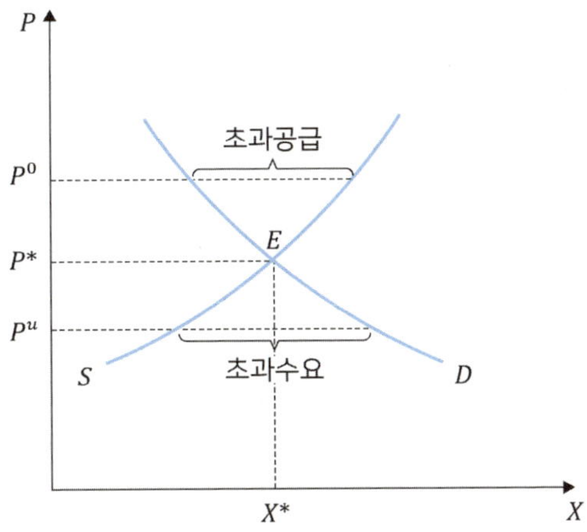

▶ **그림 5-3** 시장의 균형

7) 초기에 설정된 가격이 초과공급이나 초과수요를 초래하면 그로 인하여 공급량이나 수요량의 변화를 가져오며 그로 인해 다시 가격 변화를 초래하면 그 변화된 가격을 기준으로 공급량이나 수요량이 이동하는 현상이 계속 순환적으로 반복되며 균형 상태에 도달한다는 현상을 이론화 하여 설명한 것을 거미집이론(Cobweb Theory)이라 한다.

수요곡선과 공급곡선의 형태에 따라 균형점에 도달하는 시기는 차이가 있겠지만 가격이라는 수단을 매개로 하여 초과공급과 초과수요가 없는 균형 상태에 도달하게 되는데 이때 수요곡선과 공급곡선이 교차하는 점인 그림 5-3의 E에서 이루어지며 이를 시장균형점이라고 한다.

균형이라는 단어는 경제학에서 다양하게 적용한다. 예를 들면 재화들 간의 상호 작용 고려 여부에 따라 부분균형과 일반균형, 자본의 변화 여부에 따라 단기균형과 장기균형, 시간의 반영 여부에 따라 정적균형과 동적균형으로 구분된다. 부분균형은 상호 영향을 주고받는 상품, 예를 들면 현실에서 밤과 잣 두 상품의 상호 대체재로써 영향을 주고받지만 분석에서는 다른 상품 시장의 변화를 전혀 고려하지 않는다는 것을 전제로 분석하는 경우에 부분균형분석이라 한다. 단기균형은 자본의 변화가 없는 것을 전제로 하였을 경우에 얻어진 균형을 의미하고 장기균형은 자본 역시 하나의 변동 요소로 전제하였을 때를 의미한다. 마지막으로 정적균형은 특정 시점에서 시간의 흐름에 따른 변화를 고려하지 않은 반면, 동적균형은 시간의 흐름을 반영하여 분석이 이루어졌을 때의 균형을 의미한다.

3 생산물시장

1) 시장의 구분

생산물시장은 우리가 일반적으로 일컫는 시장으로 최종재의 거래가 이루어지는 시장을 의미한다. 시장은 완전경쟁시장과 불완전경쟁시장으로 구분되며 불완전경쟁시장은 다시 독점, 과점, 독점적 경쟁으로 구분한다. 시장을 구분하는 몇 가지 기준이 있다. 완전경쟁시장의 대표적인 기준 두 가지는 '수많은 수요자와 공급자가 존재'하며 '제품은 동질적'이다. 수많은 수요자와 공급자가 존재한다는 것은 수요자 및 공급자 모두 시장의 가격에 영향을 미치지 못하는 가격수용자(price taker)라는 것을 의미한다. 제품이 동질적이라는 것은 완전 대체재라는 것을 의미이며 서로 상이한 공급자들이지만 생산된 제품은 동질적이므로 자기들의 제품을 광고할 필요가 없다. 그 밖에도 완전경쟁시장은 기업의 자유로운 진입과 퇴거, 생산요소의 완전한 이동성, 수요자들이 구매를 위한 완전한 정보를 얻을 수 있는 특성이 있다. 완전경쟁시장은 효율적인 자원 배분을 위한 가장 이상적인 시장 형태이긴 하지만 현실에서는 존재하지 않는다.

현실에서 볼 수 있는 불완전경쟁시장은 기업 중심적인 측면에서 독점, 과점, 독점적 경쟁 형태로 구분된다. 불완전경쟁시장이 완전경쟁시장과의 가장 두드러진 차이점은 생산된 제품의 양에 따라 시장 가격이 정해지는 가격결정자(price setter)가 된다. 우리나라에서는 공기업이긴 하지만 한국전력이 전형적인 독점기업이며, 과점기업으로는 휴대폰과 정유 회사들이며, 독점적 경쟁기업은 대부분의 기업들이 이에 속한다.

표 5-1 시장의 형태에 따른 특징

구분		특징	비고
완전경쟁 (Perfect Competition)		1) 수많은 공급자와 수요자 2) 상품의 동질성 3) 기업의 자유로운 진입과 퇴거 4) 생산요소의 완전한 이동성 5) 완전한 정보(미래 포함)	- 현실시장에는 존재 안함 - price taker - 효율적인 자원 배분 가능 - 수평적인 수요곡선을 전제
불완전경쟁	독점 (Monopoly)	1) 생산량과 시장공급량이 일치 2) 대체재가 존재하지 않음	- price setter(maker) - 우하향하는 수요곡선
	과점 (Oligopoly)	1) 기업간의 상호의존성 2) 광고 등의 비가격경쟁 3) 기업간의 공동행위를 하려는 경향 4) 새로운 기업의 진입이 힘듬	- 카르텔(cartel): 담합에 의해 독점과 같은 행동을 취하는 것 - 게임이론으로 설명 용이(특히, 복점시장)
	독점적 경쟁 (Monopolistic Competition)	1) 동일한 상품 그룹으로 기능은 동일하지만 차별화된 상품 생산 2) 초과이윤을 누리게 되면 새로운 기업들이 진입 3) 디자인, 광고 등의 비가격경쟁	- 현실시장의 대부분 - 균형가격이 한계비용을 초과(P>MC)

불완전경쟁시장의 문제를 독점시장을 예로 들어 살펴보자. 독점은 다른 기업이 시장에 진입할 수 없는 장벽이 존재하기 때문인데 그 원인은 핵심적인 원료나 기술을 특정 기업이 소유하거나 정부가 한 기업에게 독점 생산권을 부여하는 경우이다. 정부가 한 기업에게 독점 생산권을 주는 이유는 여러 가지 이유가 있을

수 있다. 공익적인 차원에서는 반드시 필요하나 개인 기업 차원에서는 이윤 창출이 어렵거나 이윤이 발생하는 시점이 너무 오랜 기간이 소요될 경우 또는 생산량과 가격을 적극적으로 조정할 필요가 있다고 판단되는 제품을 생산하는 경우이다.

독점시장의 특징은 앞에서도 언급한 바와 같이 생산량이 시장가격에 영향을 미치는 특징을 지니고 있으며 이를 함수 형태로 표현하면 다음과 같다.

$$P = P(X)$$

제품을 생산하는 기업 입장에서 시장 수요곡선인 가격은 완전경쟁시장에서는 가격수용자이므로 기업의 생산량과 무관한 생산량 축과 평행인 수평직선인 반면, 독점기업 입장에서는 시장에서의 수요곡선은 생산량에 따라 가격이 하락하는 우하향하는 형태를 띤다. 그러므로 총수입(TR)은 생산량에 따라 점차 체감하는 모양을 갖는다(그림 5-4).

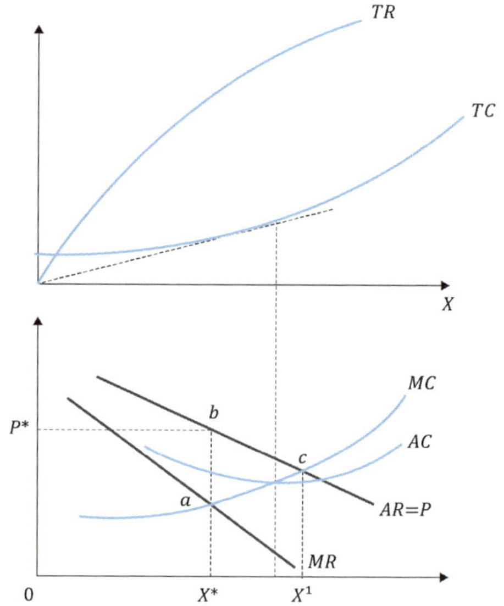

▶ **그림 5-4** 독점시장에서의 수입과 비용곡선

독점기업의 이윤은 일반 기업과 같이 판매량과 가격의 곱인 총수입(TR)에서 총비용(TC)를 뺀 액수이다.

이윤: $\pi = TR(X) - TC(X) = P(X) \cdot X - TC(X)$

독점시장이라 하더라도 경쟁시장의 기업과 같이 한계수입과 한계비용이 일치하는 점에서 이윤극대화가 이루어진다. 중요한 차이는 완전경쟁시장에서 기업의 한계수입은 가격과 동일한 반면, 독점시장을 포함하여 불완전경쟁시장에서 기업의 한계수입은 평균수입인 가격보다 낮다.

표 5-2 시장의 형태에 따른 특징시장의 형태에 따른 이윤극대화 조건

목표	시장의 형태	조건
이윤의 극대화	완전경쟁시장	MC=MR=AR≡P
	불완전경쟁시장	MC=MR<AR≡P

그림 5-4에서의 판매량 X^*에서는 기업 입장에서는 이윤을 극대화하는 수준이지만 국가 차원에서는 후생의 크기라 할 수 있는 소비자잉여와 생산자잉여의 합을 더 크게 할 수 있는 판매량인 X^1이 존재한다. 그러므로 삼각형 abc 면적은 독점시장으로 인한 경제적 손손실액을 의미하며 이를 후생삼각형 또는 Harberger의 삼각형이라 한다.

그 밖에도 복점, 과점, 독점적 경쟁시장이 존재한다. 복점이나 과점시장은 게임이론(game theory)을 통해 사회적으로 최적의 상태에 달성하지 못하는 이유를 설명 가능하다.

2) 게임이론의 이해

경제학에서 게임이론은 폭넓게 응용되어 사용되고 있다. 자신이 취한 행동이 상대방의 결정에 영향을 미치며 각 게임 참여자는 자기에게 최적의 선택을 취하지만 전체 입장에서는 그 선택이 최선이 아님을 게임이론을 통해 설명 가능하다.

여기서 게임 참여자는 개인뿐 아니라 기업이나 국가가 될 수 있다. 특히 과점시장을 직관적으로 이해하는데 게임이론은 많은 도움을 준다.

게임에 참여하는 참가자들은 상호 경쟁적이고 상대방의 정보를 모르며 반복하지 않는다는 것을 전제로 진행하다. 만약 상호정보를 교환하게 된다면 복점이나 과점 기업에서 행해지고 있는 기업 간의 협력을 위한 담합(cartel)을 하려고 할 것이다. 이러한 담합을 하려고 하는 이유는 상호 경쟁적이기는 하지만 시장에서 반복적인 상황이 계속 발생하면 상호 협력하는 것이 기업 입장에서는 중장기적으로 유리하기 때문이다. 하지만 경제 전체를 생각하면 소비자의 피해가 기업의 이윤보다 크기 때문에 이를 법적으로 금지하고 있다.

앞에서도 설명하였듯이 균형이란 안정된 상태이다. 시장균형이 소비자의 수요곡선과 생산자의 공급곡선이 일치하는 상황을 의미하듯이 게임이론에서 역시 균형이라함은 서로 다른 게임 참여자의 선택이 접점을 이루는 상황을 의미한다. 상황에 따라 우월전략균형, 내쉬균형으로 구분한다.[8)]

가) 우월전략균형(Dominant Strategy Equilibrium)

우월전략균형의 개념

우월전략 상대방이 어떠한 전략을 선택하든지 상관 없이 자신에게 최적의 전략을 의미한다. 이러한 각각의 우월전략이 참여하는 경기자 모두에게 공통되는 조합을 이룰 때 우월전략균형이라 한다. 우월전략균형은 현실에서는 드물게 나타나는 상황이지만 게임이론을 직관적으로 쉽게 이해하는데 도움이 많이 된다.

우월전략균형의 대표적인 예가 용의자의 딜레마 게임이다. 이 게임은 두 용의자가 서로 정보를 공유할 수 없는 상황에서 각자가 자신의 입장에서 최선의 선택을 하게 되는데, 이때의 균형 상태가 두 사람 모두에게 최선이 아닌 결과가 나타나게 된다. 어떤 범죄를 저지른 공범인 갑(甲)과 을(乙)이라는 두 용의자가 있다. 검사가 판단하기는 이 둘이 범인이라는 것을 확신하고 있지만 증거를 찾지 못한 상태에서 증거물 숨긴 곳을 자백받기 위해 용의자를 각각 심문하면서 다음과

8) 그 밖에도 완전균형의 개념도 있지만 이는 게임 참여자들의 시차가 존재하는 경우로 보상행렬표가 아닌 게임나무를 통해 설명 가능하다. 자세한 설명은 이준구(2019)를 참고 바란다.

같이 동일한 내용으로 제안하였다.

우월전략균형의 사례 1(용의자의 딜레마)

"만약 증거물이 있는 곳을 다른 용의자는 자백했는데 당신이 계속 부인하면 당신에게는 법정 최고형인 20년을 구형하겠소. 그 대신 자백한 다른 용의자는 협조한 공을 인정하여 방면해줄거요. 반면에 당신은 자백하고 친구가 부인하면 동일하게 당신을 풀어줄 겁니다. 만약 둘다 죄를 뇌우치고 증거물 장소를 실토한다면 법정 최저형인 10년을 구형할거요. 또한 둘다 증거물이 있는 곳을 부인한다고 해도 이미 밝혀진 죄목으로 당신들은 3년형을 받도록 만들겠소."

검사가 제시한 구형 연수를 표 5-3에 정리하였다. 갑(甲)의 입장에서는 을이 자백을 하든, 부인을 하든 자신에게 유리한 전략은 자백이다. 을(乙) 역시 갑이 어떠한 선택을 하든 자백이 자신에게 유리한 전략은 자백이다. 즉, 갑(甲)과 을(乙) 모두에게 자백은 우월전략이 되며 이 우월전략 균형이 일치하는 상황인 (10, 10)에서 우월전략균형이 이루어진다.

표 5-3 용의자의 딜레마

(a, b) : 구형 연수(갑 a, 을 b)		용의자 을(乙)	
		자백	부인
용의자 갑(甲)	자백	(10, 10)	(0, 20)
	부인	(20, 0)	(3, 3)

두 용의자를 함께 생각하면 이들의 최선의 선택은 모두 부인(否認)하여 3년씩만 구형을 받는 것이다. 하지만 정보의 교환이 안 되는 상황에서 이들은 모두 자백하는 선택을 하게 된다.

우월전략균형의 사례 2

SKT와 KT의 고객 유치를 위한 노력으로 광고비로 얼마나 지출해야 할 것인가를 결정하는 상황에서 SKT와 KT 모두 적은 광고비를 지출하면 이윤이 6조 원씩, 많은 광고비를 지출하면 4조 원씩의 이윤이 발생한다. 반면 한 기업은 적은 광고비를 지출하고 다른 기업은 많은 광고비를 지출하게 되면 적은 광고비를 지출한 기업의 이윤은 1조 원, 많은 광고비를 지출한 기업의 이윤이 8조 원 발생한다.

이러한 경우에도 표 5−4와 같은 이윤 보상행렬표 작성이 가능하다. 이러한 경우에 가장 바람직한 선택은 두 기업 모두 적은 광고비를 지출하고 이윤의 합이 12가 되는 상황이 실현 가능함에도 불구하고 둘다 많은 광고비를 지출하는 것이 우월전략으로 선택되어진다.

표 5-4 기업의 이윤 보상행렬

(SKT, KT) : 이윤		KT	
		전략 b1(적은 광고비)	전략 b2(많은 광고비)
SKT	전략 a1(적은 광고비)	(6, 6)	(1, 8)
	전략 a2(많은 광고비)	(8, 1)	(4, 4)

나) 내쉬균형(Nash Equilibrium)

내쉬균형의 성질

우월전략균형의 개념은 직관적으로 매우 명쾌하나 현실에서 그리 흔하지 않은 상황이다. 현실은 다른 경기자의 결정에 따라 나의 최적 전략이 달라지는 상황인 조건부 전략 상황이 일반적이다. 이와 같이 상대 경기자가 전략에 따라 자신의 최적 전략을 선택하며 이 최적전략의 짝을 내쉬균형이라 한다. 내쉬균형은 조건부 최적전략이라 할 수 있다. 우월전략균형은 존재하지 않더라도 내쉬균형을 존재할 수 있다. 그러므로 우월전략균형은 항상 내쉬균형의 조건을 만족하지만 그 역(逆)은 성립하지 않는다. 내쉬균형은 게임의 구조에 따라 여러 개일 수도 있고, 하나만 존재할 수도 있으며, 아예 존재하지 않을 수도 있다.

내쉬균형이 2개인 사례

서로 경쟁하는 두 임산물 생산자(A)가 있는데 이들은 산나물과 버섯 중에 선택을 하려고 한다. 사전에 정보 교환이 이루어지지 않은 상태에서 또 다른 생산자(B)의 작목 선택에 따라 이윤이 달라지며 이들 생산자들은 이윤을 더 높게 가져다주는 작목을 선택하려고 한다.

표 5-5 내쉬균형이 2개인 이윤 보상행렬

(A, B) : 이윤		생산자 B	
		산나물	버섯
생산자 A	산나물	(3, 4)	(5, 8)
	버섯	(8, 6)	(2, 3)

생산자 A는 생산자 B가 산나물을 선택하면 버섯을, 생산자 B가 버섯을 생산하면 산나물을 생산하는 것이 더 높은 이윤을 가져다 준다. 생산자 B 입장에서는 생산자 A가 산나물을 선택하면 버섯을, 생산자 A가 버섯을 생산하는 것이 더 높은 이윤을 가져다 준다. 이들 상황에서 서로 일치하는 보상행렬의 짝은 (8, 6) 그리고 (5, 8)에서 나타난다. 이와 같이 상대방의 선택에 따라 결정한 자신의 전략이 달라지며 짝을 이루면 내쉬균형을 이루었다고 한다.

내쉬균형이 1개인 사례

내쉬균형이 한 개인의 경우는 두 생산자 중에 한 사람(생산자 A)은 상대 경쟁자의 작목에 따라 달라지는 선택을 하는 반면, 다른 한 사람(생산자 B)은 특정 작목(버섯)이 자신의 우월전략일 때 나타난다(표 5-6).

표 5-6 내쉬균형이 1개인 이윤 보상행렬

(A, B) : 이윤		생산자 B	
		산나물	버섯
생산자 A	산나물	(3, 4)	(4, 6)
	버섯	(2, 3)	(5, 4)

내쉬균형이 존재하지 않은 사례

내쉬균형이 존재하지 않은 경우는 두 생산자가 서로 상대방의 선택에 반응하여 계속 전략을 바꾸려 하기 때문에 고정된 균형이 존재하지 않은 상태를 의미한다. 마치 가위바위보 게임에서와 같이 상대방의 전략에 따라 자신의 전략이 계속 바뀌는 경우이다.

표 5-7 내쉬균형이 존재하지 않은 이윤 보상행렬

(A, B) : 이윤		생산자 B	
		산나물	버섯
생산자 A	산나물	(10, 4)	(3, 6)
	버섯	(7, 6)	(5, 4)

4 생산요소시장

생산요소시장은 기업이 생산활동을 위해 필요한 자원인 생산요소를 구입하는 시장을 의미한다. 생산요소인 노동, 자본, 토지가 시장에서 거래되며, 이 요소들은 상품과 서비스의 생산에 필수적인 역할을 한다. 생산요소시장은 소비재시장과 달리, 기업이 수요자가 되고 가계가 공급자가 되는 특성이 있다.

생산요소시장의 종류

노동, 자본, 토지인 생산요소마다 그 특성이 다르므로 저마다의 시장이 구분되어 있다. 노동시장은 근로자들이 노동을 제공하고 기업이 이를 구매하는 시장이다. 노동시장에서의 가격은 임금으로 결정되며, 노동수요와 공급의 상호작용에 의해 균형이 형성된다. 노동시장 역시 생산물시장과 같이 완전경쟁시장과 독점적 경쟁시장 등 다양한 형태가 존재한다. 자본시장은 기업이 생산에 필요한 자본을 조달하는 시장이다. 여기서 자본은 물적 자본(기계, 공장, 장비 등)과 금융 자본(대

출, 주식, 채권 등)으로 나뉜다. 자본시장의 핵심 요소는 이자율이며, 이는 자본의 수요와 공급에 의해 결정된다. 토지시장은 자연자원(토지, 광물, 산림 등)의 사용권이 거래되는 시장이다. 특히, 산림경제학에서 토지는 단순한 부동산 개념을 넘어 지속 가능한 자원으로서의 특성이 강조된다. 산림은 장기적인 투자와 관리가 필요한 자원이며, 탄소저장, 생물다양성 유지 등 공공재적 성격을 가지고 있어 시장 메커니즘이 다른 생산요소보다 복잡하게 작용한다.

1) 생산요소시장에서의 이윤극대화 조건

생산요소(factors of production)는 일반적으로 생산물(상품)을 생산하는데 필요한 대표적인 요소로 노동, 토지, 자본이 대표적이다. 최종 소비자가 생산물(상품)을 구매하고 생산자는 이윤을 극대화 하고자 하는 생산물(상품)시장과는 달리 생산요소시장은 상품에 대한 수요에 따라 수요량이 결정되는 파생수요(derived demand)의 특징을 가진다. 예를 들어 건축시장의 활성화로 인하여 구조재와 가설재의 수요가 높아지고 그로 인하여 이를 공급하기 위한 원료인 원목의 수요가 높아진다. 이와 같은 경우 원목시장을 생산요소시장이라 한다.

앞서 생산자이론에서 도출한 이윤(π) 극대화를 위한 조건은 총수입(TR)과 총비용(TC)의 차이를 최대화하는 것이며, 이는 $Max: \ \pi = TR - TC$로 표현된다.

총수입은 상품가격(P)와 생산량(Q)의 곱인 $TR = P \times Q$로 나타나며, 총비용은 노동·자본 등 생산요소의 가격과 투입량의 곱으로 나타난다. 예를 들어 노동의 단위가격(임금)을 w, 자본의 단위가격을 r이라 하면 총비용(TC)은 $wL + rK$가 된다.

이윤을 극대화하기 위해 생산자는 생산 과정에 투입되는 노동과 자본의 투입량을 조정한다. 노동을 1단위 늘렸을 때 산출량이 얼마나 증가하는지를 노동의 한계생산(Marginal Product of Labor: MPL), 자본을 1단위 늘렸을 때 증가하는 산출량을 자본의 한계생산(Marginal Product of Capital: MPK)이라 한다.

$$MP_L = \frac{\partial Q}{\partial L}, \ MP_K = \frac{\partial Q}{\partial K}$$

상품이 완전경쟁시장과 같이 일정한 가격 P에 판매된다고 하면, 노동을 1단위 더 투입할 때 발생하는 추가 수입은 $P \times MPL$, 마찬가지로 자본을 1단위 더 투입할 때 발생하는 추가 수입은 $P \times MPK$임을 알 수 있다. 추가 생산에 따라 얻은 추가 수입($P \cdot MP_i$)을 한계생산가치(value of marginal product: VMP)라 한다.

생산자는 각 생산요소를 활용할 때 그 요소에서 벌어들이는 수입인 한계생산가치가 그 요소의 가격보가 클 경우에는 더욱 많이 활용하고, 반대로 작을 경우에는 활용을 멈추게 된다. 따라서 이윤을 극대화하는 균형점은 한계생산가치가 요소가격과 일치할 때 성립한다.

$$\text{생산요소시장에서의 이윤극대화 조건: } VMP_L = w, \quad VMP_K = r$$

위의 식을 다시 상품가격 P로 나누면 생산요소의 가격을 좌변으로 이동시키면 제4장에서 설명한 생산자균형의 조건을 충족시키면서 그 의미가 상품가격의 역수임을 알 수 있다.

$$\frac{MP_L}{w} = \frac{MP_K}{r} = \frac{1}{P}$$

이윤을 극대화하기 위해서는 상품의 가격(P)이 모든 생산요소의 가격을 해당 생산요소의 한계생산으로 나눈 값과 일치해야 함을 알 수 있다.

$$P = \frac{w}{MP_L} = \frac{r}{MP_K}$$

2) 노동시장

생산요소시장의 이해를 돕기 위해 노동인 생산요소를 대상으로 수요과 공급 그리고 시장균형을 고찰해보기로 한다.

노동수요

산림 벌채현장에서 노동수요곡선은 한 단위 노동력 추가에 따른 벌채수입

변화액의 궤적이며 이는 곧 노동에 대한 수요곡선이다. 노동에 대한 가격을 임금률이라 한다. 완전경쟁시장을 전제로 노동에 대한 최적 고용 수준은 임금률이 노동의 한계생산가치와 일치하는 수준에서 결정된다.

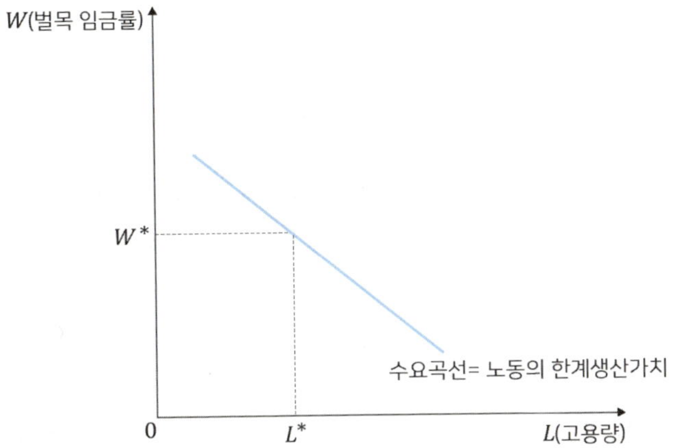

▶ **그림 5-5** 노동에 대한 수요곡선

노동시장 역시 다른 생산요소의 변화 없이 노동만 증가할 경우에는 한계생산체감이 되면서 수요곡선인 한계생산가치가 가격의 변화가 없는 가운데 노동의 한계생산량(MP_L)이 점차 감소하기 때문이다.

벌목노동자의 하루 일당이 30만 원이고 원목 ㎥당 가격이 6만 원이라 가정하고, 노동력 투입에 따른 벌채량의 정보를 이용하여 표 5−8과 같다고 가정하자.

생산자이론에서 설명하였듯이 인부 증가에 따라 총 벌채량은 증가하지만 그 증가폭은 점차 줄어드는 형태의 특징을 갖는다. 표 5−8은 이산적으로 표현하였기 때문에 노동의 한계생산가치와 임금률이 일치하는 노동 투입량이 안 나타나나 노동의 한계생산량이 5일 때 노동의 한계생산가치가 30만 원으로 임금률과 일치하여 이윤극대화가 이루어진다.

표 5-8 생산요소 노동에 따른 한계생산가치와 임금률 비교

노동 투입량 (인/일)	벌채량 (㎥/인)	노동의 한계생산량 (㎥/인)	노동의 한계생산가치 (원/인)	임금률 (원/인)	한계이윤 (원)
L	Q	$MPL = \Delta Q / \Delta L$	$VMPL = P \times MPL$	W	Δ이윤 $= VMPL - W$
0	0				
		10	600,000	300,000	300,000
1	100				
		8	480,000	300,000	180,000
2	180				
		6	360,000	300,000	60,000
3	240				
		4	240,000	300,000	-60,000
4	280				
		2	120,000	300,000	-180,000
5	300				

노동수요곡선을 이동시키는 변수들

노동량 결정에 영향을 미치는 변수는 임금(w)과 노동의 한계생산(MP_L) 그리고 생산물의 가격(P)이다. 임금이 높아지면 노동력을 덜 쓰고자 할 것이다. 만약 노동의 생산 효율이 높아지면 노동의 한계생산량이 증가할 것이다. 상품의 가격이 비싸지면 노동량에 대한 수요가 증가할 것이다. 추가적으로는 또 다른 생산요소라고 할 수 있는 자본(K) 역시 노동량에 영향을 미치는 요소로 고려 가능하며 예를 들어 신개술 개발로 인하여 노동력을 대체한다면 노동수요는 감소할 것이다. 하지만 기계나 설비의 도입으로 그에 따른 노동력이 필요할 경우에는 노동수요는 증가할 수도 있다. 이와 같이 자본은 그 성질에 따라 노동력과의 관계가 달라질 수 있다. 상호 대체하는 기능이면 부(−)의 효과로, 자본의 성질이 보완재의 특성을 가지면 정(+)의 효과로 나타날 수 있다. 생산요소가 토지인 경우에는 노동할 땅이 확대됨으로 인하여 필요한 노동력이 증가하는 것이 확실하므로 정(+)의 효과로 나타난다. 그 밖에도 중요한 변수는 세금이나 보조금을 포함한 노동시장 정책에 따라 기업의 노동수요는 달라진다.

$$L = f(\underset{(-)}{w},\ \underset{(+)}{MPL},\ \underset{(+)}{P},\ \underset{(?)}{K})$$

그림 5-5에 나타나듯이 노동의 수요곡선은 임금의 변화에 따라 노동량의 변화는 수요곡선 상에서의 변화로 나타나지만 만약 한계생산, 가격, 자본이 변화할 경우에는 수요곡선 자체가 좌우로 움직인다. 이들 요인들이 정(+)의 효과를 나타낼 경우에는 설명변수 증가에 따라 수요곡선은 오른쪽으로 이동하여 노동량에 대한 수요가 증가하는 반면, 부(+)의 효과일 경우에는 설명변수 증가에 따라 수요곡선은 왼쪽으로 이동하여 노동량이 감소하게 된다.

노동공급

가계는 상품(생산물)시장에서는 소비자가 되지만 생산요소시장에서는 근로자로서 노동의 공급자가 된다. 임금이 높을수록 노동에 참여하고자 하는 사람들은 증가할 것이다. 노동의 공급법칙은 임금이 상승함에 따라 더 많은 인력이 노동에 참여하고자 한다는 뜻이다. 근로자들은 노동을 하지 않고 다른 활동을 통해 느끼는 만족이 노동으로 인한 수입보다 더 높으면 다른 활동을 할 것이고 그 활동이 노동 수입보다 적다면 노동을 할 것이다. 우리가 1시간 동안 여가를 즐긴다는 것은 1시간 일을 덜했다는 뜻이고, 그것은 바로 1시간 동안 일해서 벌 수 있는 임금을 포기했다는 뜻이다. 즉, 시간당 임금이 10,000원이라면 1시간 여가의 기회비용은 10,000원이 된다. 시간당 임금이 20,000원으로 높아지면 여가의 기회비용도

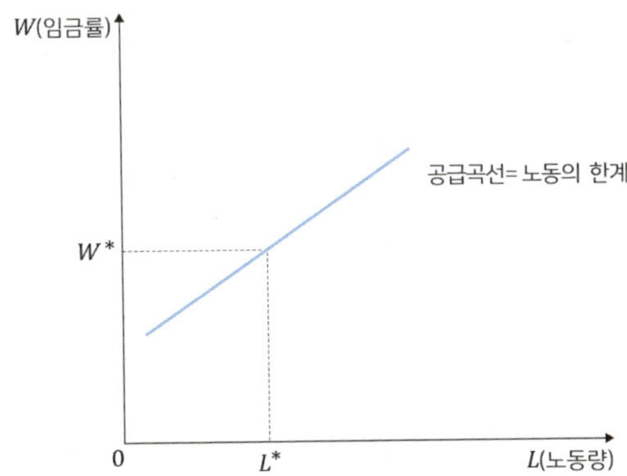

▶ **그림 5-6** 노동에 대한 공급곡선

20,000원으로 증가한다. 위의 기회비용과 연관 지어 설명하면 노동 임금이 상승함에 따라 여가의 기회비용이 증가하므로 근로자들은 그만큼 여가 시간을 줄이게 될 것이다. 즉, 개인에 있어 노동공급곡선은 노동의 한계비용을 의미하며 이 한계비용은 노동에 대한 기회비용을 의미한다.

노동공급곡선을 이동시키는 변수들

노동공급에 영향을 주는 요소들은 노동수요곡선에서 언급한 바와 같이 임금이 대표적이며 그 밖에도 관련 노동력, 산업 기술, 사회적 문화적 요인, 정부 정책 등을 들 수 있다.

임금 수준이 올라가면 시장균형점이 공급곡선 상에서 위로 올라가면서 노동량이 증가할 것이고, 반대로 임금이 줄어들면 공급곡선 상에서 아래로 내려가면서 일을 하고자 하는 근로자의 수가 감소할 것이다. 노동 인구 특히 농림업종에서는 지역의 고령화로 인하여 생산활동을 할 인구가 줄어들면서 공급곡선이 왼쪽으로 이동하게 된다. 산업기술이 발전에 따라 쉽게 관련 생산에 참여할 수 있으면 오른쪽 방향으로 움직일 것이고 반대로 기술의 발전이 노동시장으로의 진입 장벽으로 작용하면 왼쪽으로 이동할 것이다. 사회적 문화적 요인의 예로 여성의 경제활동 증가로 인한 노동 인구가 증가하면 노동공급곡선은 오른쪽으로 이동하는 반면, 워라벨 추구에 따라 노동 인구가 감소한다면 왼쪽으로 이동할 것이다. 실제로 우리나라는 농산촌 일손이 부족으로 인한 노동력 감소를 대신하여 외국인 근로자로 보충하고 있다. 산림 근로자 역시 점차 노령화되어 가고 있는 가운데 외국인 근로자가 투입되고 있는 실정이다. 정부 정책 역시 노동시장에서는 중요한 역할을 한다. 정부의 후생정책으로 실업급여가 증가한다면 노동자들의 기회비용이 증가하면서 노동 인구 감소를 가져온다.

노동시장의 균형과 이동

노동의 수요와 공급이 일치하는 수준에서 임금과 고용량이 결정된다. 노동시장이 균형상태에 있다면, 각 기업은 이 균형임금을 주어진 것으로 받아들이고 이윤을 극대화하고자 할 것이다. 여기에서 균형임금은 노동의 한계생산가치와 같고, 균형임금이 달라지면 노동의 한계생산가치도 변화한다.

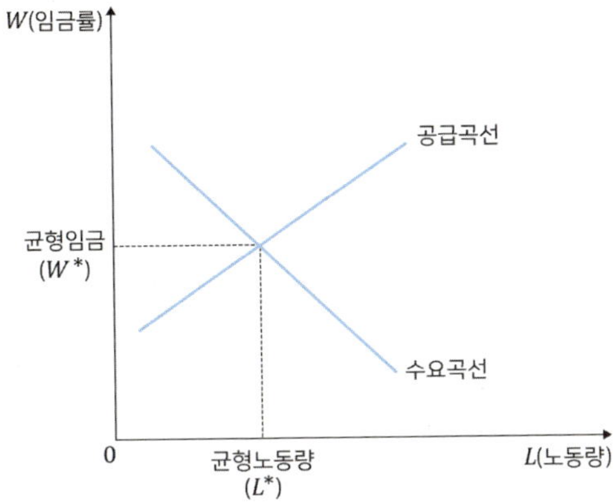

▶ **그림 5-7** 노동시장에서의 균형

외국인 근로자들의 이민으로 노동시장에서 일하려는 사람들이 늘었다고 가정하자. 그 결과 그림 5−8과 같이 공급곡선이 S_1에서 S_2로 이동한다. 그러면 최초 균형임금 W_1에서 노동의 초과공급이 발생하고, 임금이 W_2로 하락한다. 이 상황에서 각 기업들은 고용량을 늘려 기업의 이윤을 증가시키고자 한다. 즉, 외국인 근로자들의 이민은 새로운 균형을 형성시키고, 이에 따라 임금과 한계생산가치가 모두 이전보다 낮아진다.

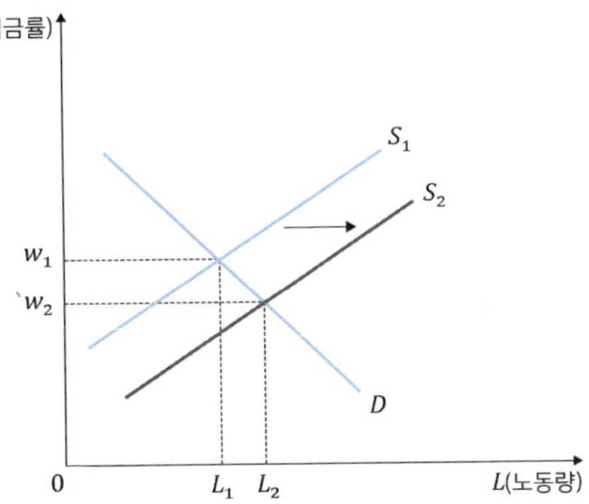

▶ **그림 5-8** 노동공급곡선의 이동

상호 경쟁하는 두 기업 중에서 한 기업에서 생산된 상품에서 다량의 유해물질이 검출되면서 상대적으로 다른 기업 상품의 수요가 급증하는 상황이 벌어졌다. 다른 기업 상품의 수요 증가로 인하여 그림 5-9의 노동수요곡선은 D_1에서 D_2로 이동하였고, 증가하는 수요량을 공급하기 위하여 이 기업은 노동수요가 증가하고 그로 인하여 임금($W_1 \rightarrow W_2$)과 노동량($L_1 \rightarrow L_2$)이 증가하였다.

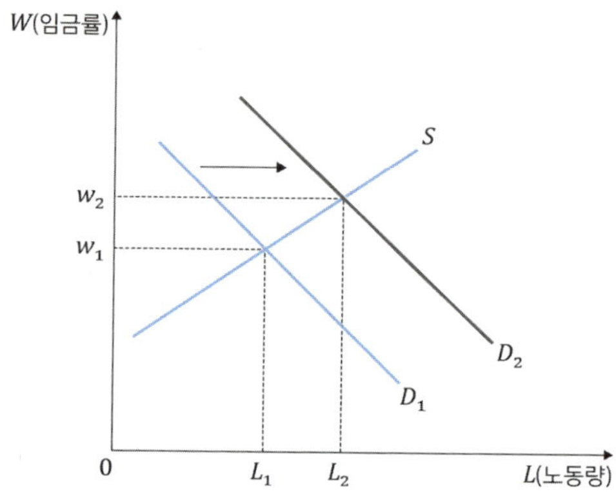

▶ **그림 5-9** 노동수요곡선의 이동

3) 그 밖의 다른 생산요소 : 토지와 자본

생산요소로서 노동(labor)과 토지(land)의 의미는 비교적 분명하다. 그러나 자본(capital)은 다소 특별한 의미를 지니고 있다.[9] 자본은 생산 과정에서 사용되는 장비 또는 설비 등을 의미하는데 그 종류가 매우 다양하여 각각의 특성에 따라 노동량이 증가할지 감소할지가 결정된다. 하지만 토지와 자본에서의 수요·공급곡선 또한 노동시장과 마찬가지로 수요곡선은 우하향, 공급곡선은 우상향하는 형태를 지닌다.

토지시장에서 토지가격이 감소하면 토지에 대한 수요자가 증가할 것이다. 한편

9) 토지는 포괄적인 의미에서는 자본의 한 부분이기도 하여 생산함수를 표현할 때 생산요소를 크게 노동과 자본으로 구분하기도 한다

토지소유자(공급자)는 최대한 토지를 비싸게 공급하고자 한다. 자본시장에서도 동일하게 적용된다. 토지와 자본과 같은 생산요소의 가격에는 임대가격과 구입가격으로 구분한다. 일반적으로 토지와 자본의 생산요소 가격은 임대가격의 형식을 띤다.

4) 원목시장으로의 적용

앞에서도 언급하였듯이 벌목한 원목은 가공을 통해 새로운 상품으로 소비자에게 전달된다. 즉, 소비자의 수요는 상품을 대상으로 하며 대상 상품의 수요 정도에 따라 그 상품의 원료인 원목 수요량이 결정된다. 이와 같이 원목의 수요는 전형적인 파생수요적인 특성을 갖는다.

원목시장에서의 수요자는 제재업자이고 공급자는 산주라 할 수 있다.[10] 만약 건설시장의 부흥으로 건축에 사용하는 목제품인 가설재 및 내장재의 수요가 늘어나면 이의 원료가 되는 원목의 수요는 증가할 것이다(그림 5-10). 그로 인하

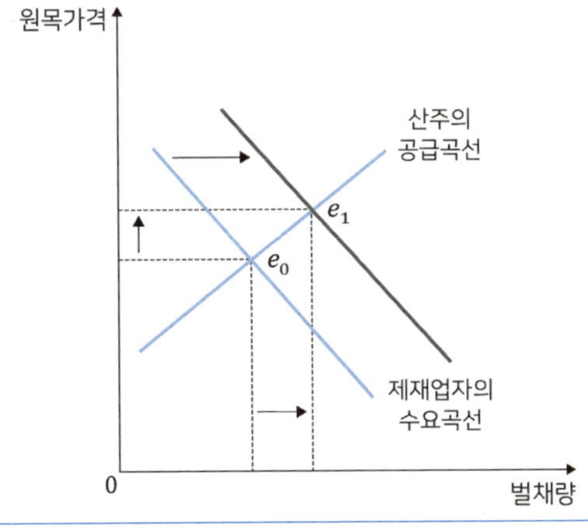

▶ **그림 5-10** 원목시장에서의 수요곡선의 이동

10) 실제로는 산주의 벌채량 결정은 일반 생산자들과 같이 유연하게 결정할 수 없는 것이 현실이다. 하지만 설명의 편의를 위해 일반 기업과 같이 유연하게 결정할 수 있다는 전제로 설명한다.

여 시장균형점이 e_0에서 e_1으로 벌채량과 함께 원목가격은 상승할 것이다. 가격 상승의 폭은 공급곡선의 탄력성에 따라 그 정도가 상이하게 나타날 것이다. 원목시장은 다른 생산요소시장과 비교했을 때 수요와 공급의 가격탄력성이 낮기 때문에, 수요량 또는 공급량의 변화에 따른 가격 변화는 다른 상품에 비해 상대적으로 크게 변동하는 경향이 있다.

공급자 입장에서는 산불 피해로 인해 단기적으로 벌채량이 많아지면서 공급곡선이 오른쪽으로 이동한다. 공급량이 증가면서 그에 따른 원목가격이 하락되어 시장균형점이 e_0에서 e_1으로 이동한다(그림 5-11).

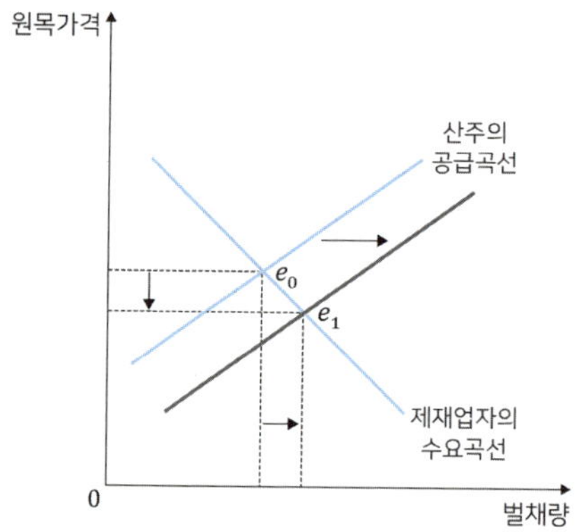

▶ **그림 5-11** 원목시장에서의 공급곡선의 이동

산주의 공급곡선은 벌채량의 증가로 설명할 수 있지만 유사한 방법으로 벌채노동시장으로도 적용 가능하다. 즉, 벌채해야 할 입목량의 증가는 벌채해야 할 노동력의 수요 증가를 의미하며 그로 인하여 임금이 상승하게 된다(그림 5-12).

우리나라 벌채노동자들의 노령화로 인하여 벌채인부의 수가 감소하면 그림 5-12의 공급곡선이 위(좌)로 이동할 것이다. 반면 해외에서 벌채노동자들이 들어와 벌채할 노동자의 수가 증가한다면 공급곡선은 아래(우)로 이동하여 임금률이 낮아질 것이다.

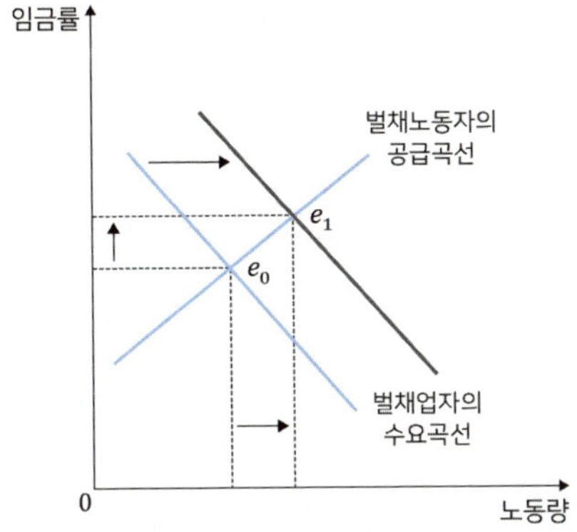

▶ **그림 5-12** 벌채시장에서의 수요곡선의 이동

연습문제

1. 수요 · 공급의 법칙과 시장균형의 개념을 간단히 설명하시오.

2. 수요 $P = 90 - Q$, 공급 $P = 30 + Q$에서 균형가격과 균형거래량을 구하고, 해당 균형에서 소비자잉여와 생산자잉여를 계산하시오.

3. 시장의 형태에 따른 특징을 설명하시오.

4. 시장의 형태에 따른 이윤극대화 조건을 설명하시오.

5. '용의자의 딜레마'라는 게임이론에 대해 설명하시오.

6. 생산요소시장에서의 이윤극대화 조건에 대해 설명하시오.

7. 생산요소시장에서 노동의 수요곡선의 의미를 설명하고 이를 이동시키는 변수들에 대해 설명하시오.

8. 원목시장에서 수요곡선과 공급곡선을 이동시키는 원인들을 예시를 들어 설명하시오

참고문헌

박병진 · 여택동 · 조현국(2024), 『미시경제학』, 율곡출판사.

신의순(1990), 『자원경제학』, 박영사.

이준구 · 이창용(2015), 『경제학원론』, 문우사.

한국농업경제학회(2012), 『농업경제학』, 율곡출판사.

Bergen, V., W. Löwenstein, R. Olschewski (2013), Forstökonomie, 2nd Edition, Vahlen.

Duerr, William A. (1911), *Introduction to forest resource economics*, McGraw-Hill.

Kim, Joon-Soon (1997), *Zur monetären Bewertung der Erholungsfunktion des Waldes: Eine mikroökonomische und mikroökonometrische Analyse*, Universität Göttingen.

Mankiw N. G. (2005), 『맨큐의 경제학』, 김경환 · 김종석 옮김, 교보문고.

Von Neumann, J., Morgenstern, O., and Rubinstein, A. (1944), *Theory of Games and Economic Behavior*, Princeton University Press.

Stier, Jeffrey and Price, Colin. (1991), *The Theory and Application of Forest Economics*, Land Economics.

산 림 경 제 학

임업생산과 투자

PART

03

제3부에서 의미하는 임업생산은 임지에서 나무나 단기임산물을 키워 생산하는 1차 산업에 제한하여 최적 윤벌기 도출과 임목과 단기임산물을 생산하는 다목적 경영 그리고 이들 생산을 위한 투자를 결정하는데 도움을 주는 투자결정 이론에 초점을 맞추어 설명하고자 한다.

CHAPTER

06 최적 윤벌기 결정

1 개요

최적 윤벌기란?

숲은 다양한 재화와 서비스를 제공하는 중요한 자원이다. 건축자재로 많은 대체재가 개발되었음에도 불구하고 아직까지 널리 활용되는 재료는 목재이며, 전 세계적으로도 목재의 약 절반이 연료용으로 소비되고 있다. 종이 또한 목재에서 얻은 섬유, 리그닌, 셀룰로오스 성분을 통해 만들어진다. 이와 함께 숲은 이산화탄소를 흡수하고 산소를 공급하며 공기를 정화하는 역할을 한다. 더불어 야생동물에게는 쉼터와 서식지를 제공하고, 사람들에게 필요한 식수의 상당 부분을 공급하는 유역을 유지하는 데에도 중요한 기능을 수행한다.

이러한 숲을 관리하는 것은 결코 쉬운 일이 아니다. 매년 주기로 심고 수확하는 곡물은 수확을 해야만 하는 계절이 있어 그 시기가 지나면 아무런 의미가 없다. 하지만 나무는 계절이 아닌 연 단위로 최소 20년부터 100년을 넘겨 수확하기도 하는 초장기 관리를 해야 하는 대상이다. 임목의 수확시기는 산림관리의 목적에 따라 상이하다. 산림관리의 목적에 따라 재적수확량, 총수입액, 이윤을 최대로 하는 벌기령을 설정할 수도 있고 최근에는 이산화탄소흡수량을 최대로 하는 벌기령을 최적 벌기령으로 설정하기도 한다. 숲의 다원적 기능의 중요성을 인정하면서 이들 기능들이 최대로 발휘하는 벌기령에도 관심이 높아지고 있다. 임목을 수확하면 일시적이나마 숲의 경관적 기능을 비롯하여 다른 공익적 기능들이 감소하기 때문에 실질적으로 벌채 면적과 방법에 대한 규제를 통해 조절하고 있다.

최적 벌기령 결정과 관련해서는 산림경영학에서 벌기령을 영속적으로 하는 것을 전제로 한 임지 평가 방법과 한 번의 벌기, 즉 단벌기를 정하는 것을 전제로 한 임목 평가 방법으로 구분한다. 평가의 대상과 분석 목적에 따라 평가하는 방법 또한 다양하게 소개되고 있다. 하지만 이들 평가 방법들은 벌기령 책정에 대한 연구보다는 가치를 평가하는 방법에 초점을 두고 있다.

관리 목표에 따라 달라지는 최적 윤벌기

본 장에서는 조림과 벌채가 영구히 반복하는 것을 전제로 이윤을 극대화하는 파우스트만의 최적 벌기령에 기반하여 그 도출하는 과정과 수식을 통해 각 인자들의 영향들을 파악하고자 한다.

일정한 면적의 산지에 특정 수종의 나무를 심으면 그림 6－1과 같이 수령에 따라 임분 재적이 증가될 것이다. 일반적으로 초기에 재적생장은 체증하다가 어느 시기가 지나면 생장률의 증가 속도가 점차 줄어들어 일정 임령 이상이 되면 생장이 더 이상 증가하지 않는다(그림 6－1).

그림 6－1 (a)에서 T_c는 생장률이 체증하다가 체감으로 전환하는 변곡점이 나타나는 시점이고, T_a는 전체 생장 기간 중에 평균재적이 가장 큰 시점이고, T_m은 총재적이 최대가 되는 시점이다. 이들 중에서 가장 바람직한 벌기령을 결정할 수 있을까? 물론, 해당 산지는 다른 용도로 활용되는 기회비용적인 개념을 고려하지 않는 한 번의 벌채만 이루어진다는 가정에서는 T_m이 가장 바람직한 벌기령일 것이다.

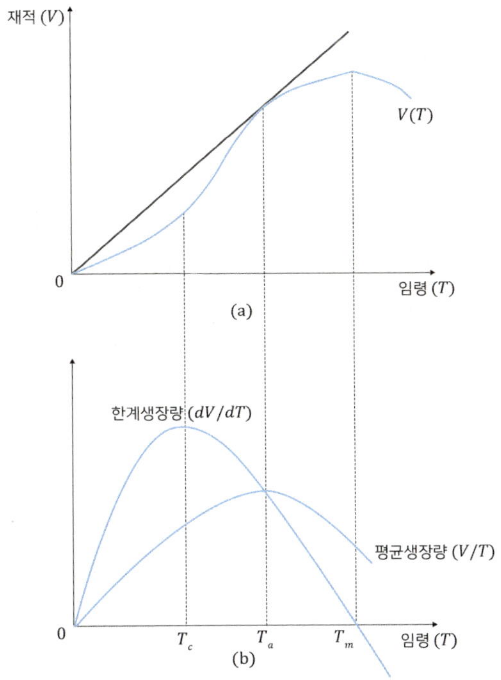

▶ **그림 6-1** 임분의 생장곡선

이제 한 번의 벌채로 끝나는 것이 아닌, 벌채 후에 바로 조림을 하고, 또 일정 임령에 도달하면 벌채하고 다시 조림을 반복하는 상황을 가정해보자. 다만, 비용과 할인율(interest rate)을 고려하지 않고 지속적으로 수확을 계속하기 위해서는 평균생장량이 최대인 임령 T_a에서 벌채하는 것을 목표로 관리가 이루어져야 한다(식 6.1).

$$Max\ \frac{V(T)}{T} \tag{6.1}$$

이를 수식으로 표현하면 식 6.1을 미분한 값이 0이 되도록 해야 한다.

$$V'(T) \cdot T = V(T) \Rightarrow V'(T) = V(T)/T$$

즉, 한계생장량이 평균생장량과 일치할 때 평균재적생장량이 최대가 되며 평균재적생장량이 최대가 되는 윤벌기(벌기령)일 때 아래와 같은 식이 성립된다.

$$Ta = \frac{V(T)}{V'(T)} \Rightarrow \frac{1}{T_a} = \frac{V'(T)}{V(T)} \tag{6.2}$$

식 6.2에서 보듯이 평균재적생장량이 최대가 되는 벌기령은 임분의 생장률($V'(T)/V(T)$)과 임령의 역수가 일치할 때이다.

한계수입과 한계비용이 일치해야 하는 최적 윤벌기

하지만 현실은 임분의 생장기간 동안 이자율과 함께 임목을 생산하기 위한 조림, 풀베기, 어린나무가꾸기, 숲가꾸기 등의 다양한 관리비용이 발생하며 벌채를 하여 시장에 판매할 때는 시장에서의 원목가격까지 고려해야 한다. 수입과 비용 발생에 있어 생산자는 이윤을 극대화 하기 위해서는 한계수입(Marginal Revenue: MR)과 한계비용(Marginal Cost: MC)이 일치하는 시점에서 벌채가 이루어져야 한다. 이때 임령을 기준으로 벌채를 연기함에 따른 임분의 생장에 따른 추가적인 가치 상승이 한계수입이 되는 것이고 한계비용은 만약 벌채를 하였을 때 얻을 수 있는 수입으로부터 발생하는 이자액과 같은 자본의 기회비용과 함께 토지를 타용도로 사용할 수 임대료와 같은 토지의 기회비용이 발생한다. 즉, 벌목의 연기에 따른 편익은 임분 생장에 따른 입목 가치의 증가이고, 비용은 입목가치에 대한 이자율과 토지에 대한 임대료이다.[1)]

2 파우스트만의 최적 윤벌기

산림관리는 첫 조림을 제외하고는 대부분의 비용과 수입이 미래에 발생하므로 이에 대한 분석을 위해서는 할인율(discount rate)을 적용해야 한다. 여기서는 벌채와 조림이 영속적으로 이루어진다는 것을 전제로 수입에서 비용을 감한 이윤

1) 입목 가치의 증가액에 대한 자본의 기회비용과 토지의 기회비용을 함께 고려한 윤벌기 산출 방식은 파우스트만의 공식의 기본 개념과 일치한다.

이 최대가 되는 벌기령을 설정하는 것에 목표를 둔다. 이러한 최적 윤벌기 개념은 1849년 독일의 산림학자인 파우스트만(M. Faustmann)에 의해 수학적인 방법으로 도출되었다.

파우스트만 공식은 산림평가 방법 중에 하나인 임지기망가식과 동일하다. 즉, 임지에서 장래 영속적으로 얻을 수 있는 순수익에 대한 현재가의 합계액에 기초하여 윤벌기를 설정하는 방법이다. 파우스트만이 1849년 최적 윤벌기 공식을 제시하였을 때는 할인율 적용 공식을 $\frac{1}{(1+r)^T}$인 이산적 수식으로 표현하였으나 보다 수식적 도출과 적용이 용이하도록하기 위해 $e^{-\rho T}$인 연속적 수식으로 전환하여 설명하고자 한다.[2)]

활용되는 외생변수들과 함수식인 입목가격, 식목비용, 생장함수, 이자율 등은 시간이 지나더라도 불변한다고 가정하고 영구히 산림경영을 계속한다는 전제에서 순수입의 현재가치는 다음과 같이 표현할 수 있다.

$$\begin{aligned} PV(T) &= -k + S(T)e^{-\rho T} - ke^{-\rho T} + S(T)e^{-2\rho T} - \cdots \\ &= [S(T)e^{-\rho T} - k](1 + e^{-\rho T} + e^{-2\rho T} + \cdots) \\ &= [S(T)e^{-\rho T} - k]/(1 - e^{-\rho T}) \end{aligned} \tag{6.3}$$

PV: 영구 순수입의 현재가치, k: 조림비, S: 입목의 순수입, ρ: 할인율, T: 윤벌기

이때 입목의 순수입인 S는 임분의 재적에 가격에서 단위 비용을 삭감한 순가격(경영학에서는 단위당 공헌이익)의 곱으로 표현되며, PV는 앞으로 영구히 목재 생산에 이용될 토지에서 얻을 수 있는 순수입의 현재가치로서 산림경영학에서의 임지기망가와 동일한 의미인 토지의 자본가치이다. 식 6.3에서 현재가치(PV)를 극대화 하기 위해 PV를 1차 미분한 값이 0이 되는 1차 조건을 윤벌기 T에 대해 구하면 다음 식 6.4가 도출된다.

$$S'(T) = \rho S(T) + \rho\frac{S(T)e^{-\rho T} - k}{1 - e^{-\rho T}} \Rightarrow S'(T) = pS(T) + pPV(T) \tag{6.4}$$

2) ρ와 r과의 관계는 $e^{-\rho T} = \frac{1}{(1+r)^T}$의 양변에 자연대수를 취하면 $\rho = \ln(1+r)$이다.

식 6.4 좌변은 벌채 연장에 따른 입목 생장액이고 이는 우변의 첫째항은 입목 판매로 얻을 수 있는 입목가치에 대한 암묵적 이자수입이고 우변의 둘째항은 식 6.3의 영구 순수입의 현재가치, 즉 토지의 자본가치 PV에 할인율 ρ를 곱한 토지의 암묵적 임대료이다. 즉, **입목생장액이 자본의 이자수입과 토지의 임대료와 일치할 때 토지의 자본가치가 최대**가 된다는 의미이다.

식 6.4를 할인율(ρ) 기준으로 정리하면 다음과 같다.

$$\frac{S'(T)}{S(T)+PV(T)}=\rho \tag{6.5}$$

식 6.5에 기반하여 **현재가치를 극대화하기 위해서는 할인율이 입목가치와 토지의 자본가치의 합계에 대한 입목가치의 생장률과 같아지는 시점**임을 알 수 있다. 우리나라의 경우에는 법적인 규제로 인하여 토지의 자본가치를 낮춘 상태이나 규제 완화로 인하여 토지의 자본가치가 높아지게 되면 임분의 생장기간 동안 할인율보다 높은 시점이 단 한 번도 없을 경우에는 벌채를 하지 않는 것이 오히려 나을 수도 있다.

3 결정인자 변화에 따른 파우스트만의 윤벌기 결정

파우스트만의 최적 윤벌기를 결정하는 변수들의 변화에 따라 최적 윤벌기가 어떻게 변화하는지를 파악하고자 식 6.4를 식 6.6과 같이 변형하였다.

$$\frac{S'(T)}{S(T)-k}=\frac{\rho}{1-e^{-\rho T}} \tag{6.6}$$

$\frac{S'(T)}{S(T)-k}$는 순입목가치의 상대적 생장률로 T에 대한 감소함수이고 $\frac{\rho}{1-e^{-\rho T}}$는 T가 커짐에 따라 ρ에 수렴하는 감소함수로 그림 6−2와 같이 나타난다. 파우스트만의 최적 윤벌기는 식 6.6의 좌변과 우변이 교차하는 T_f이다.

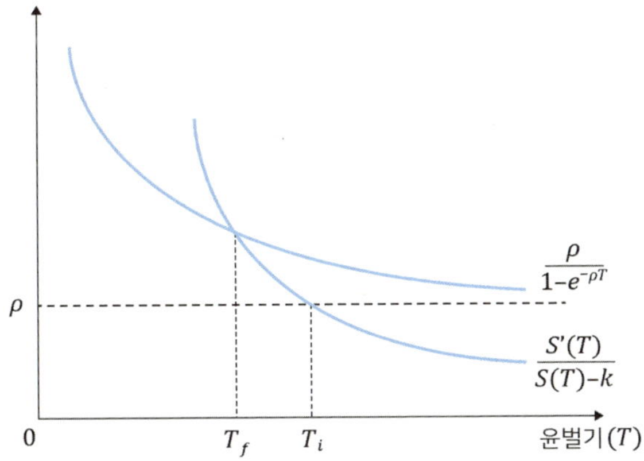

▶ **그림 6-2** 파우스트만 윤벌기의 결정

외생변수 변화에 따른 최적 윤벌기

그림 6−2를 이용하여 각 외생변수의 변화에 따라 최적 윤벌기의 변화를 알아보자. 첫째 식목비용 k가 커지면 $\frac{S'(T)}{S(T)-k}$의 값이 커짐에 따라 해당 곡선이 위로 이동하여 윤벌기가 길어진다. 둘째, 식목비용 k가 존재할 때 원목 판매가격이 상승하면 $S(T)$와 S'가 동일하게 상승하나 k는 이전과 동일하므로 전체 식에서는 값이 줄어들면서 아래로 이동하며 파우스트만의 벌기령은 짧아진다. 하지만 식목비용 k가 존재하지 않은 천연갱신에 의존한다면 원목가격의 변화가 있더라도 윤벌기에는 아무런 영향을 미치지 못한다. 셋째 할인율이 증가하면 $\frac{\rho}{1-e^{-\rho T}}$곡선이 위로 이동하면서 최적윤벌기는 짧아진다.

극단적으로 토지의 용도가 다른 무엇으로도 사용할 수 없는 토지, 즉 토지의 기회비용이 0일 경우에는 식 6.5에서 $PV(T)$가 0이라면, 최적 윤벌기는 식 6.7과 같이 입목의 생장률이 할인율과 같을 때이다.

$$\frac{S'(T)}{S(T)} = \rho \tag{6.7}$$

할인율을 고려하지 않았을 경우의 최적 윤벌기

만약 할인율을 고려하지 않은 상태, 즉 0으로 가정한 것과 동일한 조건에서 평균 순입목가치가 최대가 되는 식은 식 6.8과 같이 표현할 수 있다.

$$Max\frac{S(T)-k}{T} \tag{6.8}$$

평균 순입목가치가 최대가 되는 벌기령을 찾기 위해 식 6.8을 임령(T)에 대해 미분하면 식 6.9를 얻는다.

$$S'(T)=\frac{S(T)-k}{T} \tag{6.9}$$

식 6.9와 식 6.2를 비교하면 조림비로 인하여 식 6.9가 식 6.2보다는 길어진다. 만약 식 6.9에서 조림비 k가 없다면 연평균 순입목가치 최대의 윤벌기는 식 6.2인 평균재적 최대의 윤벌기와 동일하다.

반면, 피셔(Irving Fisher)는 최적 윤벌기를 입목가치의 상대적 생장률이 이자율과 일치할 때 벌목하는 것이 가장 이상적이라고 주장하였다(식 6.10).

$$\frac{S'(T)}{S(T)-k}=\rho \tag{6.10}$$

그림 6-2에 나타나듯이 피셔(Irving Fisher)의 윤벌기 T_i는 파우스트만 윤벌기 T_f보다 길뿐 아니라, 토지의 기회비용이 0인 식 6.7과 비교하여도 길다.

$$\frac{S'(T)}{S(T)-k}=\frac{\rho}{1-e^{-\rho T}} < \frac{S'(T)}{S(T)}=\rho < \frac{S'(T)}{S(T)-k}=\rho$$

한계가치가 극대화되도록 하는 윤벌기는 방법별로 비교하면, 파우스트만 윤벌기가 가장 짧고 그 다음이 토지의 기회비용이 0으로 가정하였을 경우의 윤벌기이고 피셔의 윤벌기가 가장 길다. 현실에서는 입목의 가격은 여러 가지 요인으로 시간이 지남에 따라 오르고 있다. 만약 입목의 가격이 꾸준하게 일정 비율로 오른다고 가정하면 이는 마치 할인율을 감소시키는 효과를 가져다주므로 최적 윤벌기는 이전보다 길어진다.

반면, 이자율을 고려하지 않고 평균이 최대가 되는 윤벌기는 식 6.1인 평균 재적수확 최대의 윤벌기(T_V)와 식 6.8인 평균 순입목가치가 최대가 되는 윤벌기(T_M)를 비교 가능하다. 만약 식 6.8에서 조림비가 들지 않는다고 가정할 경우에는 평균 순입목가치 최대의 벌기령은 평균 재적수확 최대의 윤벌기와 동일하다.

그림 6-3에서 재적에 순가격을 곱한 $S(T)$와 $S(T)-k$에 대한 평균값이 최대가 되는 윤벌기는 원점을 기준으로 기울기가 가장 클 때의 임령이다.

그림 6-3에 나타나듯이 평균 재적수확 최대의 윤벌기(T_V)는 평균 순입목가치 최대의 윤벌기(T_M)보다 짧다.

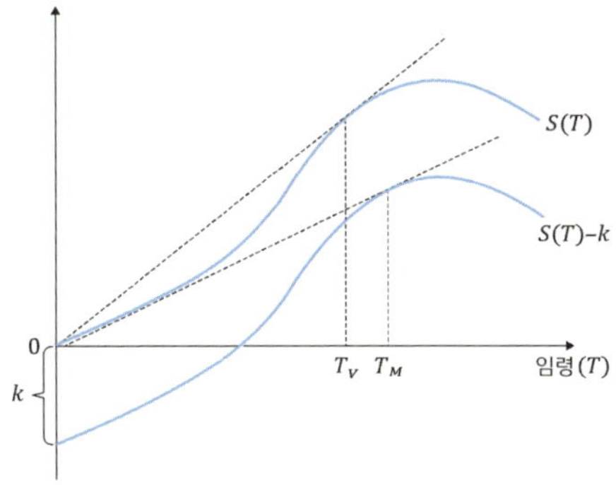

▶ **그림 6-3** 평균 재적 및 순가치 최대의 윤벌기

4 최적 윤벌기 결정에 영향을 미치는 인자들

공익기능과 최적 윤벌기

20세기 후반에 접어들면서 산림은 단순히 목재를 생산하는 공간 이상의 의미를 갖게 되었다. 예전에는 나무를 베어 목재를 생산하는 수익만을 중시했다면, 지금은 산림이 제공하는 다양한 공익적 기능이 훨씬 더 중요하게 여겨지고 있다.

우리나라 역시 2-3년마다 산림의 공익기능에 대한 가치를 발표하고 있는데 2020년 기준 산림의 탄소흡수·저장, 경관, 휴양, 토사유출방지, 수질정화 등 총 12가지 기능을 대상으로 평가한 가치가 연(年) 259조 원으로 발표하였다. 이러한 기능들의 가치는 목재 생산 및 단기임산물로 얻는 생산액보다 훨씬 높다. 따라서 산림관리를 단순히 국민계정에 나타난 생산액만을 근거로 판단해서는 안 된다는 인식은 대부분의 국민들은 공감하고 있다.

일찍이 하트만(R. Hartman)은 1976년에 파우스트만의 윤벌기 모델에 산림이 제공하는 공익적 가치를 추가로 반영한 확장 모델을 제시하였다. 산림의 공익기능은 어느 특정 시점에만 나타나는 것이 아니라, 산림이 존재하는 매 순간 작용한다. 즉, 입목의 생장과 아울러 이산화탄소를 흡수하고, 야생동물의 서식처가 되며, 물을 정화하는 등의 기능은 지속적으로 나타난다. 이러한 개념을 파우스트만의 윤벌기 모델인 식 6.3에 공익기능의 가치를 추가하였다(식 6.11).

$$\begin{aligned} V(T) &= -k+S(T)e^{-\rho T}+\int_{t=0}^{T}a(t)e^{-\rho T}dt-ke^{-\rho T}+S(T)e^{-2\rho T}+\int_{t=0}^{T}a(t)e^{-2\rho T}dt-\cdots \\ &= [S(T)e^{-\rho T}-k+\int_{t=0}^{T}a(t)e^{-\rho T}dt](1+e^{-\rho T}+e^{-2\rho T}+\cdots) \\ &= [S(T)e^{-\rho T}-k+\int_{t=0}^{T}a(t)e^{-\rho T}dt]/(1-e^{-\rho T}) \end{aligned} \tag{6.11}$$

V(T)를 극대화 하기 위한 1차 조건으로 다음 식을 얻는다.

$$S'(T)+a(T)=\rho S(T)+\rho V(T) \tag{6.12}$$

식 6.4와 비교하면 좌변에 한계공익기능가치가 추가된 점과 *V(T)*에 공익기능의 현재 가치를 추가한 것이 다른 점이다. 식 6.12는 공익기능의 가치를 추가한 하트만의 최적윤벌기 조건이다.

분명히 이러한 공익기능의 존재는 인정하지만 이러한 공익기능이 숲의 나이에 비례하여 더 커지는지, 줄어드는지에 따라 파우스트만의 윤벌기보다 길어질 수도 있고 또는 짧아질 수도 있다. 실제로 많은 공익기능은 숲의 나이에 따라 단순히 증가하거나 감소하는 게 아니라, 일정 시점까지는 증가하다가 이후에는 감소하는 경향을 나타낸다. 탄소흡수량을 예로 들면 유령림에서는 연간 탄소흡수량이 점점 많아지다가 어느 정도 임령이 지난 중령림, 장령림으로 접어들면서 연간 탄소흡수량은 감소한다. 탄소흡수량뿐 아니라 다른 많은 공익기능들은 초기에는 높다가 점차 감소하는 경향을 띄고 있다. 이와 같이 공익기능이 임령에 따라 증가한다면 공익기능을 추가로 고려한 윤벌기는 파우스트만 윤벌기보다 길어질 것이고 반대로 임령에 따라 감소한다면 파우스트만 윤벌기보다 감소할 것이다. 이러한 특성을 이용하여 유추할 수 있는 또 하나의 결론은 만약 공익기능은 발휘하나 임령과 무관하다면 공익기능의 가치를 반영한 윤벌기라 하더라도 파우스트만 윤벌기와 동일하게 나타난다. 이처럼 산림의 공익적 가치를 반영한 관리가 필요해지면서, 단순한 경제적 계산을 넘어 다기능적 가치 판단이 요구되는 시대가 도래하였다.

산림재해와 최적 윤벌기

기후변화의 영향으로 점차 이상기후 현상이 자주 일어나는 현실이다. 우리나라 역시 봄에는 이상 저온으로 인한 식물들의 냉해 피해가 발생하거나 건조한 날씨가 지속되면서 산불 발생의 위험이 높다. 여름에는 이상 고온 현상과 함께 폭우로 인하여 곳곳에서 산사태가 발생한다. 다양한 이상기후 현상으로 수목의 면역력 약화로 각종 병해충으로부터 피해를 입고 있다. 이러한 상황 속에서 30년 이상된 임분에서 산림재해가 발생하지 않는 것이 오히려 이상할 정도이다.

이들 다양한 산림재해는 위험(risk)과 불확실성(uncertainty)의 개념에서 해석 가능하다. 이들 두 단어는 서로 비슷해 보이지만 명확하게 구분된다. 위험(risk)은 발생할 확률을 알고 있을 때 사용되는 용어로 보험이나 금융 투자에서는 사용하는데 이는 통계적으로 과거 데이터를 기반으로 확률을 예측하고, 이에 따라 결정을 내릴 수 있기 때문이다. 이에 반해 불확실성(uncertainty)은 결과가 일어날 확률조차 알 수 없는 상태로 유사한 사례가 적거나 없기 때문에 발생할 확률을 계산하기 어려운 경우에 사용하는 단어이다. 산불이나 산사태 등에 대한 모델 설정을 할 때는 위험이라는 개념에 기반하여 확률모형을 적용하고 있다.

이들 위험에 대해서는 미래에 발생하게 되는 불확실성으로 인해 현재의 가치를 선호하게 되는 할인율(이자율) 개념과 유사하며 실제로 모델에 적용할 경우에도 할인율에 이들 위험에 대한 확률을 추가하는 형태로 마치 할인율이 상승하는 효과와 동일하게 나타난다. 즉, 산림재해를 고려하여 윤벌기를 결정할 경우에는 고려하지 않은 윤벌기보다 짧아진다. 예를 들어 산불이 발생할 확률이 λ라고 하면 이 확률은 일반적으로 적용하는 할인율(ρ)에 추가하여 $\lambda+\rho$을 적용하게 되면서 자연스럽게 할인율 상승과 동일한 영향을 미친다(Reed, 1984).

탄소중립과 최적 윤벌기

우리나라는 2023년에 국가온실가스감축목표(Nationally Determined, Contribution: NDC)로 2030년 온실가스 배출량을 2018년 대비 40% 감축할 것을 국제사회에 천명하였다.[3] 산림 역시 이산화탄소흡수원으로 감축목표인 291백만 tCO_2의 11%인 32백만 tCO_2를 기여하기로 목표를 세웠다. 하지만 점차 장령화되어 가고 있는 산림은 해가 거듭될수록 생장률이 점차 낮아짐으로 인하여 흡수원으로 제 기능을 발휘하기는 한계가 있다. 이러한 이유로 임분을 장령림으로 길게 관리하기보다는 50년생 이하의 산림 중에서 생장이 불량한 임분을 대상으로 수종갱신을 목적으로 벌채하고 새로운 수종을 조림함으로써 생장률을 높이고자 산림관리의 방향을 잡고 있다. 실제로 산림의 탄소흡수기능이 높으려면 입목의 재적생장뿐 아니라 목재의 비중이 높아야 하며 수관부와 지하부가 차지하는 목질량이 많아야 한다. 국내 수종 중에는 재적생장률이 낙엽송, 리기다소나무가 소나무나 참나무류보다는 높은 편이고 목재의 비중 면에서는 침엽수보다는 활엽수가 높다(국립산림과학원, 2011). 지상부인 수관과 지하부인 뿌리의 확장계수는 활엽수가 침엽수보다는 높게 나타난다. 하지만 산림의 기능은 앞에서도 언급하였듯이 목재 생산 이외에도 생물다양성, 경관, 문화 등의 다양한 기능을 발휘한다. 생물다양성, 경관 등의 기능은 장령림의 숲에서 기능이 더 높게 나타나는 것이 일반적이다. 이렇듯 산림은 탄소흡수기능만이 아닌 다양한 공익적 기능을 발휘하고 있으므로 이를 종합적으로 고려한 적절한 관리가 이루어져야 할 것이다.

3) 2025년 11월에 이재명 정부에서는 2035년까지의 감축목표를 상향 조정한 53~61% 감축이라는 범위형 목표를 제시하였다.

연습문제

1. 평균재적생장량과 한계재적생장량의 차이를 정의하고, 임분관리 의사결정에서 각각이 주는 시사점을 설명하시오.

2. 파우스트만(Faustmann) 모형의 핵심 직관을 정리하고, 왜 토지의 기회비용을 반드시 포함해야 하는지 서술하시오.

3. 피셔(Fisher) 조건과 파우스트만 조건을 비교하여, 어떤 상황에서 피셔의 최적 윤벌기가 더 길게 도출되는지 논하시오.

4. 하트만(Hartman) 모형에서 공익기능 흐름 a(t)의 임령 의존성(증가 · 감소 · 무관)이 최적 윤벌기에 미치는 방향효과를 설명하시오.

5. 산불 · 병해충 등 재해 위험을 "유효 할인율 상승"으로 해석하는 이유를 서술하고, 위험 고려가 윤벌기 · 경영전략(예: 분산, 보험, 수종선택)에 주는 함의를 논하시오.

6. 조림비(식목비)와 원목가격 변화가 최적 윤벌기에 미치는 영향을, 천연갱신 (k=0)과 인공조림(k>0) 상황으로 구분하여 비교 설명하시오.

7. 벌기령 결정 시 사회적 제약(벌채 제한, 경관보전, 탄소목표)이 경제적 최적과 충돌할 때 적용 가능한 정책도구(예: PES, 탄소크레딧, 차등 허가)의 장단점을 논하시오.

8. 이자율(할인율) 수준이 낮아질수록 장기경영 유인이 커지는 이유를 파우스트만 직관과 연결하여 설명하시오.

9. 평균재적 최대(생장학적 기준)와 파우스트만 최적(경제학적 기준)이 서로 다른 벌기령을 제시할 수 있는 이유를 구체적 예와 함께 서술하시오.

10 목재 이외 공익가치(경관 · 생물다양성 · 휴양 등)를 반영하지 않을 때 발생할 수 있는 사회적 비효율을 설명하고, 하트만 접근이 제공하는 보정 논리를 제시하시오.

참고문헌

김동준 · 김준순 · 민경택 · 박주원 · 안기완 · 이요한 · 조장환 · 최수임(2023), 『산림경제학』, 향문사.

신의순(1988), 『자원경제학』, 박영사.

환경부(2020), 국가온실가스감축목표(NDC) 제출 보고서, 환경부.

Bergen, V., W. Löwenstein, R. Olschewski (2013), *Forstökonomie*, 2nd. Edition, Vahlen.

Clarke, H. R., and Reed, W. J. (1989), "The tree-cutting problem in a stochastic environment: The case of age-dependent growth", Journal of Economic Dynamics and Control, 13(4)569-595.

Faustmann, M. (1849). "Berechnung des Werthes, welchen Waldboden, sowie noch nicht haubare Holzbestände für die Waldwirthschaft besitzen." Allgemeine Forst- und Jagdzeitung, 15, 441–455.

Fisher, I. (1930), *The theory of interest: As determined by impatience to spend income*, Macmillan.

Hartman, R. (1976). "The harvesting decision when a standing forest has value." Economic Inquiry, 14(1), 52–58.

Martin, F. (1849), "On the Determination of the Value Which Forest Land and Immature Stands Possess for Forestry", Oxford Institute Paper, 42.

Reed, W. J. (1984), "The effect of risk of fire on the optimal rotation of a forest", Journal of Environmental Economics and Management, 11(2)180–190.

CHAPTER

07 산지의 특성과 가치

1 산지의 특성

과거에는 임업경제학을 논할 때 토지에 대해서는 별 관심이 없었다. 1982년 리우회의로 알고 있는 유엔환경개발회의(United Nations Conference on Environment and Development: UNCED)에서 기후변화협약, 생물다양성협약, 산림원칙 등이 채택되면서 점차 환경에 관심이 높아지고 국토관리 차원에서도 산지를 중요한 토지자원으로 인식하게 되었다. 산림청은 산지를 산림과 독립하여 2002년 산지관리법을 법을 제정하여 시행하고 있다. 그 전에는 임야관리법(1961년 제정)으로 산지를 관리하기는 했지만 단순 산림이 자라는 토지 정도로 인식하였었다. 본 장에서는 산지를 일반화된 토지 관점에서 그 특성을 먼저 파악해보고자 한다. 토지의 특성은 용도가 다양하고, 공급이 고정되어 있으며 영속적이고, 비이동성과 이질성과 함께 공공성을 띠고 있다.

1) 토지용도의 다양성

우리나라에서는 법률적·행정적·실태적 관점에서 토지를 분류하고 있으며, 각 토지 이용 기준은 토지 이용의 목적, 관리 방식, 정책 수립 등에 중요한 근거가 된다. 토지는 인간의 다양한 활동에 활용되는 기반 자원이므로, 그 용도에 따라 구분하는 방식도 다양하다.

첫째, 공간정보의 구축 및 관리 등에 관한 법률(공간정보관리법)에 따르면 토지는 '필지'와 '지목'이라는 개념을 통해 구분된다. 필지는 토지를 구획하는 가장 기본적인 단위로, 하나의 연속된 경계 안에 있는 토지를 말하며, 지번으로 식별된다. 반면, 지목은 해당 토지가 어떤 용도로 이용되어야 하는지에 대한 법적 구분으로 분류 기준으로, '전(밭)', '답(논)', '대(건축물 부지)', '과수원', '임야' 등 총 28개 항목으로 세분되어 있다.

둘째, 국토의 계획 및 이용에 관한 법률(국토계획법)은 토지를 효율적이고 계획적인 이용을 목적으로 다음과 같이 네 가지 용도지역으로 구분하며 국토의 공간 구조를 설계하고, 토지 이용의 방향을 설정하는 데 있어 법적 근거를 제공한다.

- 도시지역: 주거, 상업, 산업 등 도시 기능을 수용하기 위해 계획적으로 개발되는 지역
- 농림지역: 농업이나 임업을 위한 생산활동을 지속하기 위한 지역
- 관리지역: 도시지역과 농림지역 사이에 위치하며, 향후 개발이 가능하나 일정한 규제를 통해 관리되는 지역
- 자연환경보전지역: 생태계와 자연환경의 보호를 목적으로 개발 행위가 엄격히 제한되는 지역

셋째, 토지피복도는 위성영상 및 항공사진을 기반으로 지표면의 피복 상태를 분류한 자료로 토지의 실제 이용 상태를 시각적·공간적으로 파악 가능하다. 환경부 기준에 따르면, 토지피복도는 대분류 7개 항목, 중분류 22개 항목, 세분류 41개 항목으로 구성되어 있다. 예를 들어, 산림지역은 7개 대분류 중에 하나로 중분류에서는 침엽수림, 활엽수림, 혼효림, 기타산림으로 구분되고 있다. 이는 토지의 자연적 특성 및 변화 추이를 분석하는 데 유용하게 활용된다.

넷째, 산지관리법에서는 산지를 별도의 기준으로 구분하고 있다. 이 법에서는 산지를 경사, 토양, 식생 등을 고려하여 '보전산지'와 '준보전산지'로 나뉜다. 보전산지는 다시 임업용산지와 공익용산지로 구분되며, 임업용산지는 목재 생산과 같은 임업 활동을 위한 용도이고, 공익용산지는 수원 보호, 재해방지 등 공공

목적의 보전을 우선으로 한다.

이처럼 우리나라의 토지 용도 구분은 하나의 기준이 아닌 법률적 목적, 정책적 방향성, 실제 이용 현황 등을 복합적으로 고려하여 다양하게 설정되어 있다. 이는 토지의 경제적 가치평가, 개발 계획 수립, 자원 관리 등 다양한 영역에서 중요한 기초 자료로 활용된다. 하지만 이러한 다양성으로 인하여 일관성이 부족한 것이 현실이다. 예를 들어 자연환경보전지역인 산림은 산지관리법에 의하면 보전산지 중에 공익용산지이어야 하나 실제로는 그렇지 않은 지역이 발견된다. 토지의 다양성은 활용을 위해 중요한 정보이므로 법과 제도 간의 모순이 없도록 일관성을 갖추어야 한다.

2) 공급의 고정성

토지는 일반적인 생산재와 달리 공급량이 고정되어 있는 자원이라는 점에서 독특한 특성을 지닌다. 여기서 '공급의 고정성'이란 토지의 총량이 일정하며 쉽게 늘릴 수 없다는 속성을 의미한다. 즉, 다른 재화나 서비스처럼 가격이 상승하더라도 그 생산량이나 공급량을 유연하게 조절할 수 없다는 개념이다.

물론 간혹 해안 매립이나 간척사업 등을 통해 인위적으로 토지를 확대하는 경우도 존재한다. 그러나 이러한 방식은 막대한 시간과 비용, 환경적 부담을 수반하며 일반적인 공급 확장 수단으로 보기 어렵다. 토지는 거의 완전히 고정된 공급량을 가진 자원이기 때문이다.

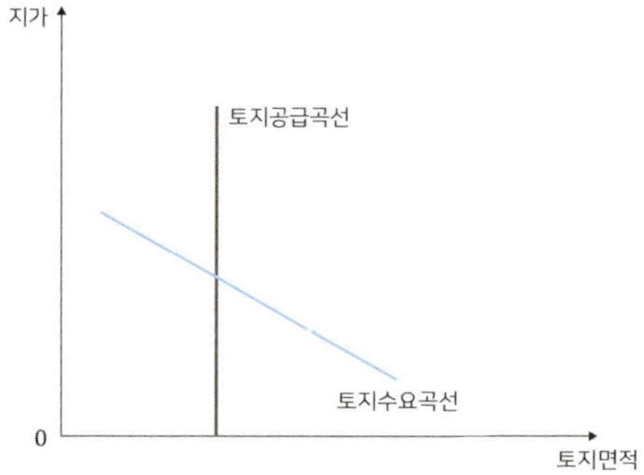

▶ **그림 7-1** 토지의 수요곡선과 공급곡선

이 특성은 토지의 공급곡선을 수직선으로 나타내는 근거가 된다. 공급곡선이 수직이라는 것은 가격이 아무리 변하더라도 공급량이 전혀 변화하지 않음을 의미하며, 이 경우 토지의 공급 탄력성은 0이다. 다시 말해, 토지는 가격에 대한 반응이 전혀 없는 비탄력적 공급재이다.

이러한 고정된 공급 특성은 토지를 다른 자산과 차별화하는 요소이기도 하다. 예를 들어, 토지와 같이 공급이 제한되어 있으며 대체 가능한 자원이 거의 없는 재화는 투자의 대상 혹은 투기적 수단으로 활용되기 쉽다. 금과 같은 귀금속과 더불어 토지는 역사적으로도 안정적인 자산 축적 수단으로 인식되어 왔으며, 이로 인해 가격 상승에 대한 기대가 높을수록 수요가 집중되는 경향이 강해진다.

이때 수요의 증가는 토지 자체의 공급을 증가시키지 못하므로 결국 가격 상승으로 이어지게 되며, 이로 인해 발생하는 경제적 이익은 해당 토지의 소유자에게 귀속된다.

3) 토지의 영속성

토지는 시간의 흐름에 따라 용도나 이용 형태가 바뀔 수는 있지만, 그 자체는 사라지지 않고 지속적으로 존재한다는 점에서 '영속성(permanence)'이라는 특성을 지닌다. 즉, 건물이나 기계처럼 시간이 지나면 낡고 없어지는 다른 자본재와 달리, 토지는 본질적으로 영구적인 자산으로 간주된다.

이러한 토지의 영속성은 토지의 경제적 가치를 평가할 때 중요한 기준이 된다. 특히 토지의 자본가치를 산정할 때는 그 토지에서 발생하는 순소득이 무한히 지속된다는 전제를 두고 계산하는 것이 일반적이다. 이는 곧 토지를 통해 얻을 수 있는 연간 순수입이 매년 동일하게 발생하며 이러한 수입이 끝없이 반복된다는 가정 하에 토지의 가치를 평가한다.

예를 들어, 제6장에서 다룬 파우스트만(Faustmann)의 최적 윤벌기(optimal rotation period) 모형에서도 임업에서 숲을 주기적으로 수확하고 다시 조림하는 과정이 무한히 반복된다는 가정 하에 토지의 자본가치가 산출된다. 이는 토지가 일회성 수익만을 창출하는 것이 아니라, 일정한 주기를 갖고 반복적으로 수익을 낸다는 점에서 토지의 영속성을 전제로 한다.

토지로부터 얻을 수 있는 순수입이 매년 r이라고 하면 토지의 자본가치는 다음과 같다.

$$R = \frac{r}{(1+i)} + \frac{r}{(1+i)^2} + \frac{r}{(1+i)^3} + \cdots \tag{7.1}$$

식 7.1를 등비수열 개념으로 양변에 $1/(1+i)$으로 나눈 식을 식 7.1에서 차감하면 식 7.2를 얻는다.

$$R = \frac{r}{i} \tag{7.2}$$

좀 더 구체적으로 예를 들어보자. 어떤 토지에서 매년 1,000만 원의 순수입이 발생하고, 사회적 할인율이 5%라고 가정해보자. 이때 토지의 자본가치는 2억 원으로 산출된다.

$$\text{토지의 자본가치} = \frac{\text{토지의 순수입}}{\text{할인율}} = \frac{10{,}000{,}000\text{원}}{0.05} = 200{,}000{,}000\text{원}$$

즉, 자본가치는 정기적으로 얻는 수입이 무한히 반복된다는 전제에서의 현재가치를 모두 합산한 값이다.

또한 할인율이 높아질수록 미래 수입의 현재가치가 낮아지기 때문에 토지의 자본가치도 감소한다. 예를 들어, 할인율이 10%로 상승하면 같은 수입을 발생시키는 토지의 자본가치는 1억 원으로 산출된다.

$$\frac{10{,}000{,}000\text{원}}{0.10} = 100{,}000{,}000\text{원}$$

이처럼 토지의 가치는 할인율과 반비례 관계에 있으며 이는 토지자산의 평가에 있어 경제 환경, 특히 이자율의 변화가 중요한 영향을 미친다는 점을 시사한다.

이론적으로 토지의 자본가치는 지가(地價)와 밀접한 개념이지만, 반드시 동일하다고 할 수는 없다. 실제 지가는 시장 상황, 정책, 주변 개발 여건 등 다양한 요인을 반영하여 결정되기 때문이다. 따라서 자본가치는 토지의 '내재적 경제가치'에 가깝다고 할 수 있으며 이는 토지의 영속성을 기반으로 한 장기적 수익 흐름에 근거한 것이다.

4) 토지의 비이동성과 이질성

토지의 비이동성은 물리적으로 토지를 다른 장소로 옮길 수 없다는 점에서 기인한다. 다시 말해, 토지는 고정된 위치에 존재하며 그 자리를 바꾸는 것이 불가능하다. 이 때문에 토지는 '공간적 제약'을 가지고 있으며, 특정 위치에 있다는 사실 자체가 그 가치를 결정짓는 중요한 요소가 된다. 토지는 공간적인 분포의 개념으로 주변 토지에 영향을 받기도 하지만 주기도 한다. 주고 받는 이들 영향이 때때로 좋은 영향을 미치기도 하지만 나쁜 영향을 미치기도 한다.

예를 들어, 한 농가가 토지에서 양봉업을 하고 있다고 가정해보자. 만약 그 주변에 과수원이 운영되고 있다면 과수의 꽃가루를 이용해 꿀을 생산하는 양봉업자 입장에서는 인근 토지의 존재가 큰 도움이 된다. 반대로, 만약 주변 지역이 도시화되면서 자동차 소음, 대기오염 등이 증가한다면 꿀벌의 활동이 위축되고 생산성이 낮아질 수 있다. 그 주변에서의 경제활동이 의도치 않게 다른 지역에 영향을 미치는 것을 경제학적인 용어로 외부효과(external effect)라 한다. 이처럼 토지는 주변 환경의 영향을 주고받으며, 때로는 본래의 용도나 기능이 외부적 요인에 따라 영향을 받기도 한다. 그러나 설령 이러한 영향이 불리하더라도 토지 자체를 다른 곳으로 옮길 수 없다는 점에서 비이동성의 한계를 가진다.

다음으로, 토지의 이질성은 겉보기에는 비슷해 보이는 토지도 실제로는 경제적 가치나 기능 면에서 큰 차이를 보일 수 있다. 예를 들어, 전국에 퍼져 있는 프랜차이즈 제과점 중에서도 '파리바게뜨' 매장이 서울 강남구 청담동에 위치한 경우와 강원도 영월군에 있는 경우는 전혀 다른 시장 환경 속에 놓여 있음을 알 수 있다. 같은 프랜차이즈에서 같은 제품을 팔고 있음에도 불구하고 유동 인구나 소비력, 접근성 등 주변 여건이 다르기 때문에 두 매장의 매출액과 임대료는 큰 차이를 보인다.

이처럼 동일한 용도나 기능으로 활용되는 토지라 하더라도 위치와 주변 환경에 따라 질적 차이가 존재하는데, 이것이 바로 토지의 이질성이다. 토지는 단순히 '면적'이나 '형태'로만 평가할 수 없고, 그 내재된 가치와 수익 창출 능력은 매우 다양하게 나타난다. 따라서 부동산 시장에서는 개별 토지의 특성과 주변 조건을 종합적으로 고려하여 가치가 산정된다.

토지는 고정된 위치에 존재하면서 주변 환경의 영향을 직접적으로 받으며 겉으로 보기엔 비슷하더라도 각기 다른 경제적 특성을 지닌다. 토지의 비이동성과 이질적인 특성으로 인하여 토지를 단순한 물리적 자산이 아닌 복합적인 경제 자원으로 바라보게 되는 중요한 개념이다.

5) 토지의 공공성

토지는 단순한 사적 자산을 넘어 사회 전체가 함께 누리는 다양한 공공재적 성격을 지니고 있다. 토지는 환경적·사회적·경제적 측면에서 광범위한 영향을 미치기 때문에 그 활용은 개인의 이익뿐만 아니라 공공의 이익과도 직결된다. 이러한 공공성 때문에 일부 국가에서는 토지의 법적 소유 자체를 제한하거나, 토지를 공공 자원으로 간주하여 국가가 직접 소유하거나 관리하기도 한다.

예를 들어, 중국은 토지의 공공성을 제도적으로 강조하는 대표적인 나라다. 중국에서는 도시 지역의 토지는 모두 국가 소유이며, 농촌 지역의 토지는 집단 소유 형태를 취한다. 이로 인해 개인이나 기업은 토지를 '소유'할 수 없고, 대신 일정기간 동안 사용할 수 있는 지상권(이용권)만을 부여받는다. 이는 토지를 국가적 자원으로 관리하며 사적 소유로 인해 발생할 수 있는 투기, 불평등, 무분별한 개발 등을 방지하기 위한 정책적 선택이다.

우리나라 역시 최근 들어 토지의 공공성에 대한 인식이 점차 강화되고 있다. 특히 산림자원의 경우, 과거에는 주로 목재 생산을 위한 '경제적 생산지'로 인식되었지만 최근에는 탄소흡수원, 수원함양, 생물다양성 보전, 국토 경관 유지 등 다양한 공익적 기능을 수행하는 자원으로 재평가되고 있다. 산림은 단지 한 개인의 소유물이 아니라, 사회 전체가 혜택을 누릴 수 있는 공공재적인 공간으로 이해되고 있다.

이러한 관점에서 국가와 지자체는 공익적 가치를 높이기 위해 때로는 개인 소유자의 재산권을 제한하기도 한다. 예컨대 개발행위의 제한, 벌채 허가제, 산림보호구역 지정 등이 그 예다. 하지만 동시에 이러한 제한이 정당성을 갖기 위해서는 해당 소유자에게 적절한 보상체계가 병행되어야 한다.

이에 따라 우리나라에서는 임업직불제와 같은 정책을 통해, 산림의 공공적 기능에 기여하는 산림 소유자에게 경제적 보상을 제공하고 있다. 임업직불제는 토지의 공공적 활용에 따른 사회적 기여를 인정하고, 토지소유자의 손실을 보완하기 위한 수단으로서 공공성과 사적 권리의 균형을 맞추는 중요한 장치라 할 수 있다.

2 토지의 가치(지대 이론)

1) 지대의 개념

지대(rent)는 토지라는 생산요소가 갖는 경제적 가치를 설명하는 핵심 개념이다. 고전 경제학의 관점에서 토지는 그 공급량을 인위적으로 생산하거나 증가시킬 수 없는 고정된 생산요소로서 인식하고 있다.

토지의 가치는 크게 '지대'와 '지가'로 나누어 이해할 수 있다. 지대(Rent)는 일정기간(보통 1년) 동안 해당 토지로부터 기대할 수 있는 순수익(순소득)을 의미하며, 이는 유량(flow) 개념에 해당한다. 반면, 지가는 이러한 연간 순소득을 일정한 할인율을 적용해 자본화(capitalization)한 값으로 저량(stock) 개념에 속한다. 즉, 지대는 해마다 발생하는 수익이고, 지가는 그 수익의 현재 가치를 반영한 총액이라 할 수 있다. 이러한 개념은 고전파 경제학자인 리카도(David Ricardo)에 의해 체계화되었다. 리카도는 차액지대라는 개념을 통해 지대를 토지의 생산성이 차등적으로 나타나는 데서 발생하는 초과수익으로 설명했으며, 이 초과수익은 결국 토지를 보유한 지주에게 귀속된다고 설명하였다.

2) 리카르도의 지대 결정 이론

19세기 초 나폴레옹의 팽창정책으로 영국을 굴복시키기 위하여 대륙봉쇄령(Continental Blockade)을 명하면서 영국은 대륙에서의 곡물 수입이 차단되었다. 이에 따라 영국 내 곡물 공급이 급감하고 곡물가격이 급등하게 되었으며, 이는 당시 심각한 사회적 문제로 대두되었다. 이 시기에 맬더스(Malthus)를 포함한 고전파 경제학자들은 지주의 탐욕으로 인한 지대 인상이 곡물가격 상승의 원인이라고 주장하였다. 하지만 리카르도는 이러한 주장에 반박하며, "지대가 곡물가격을 결정하는 것이 아니라, 곡물가격이 지대를 결정한다"라는 "차액지대(differential rent)" 설을 주장하였다. 그는 지대를 단순한 착취의 산물이 아닌 토지 간 생산력 차이에 따라 발생하는 초과수익으로 설명한 것이다.

리카르도의 이론을 다음과 같은 예로 설명해보자. 동일한 경작비(1,000만 원)가 드는 4개의 토지 A, B, C, D가 존재한다고 가정한다. 이때 A 토지에서는 10톤, B 토지에서는 8톤, C 토지에서는 6톤 그리고 D 토지에서는 4톤의 보리가 생산된다(표 7-1).

표 7-1 용재 생산액 비옥도에 따른 토지생산량과 생산비

토지	생산량(톤)	경작비(만 원)	단위생산비(만 원/톤)
A	10	1,000	100
B	8	1,000	125
C	6	1,000	167
D	4	1,000	250

만약 이 사회에서 총 보리 수요가 10톤이라면 A 토지에서의 생산만으로도 수요가 충족된다. A 토지의 생산비는 톤당 100만 원이므로, 시장에서의 보리가격도 100만 원으로 형성된다. 이 상황에서 A 토지의 경작자는 이윤 없이 겨우 생산비만 회수하므로 지대는 발생하지 않는다. 인구 증가로 보리 수요가 18톤으로 늘면 A 토지(10톤)만으로는 부족하고, 생산력이 낮은 B 토지(8톤)에서도 경작을 해야 한다. B 토지의 경작비는 동일하지만 생산량이 적어 보리 톤당 생산비는 125만 원이 된다. 시장에서의 보리가격도 이에 맞춰 125만 원으로 상승하게 된다. 이때 B 토지의 경작자는 생산비를 보상받을 뿐, 잉여는 없으므로 지대는 발생하지 않는다. 그러나 A 토지에서는 동일한 비용으로 10톤을 생산할 수 있으므로, 1톤당 25만 원의 잉여, 총 250만 원의 이윤이 발생한다. 그런데 이 이윤은 토지를 직접 경작한 사람이 아닌 토지소유자에게 지대의 형태로 귀속된다. A 토지를 임차하려는 수요가 몰리면서 결국 지대는 250만 원 수준까지 상승한다. 이러한 방식으로 토지의 비옥도(생산성) 차이에 따라 지대가 차등적으로 발생하게 되는 것이다.

앞선 원리가 C, D 토지로도 동일하게 적용된다. 수요가 더 늘어나면 C 토지(6톤), D 토지(4톤)까지도 경작하게 되고, 시장가격은 점차 높은 생산비를 반영하여 상승한다. 이로 인해 A, B, C 토지의 지대는 순차적으로 증가하며 제일 척박한 D 토지의 지대는 0이 된다. 이때 D 토지를 "한계지(marginal land)"라 한다.

3) 리카르도의 지대론 정리

리카르도의 지대론은 다음 네 가지로 정리할 수 있다.

곡가와 지대의 인과관계

리카도는 지대의 본질을 설명하면서 지대가 곡물가격을 결정하는 것이 아니라 오히려 곡물가격이 지대를 결정한다고 주장하였다. 이는 당시 대다수 논자들의 견해와는 반대되는 관점이다. 곡물가격은 시장에서의 수요와 공급에 따라 결정되며, 생산성이 가장 낮은 한계지(marginal land)에서의 평균생산비용이 가격의 기준점이 된다. 따라서, 곡물가격이 상승하면 이보다 생산성이 높은 토지에서는 초과수익이 발생하고, 이것이 곧 지대로 나타나게 되는 것이다.

지대 발생의 조건: 비옥한 토지의 희소성

지대는 단순히 토지를 이용한다고 해서 발생하는 것이 아니다. 리카도에 따르면 지대가 생기는 이유는 비옥한 토지의 양이 제한적이기 때문이다. 다시 말해, A 토지와 같이 생산성이 높은 토지가 충분히 넓어서 사회 전체의 곡물 수요를 모두 감당할 수 있다면 굳이 생산성이 낮은 토지를 경작할 필요가 없기 때문에 지대도 발생하지 않는다.

그러나 현실에서는 토지의 비옥도에 차이가 존재하고, 인구 증가로 인해 더 많은 식량이 필요하게 되면서 덜 비옥한 토지까지 경작하게 된다. 이때부터 생산성 차이에 따라 지대가 형성된다.

지대의 결정 기준: 생산성의 상대적 차이

지대는 해당 토지의 생산성과 한계지의 생산성 간의 차이에 따라 결정된다. 예를 들어, A 토지가 10톤을 생산하고 한계지인 B 토지가 8톤을 생산한다면, A 토지의 지대는 그 2톤의 차이에서 나오는 초과수익이 발생한다. 이처럼 한계지가 점점 비옥도가 낮은 토지로 확장되면(즉, 생산성이 떨어지면), 기존의 더 비옥한 토지들이 만들어내는 이윤은 더 커지고, 그만큼 지대도 상승한다.

인구 증가나 경제성장으로 인해 경작 대상이 점차 낮은 생산성의 토지로 확장될수록 전체적인 지대와 지가가 상승하게 되며, 토지소유자들은 점점 더 큰 부를 축적하게 된다. 이는 산업화와 도시화 과정에서 토지보유가 곧 부의 원천이 되었던 역사적 배경과도 맞닿아 있다.

지대의 현대적 의미

지대의 영문 표현은 rent인데 리카르도 당시에는 단순히 “토지 사용에 대한 대가”를 뜻하는 의미로 사용되었다. 하지만 현대경제학에서는 이 개념이 보다 확장되어 사용된다. 오늘날의 rent 개념은 특정 생산요소가 현재의 용도에 계속 사용되도록 하기 위해 필요한 최소한의 보상, 즉 전용수입(transfer earning)을 초과하는 수입을 의미한다. 다시 말해, 어떤 요소(노동, 자본, 토지 등)가 다른 부문으로 이동하지 않도록 붙잡아 두기 위해 반드시 지급되어야 하는 최소금액이 전용수입이며, 실제 지급된 금액과의 차액이 바로 경제학적 의미의 지대이다.

이러한 지대를 대상으로 쓰였던 렌트 개념은 이제 토지뿐만 아니라, 스타 운동선수, 유명 연예인, 독점적 기술을 가진 기업 등 다양한 경제주체에게도 폭넓게 적용하여 활용하는 단어로 사용되고 있다.

3 산지로의 전용

제6장 최적 윤벌기 결정에서도 언급하였듯이 윤벌기 결정에서는 입목의 가치와 함께 토지의 가치도 중요한 요소로 작용한다. 생산적인 측면에서 임업은 노동 투입이 적어도 생산이 이루어질 수 있는 산업이기 때문이다. 그에 반해 농업은 산림보다는 좀 더 집약적인 관리가 필요하다.

만약에 산업화 시대 이전에 토지 용도를 농지로 활용할지, 임지로 활용할지를 결정해야 한다고 하자. 거주지에서 가까운 토지는 자주 가서 관리가 가능한 반면, 멀리 떨어진 토지는 자주 갈 수 없다. 그림 7－2에 나타나듯이 토지의 생산성은 거리의 함수로 나타낼 수 있다. A영역에서는 임지보다는 농지로 활용하는 것이 더 생산성이 높지만 B 영역에서는 임지로 활용하는 것이 농지로 활용하는 것보다 생산성이 더 높다.

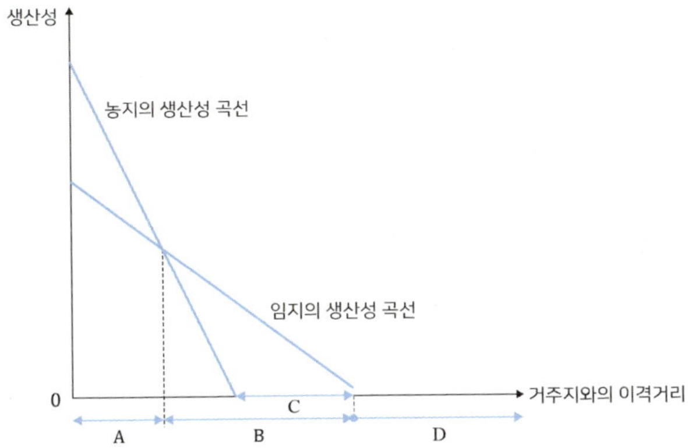

▶ **그림 7-2** 임지와 산지의 생산성 비교

C영역에서는 임지의 기회비용이 0인 상태로 다른 용도로 활용할 수 없는 상태이고 D영역에서는 임지로도 아닌 그냥 방치하는 것이 바람직한 상태이다.

우리나라는 도시 근교 산지는 주택을 짓고나 다른 도시 용지로 활용 가능성이 매우 높으므로 기회비용이 매우 높아 산지전용에 대한 요구가 매우 높은 것이 현실이다. 산지의 공익적 가치까지 고려하였을 때 타용도로 활용하게 되었을 때 잃을 수 있는 다양한 공익적인 가치가 더 높다고 판단되는 산지에 대해서는 전용제한을 못하도록 법으로 규제하도록 해야 한다. 그 대표적인 대상이 서울숲이다. 서울숲이 있는 뚝섬 일대는 한때 주택단지나 상업지역으로 개발할 계획도 있었지만, 환경단체와 지역주민들의 의견, 그리고 서울시의 도시환경 개선 정책이 맞물리면서 '도심 속 대형 생태공원'으로 보존·조성하는 방향으로 전환되어 도시 근교 숲으로 서울 중심에 위치한 중요한 도시 녹지 공간으로 서울 시민들에게 중요한 역할을 하고 있다.

연습문제

1. 토지의 경제적 특성(비이동성 · 이질성 · 공급의 고정 · 영속성 등) 중 두 가지를 골라 산지 정책에 주는 함의를 서술하시오.

2. 토지공급의 고정성이 수요-공급 도식에서 어떻게 표현되는지 설명하고, 수요 증가가 가격 · 거래량에 미치는 효과를 논하시오.

3. 우리나라의 토지 용도 구분(국토계획법 용도지역, 산지관리법의 보전산지/준보전산지, 공간정보관리법의 지목 등)을 두 가지 이상 제시하고, 산지 관리상 의미를 설명하시오.

4. 산지의 공공성(수원함양 · 재해저감 · 경관 등)이 국민계정(GDP)에서 과소평가되는 구조적 이유를 쓰고, 이를 보완할 계정 · 정책 수단(SEEA, PES/직불제 등)을 제안하시오.

5. 법 · 제도(벌채 제한, 보전산지 지정, 복구 의무)가 임지의 자본가치와 경영선택(벌기 시점, 수종전환, 간벌강도)에 미치는 영향을 기회비용 관점에서 설명하시오.

6. 산지개발 수요가 급증하는 지역에서 동시에 보전규제 강화가 이루어질 때 합법 시장의 가격 · 거래량 변화를 도식적으로 설명하시오.

7. 토지의 영속성을 전제로 한 자본가치평가가 왜 장기 산림경영 의사결정에 적합한지, 단기 수익 중심 평가와 비교하여 논하시오.

8. 토지의 이질성(경사 · 토양 · 접근성 · 경관가치)이 산림사업의 비용 · 수익 구조에 미치는 영향을 사례 중심으로 서술하시오.

9. 산지에서 외부효과(침식 · 홍수저감 · 경관 · 생물다양성)가 클수록 시장가격만으로는 최적 배분이 어려운 이유와 정책 설계 원칙(수혜자부담 · 오염자부담 · 지역협약)을 제시하시오.

10. 산지관리에서 정보비대칭(품질 · 원산지 · 관리상태)이 거래에 초래하는 문제를 설명하고, 인증 · 등급화 · 공시 등 신뢰장치의 역할을 논하시오.

참고문헌

김동준 · 김준순 · 민경택 · 박주원 · 안기완 · 이요한 · 조장환 · 최수임(2023), 『산림경제학』, 향문사.

민경택 · 윤여창(2023), 『산림경제학: 생태학과 경제학의 만남』, 서울경제경영.

법제처, 『국가법령정보센터』, law.go.kr.

이정전(2009), 『토지경제학』, 박영사.

Wagner, J. E. (2023), *Forestry Economics*, 2nd Ed. Routledge.

Zhang D., Pearse P.H. (2011), *Forest Economics*, UBC Press.

CHAPTER

08 결합생산과 최적화

1 다목적 산림경영

1) 다목적 산림경영 개념

산림은 목재를 비롯하여 다양한 비목재임산물과 같은 재화 생산뿐 아니라 휴양, 경관, 문화 등의 다양한 공익적 기능인 서비스를 제공한다. 다목적 산림경영이라 함은 목재 또는 비목재임산물과 같은 재화를 생산하든지, 산림휴양과 치유와 같은 서비스를 생산하든지 또는 재화와 서비스를 혼합하여 생산하든지 상관없이, 산지라는 토지 자원을 활용하여 2개 이상의 재화나 서비스를 생산하려고 계획하고 관리하는 활동으로 정의한다. 산림경영학에서는 다목적 산림경영을 혼농임업(agroforestry) 위주로 하여 '산림복합경영'이라고도 칭한다. 목재를 반듯이 포함해야 할 의무는 없지만 일반적으로 임목 육성을 전제로 추가적인 재화나 서비스의 생산활동을 의미한다. 좀 더 포괄적인 개념에서는 복수의 재화나 서비스를 생산하지 않더라도 관리의 목적이 다목적인 경우도 포함된다. 예를 들면, 산불재해를 최대한 줄이는 것을 목표로 입목 생산을 극대화하는 경우도 다목적 경영이라 할 수 있다.[4)]

목재 생산에서는 침엽수와 활엽수의 관리 체계가 다르기 때문에, 결합생산

4) 다목적 산림경영 사례는 우종춘 등(2017)에 지역별로 소개하고 있다.

시 두 수종의 적정 비율을 결정해야 한다. 비목재 임산물을 생산하고자 한다면, 어떤 종류를 생산할지, 또 서로 다른 비목재 임산물을 함께 생산한다면 생산 비율은 어떻게 설정할지를 고려해야 한다. 동시에 공익적 기능 중 어느 기능에 중점을 둘지도 판단해야 한다. 이러한 요소들을 종합해, 가치 또는 이윤을 극대화하기 위한 다양한 선택 조합을 신중히 검토해야 한다.

다목적 경영을 실질적으로 토지에 적용할 경우에는 다음 세 가지로 구분하여 개념 정리를 할 수 있다. 하나의 구획된 토지에서 여러 가지를 함께 생산하는 방법(그림 8-1 A), 토지를 생산 목적에 맞추어 모자이크식으로 구획하여 구분하여 생산하는 방법(그림 8-1 B), 마지막으로는 하나의 특정 생산이 지배적인 주요 생산 품목이 있고 나머지는 부수적인 생산 품목으로 구분하는 방법(그림 8-1 C)으로 구분 가능하다.

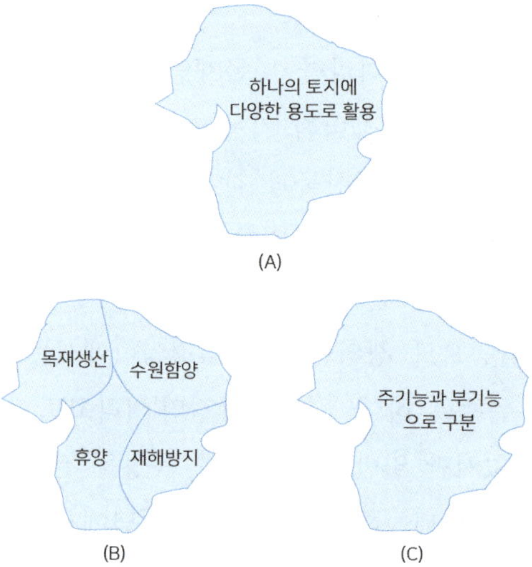

▶ **그림 8-1** 산림의 다목적 경영의 공간적 개념

현재 우리나라에서는 산림의 기능을 수원함양림, 산지재해방지림, 자연환경보전림, 목재생산림, 산림휴양림, 생활환경보전림 총 6가지로 구분하고 있다. 이들 구분의 개념은 6가지 기능 중에 주기능을 부여하는 그림 8-1 C의 개념을 적용하고

있다. 한편 손철호와 석현덕(2006)에 의한 산림복합경영의 유형을 그림 8-1 C의 개념에서 단기소득사업 중심형, 목재 생산 중심형, 복합산지 관리형으로 구분하였다.

산림의 복합경영은 초기에는 단기임산물을 위주로 행하여지다가 점점 휴양, 치유, 교육 등의 서비스 제공으로 관심이 확대되고 있다. 다목적 경영을 하는 이유는 수확 벌채까지의 기간이 긴 목재 생산만을 할 경우에는 수입 없이 관리운영 비용을 감당하기 부담스러우므로 자본의 회수 기간이 짧은 재화나 서비스 활동을 통해 수입원을 확보해야 하기 때문이다. 이러한 결합생산(joint production) 활동은 단일 상품을 생산하는 것보다 생산요소인 자원을 효율적으로 활용하여 이윤의 극대화를 도모할 수 있을 뿐 아니라 예상치 못한 생산 여건의 변화나 시장의 상황 변화에 대해 위험 분산을 하는 데에도 의미가 있다.

2) 결합생산

실제로 목재 생산을 하고자 하는 임업인들은 목재 생산을 위한 관리 활동도 하지만 버섯, 산채류와 같은 단기임산물 생산을 하는 것이 일반적이다. 목재 생산만을 한다고 하더라도 동시에 다양한 공익기능서비스를 제공한다는 관점에서 임업생산은 그 자체가 결합생산을 한다고 할 수 있다. 점차 일반 국민들도 산림의 다양한 공익기능에 대한 관심이 높아지고 있는 가운데 산림관리를 어떻게 하는 것이 좋을지에 대한 고민이 깊어질 수밖에 없다.

결합생산의 최적점을 찾기 위한 접근은 정태적인 방식과 동태적인 방식으로 구분하여 살펴볼 수 있다. 정태적인 방식은 시간의 고려 없이 이윤을 극대화시키는 최적 상태를 도출하는 반면, 동태적인 방식은 시간의 흐름에 따라 이윤이 극대화되는 최적 상태를 도출하는 방법이다.

정태적인 방식

바람직한 자원의 활용을 위해서는 주어진 생산요소를 잘 활용하여 가장 이상적인 상품의 조합을 이루도록 해야 한다. 이러한 관점에서 가장 기본적으로 사용되는 개념이 생산가능곡선(production possibility curve)이다. 생산가능곡선에 대한 설명의 초점을 재화 간의 변화 관계를 강조할 때는 생산변환곡선(production transformation curve)이라고도 한다.

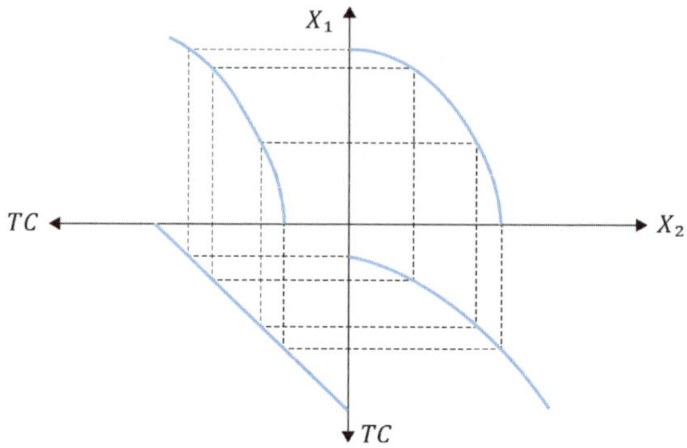

▶ **그림 8-2** 생산가능곡선의 유도

생산가능곡선이 원점에 오목한 형태로 나타나는 이유는 산출물에 대한 총비용곡선은 체증하는 형태(그림 8-2의 제2와 4사분면)이기 때문이다. X_1을 생산하는 비용함수를 $C(X_1)$, X_2를 생산하는 비용함수를 $C(X_2)$라 하며 이들 두 산출물을 생산하기 위한 총비용(TC)은 고정되어 있다고 가정하면 아래의 조건이 성립된다.

$$\overline{TC} = C(X_1) + C(X_2) \;\Rightarrow\; 0 = MC_1 dX_1 + MC_2 dX_2 \;\Rightarrow\; -\frac{dX_1}{dX_2} = \frac{MC_2}{MC_1}$$

원점에 오목한 생산가능곡선으로 인하여 **한계생산변환율체증의 법칙**(law of increasing marginal rate of product transformation: MPT)이 적용된다. 이는 바로 결합생산의 이점이고 이를 산림경영 분야에서는 다목적이용(multiple use)의 장점이라고도 한다.

두 가지 산출물을 판매하여 얻을 수 있는 총수입(TR)

$$TR = P_1X_1 + P_2X_2$$

이고 이를 그림 8-2의 1사분면에 도출된 생산가능곡선에 추가로 그린다면 두 축을 잇는 우하향하는 직선으로 표현 가능하다(그림 8-3).

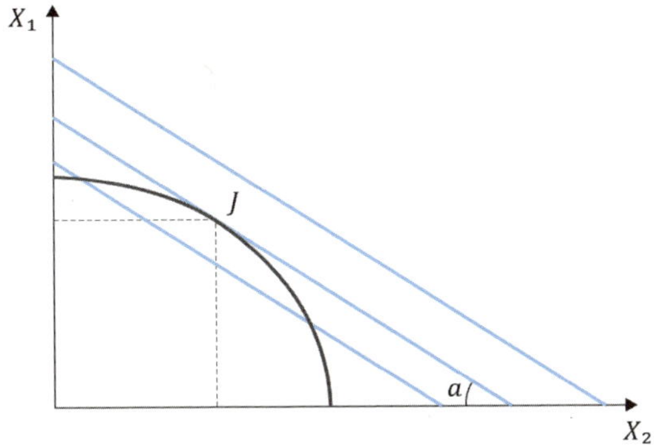

▶ **그림 8-3** 결합생산물의 이윤극대화

직선의 기울기(α)는 마치 소비자이론에서의 예산제약선의 성질과 동일하게 두 산출물의 가격비이며 바깥쪽으로 그려질수록 총수입이 많아진다는 의미이다. 즉 제한된 생산요소를 사용한다는 전제에서는 가장 이상적인 생산량의 조합점은 J로 이윤극대화를 이루기 위해서는 생산변환곡선의 기울기와 가격비가 일치해야 한다:

$$MPT(-\frac{dX_1}{dX_2}) = \frac{MC_2}{MC_1} = \frac{P_2}{P_1}$$

동태적인 방식

산림 내에서 염소를 방목하여 판매 수입도 거두는 동시에 사료도 될 수 있는 뽕나무를 함께 키워 그 열매인 오디의 판매 수입도 함께 도모하고자 할 경우에 적절한 임분 재적을 유지할 필요가 있다. 이때 시간의 흐름에 따라 뽕나무의 재적은 증가하고 공간 협소로 인한 염소의 사육두수는 반비례 관계에 있다고 가정한다. 이때 염소와 오디의 결합생산에 있어 시간이 지남에 따라 오디 생산을 하는 뽕나무의 순가치와 염소 순가치의 합이 최대가 되는 임령(T^*)을 구할 수 있다.

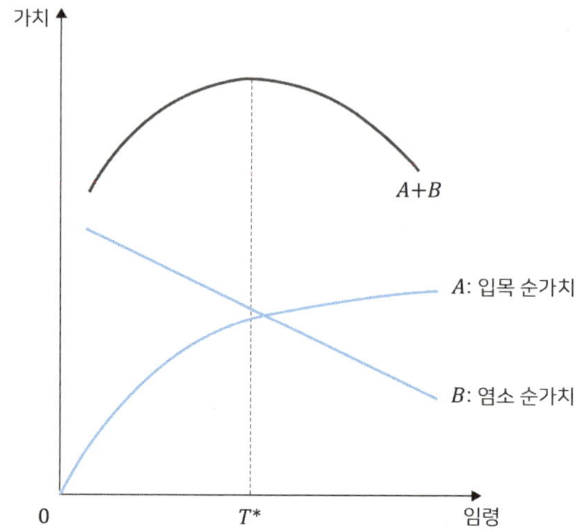

▶ **그림 8-4** 시간 흐름에 따른 다목적 경영의 최적화

3) 산림의 다목적 경영을 위한 정책 과제

지금까지 우리 사회는 산림을 주로 목재 생산의 대상으로 인식해왔지만 최근에는 기후변화 대응, 생물다양성 보전, 여가·관광 자원 등 다양한 가치로 주목받고 있다. 이에 따라 숲의 다기능성을 고려한 다목적 경영이 새로운 산림정책의 핵심 과제로 떠오르고 있다. 이를 실현하기 위해 다음과 같은 정책적 접근이 필요하다.

산림의 다목적 경영은 숲을 단일한 자원으로 보는 것이 아니라, 그 안에 담긴 수많은 경제적·사회적·환경적 가능성을 통합적으로 키워가는 전략이다. 실제로 많은 국가들은 산림관리의 목적을 지역경제를 활성화시키는 것뿐 아니라, 환경을 보호하며, 지역공동체의 결속력을 강화하는데 두고 있다. 우리나라 역시 산림의 다목적 경영 체계를 구축하기 위한 중요한 정책 과제로 아래 몇 가지로 정리 가능하다.

산림 다기능성의 가치화 및 시장 메커니즘 구축

숲은 단지 나무를 키우는 공간만이 아니다. 숲은 탄소를 흡수하고, 깨끗한 물을 공급하며, 생물의 서식처로서 생태계를 유지하는 등 다양한 비시장적 기능을 수행한다. 하지만 이러한 기능은 경제적 보상 체계에서 제외되어 있는 경우가 많아, 산림 소유자나 관리자가 지속적으로 숲을 관리할 동기를 잃기 쉽다.

이러한 문제를 해결하기 위해 탄소흡수량에 따라 보상을 제공하는 탄소배출권 거래제나, 생태계서비스의 제공에 대해 금전적으로 보상하는 생태계서비스 지불제도(PES) 같은 시장 기반 제도가 도입되어야 한다. 이처럼 산림의 공익적 기능에 경제적 인센티브를 부여하면 임업인들도 단순한 벌채를 넘어 산림의 다양한 기능이 발휘되도록 다목적 경영에 적극적으로 참여할 것이다.

산림 소유자 및 관리자의 역량 강화

다목적 산림경영은 단순히 나무를 심고 베는 수준에서 생태 보전, 산림 관광, 지역특산물 개발, 임산물 가공 및 유통 등 다양한 영역까지 포괄한다. 이에 따라 산림 소유자와 관리자들이 이러한 복합적 역할을 감당할 수 있도록 체계적인 교육과 기술 지원이 필요하다.

정부나 지자체는 산림 소유자들을 위한 맞춤형 교육 프로그램, 현장 중심의 컨설팅, 기술 및 장비 지원체계를 강화해야 하며, 특히 청년층과 여성 경영자 등 새로운 인재층을 적극 발굴하고 육성해야 한다. 이는 장기적으로 산림경영의 세대교체와 혁신을 이끄는 원동력이 될 것이다.

지역 공동체 기반 경영 강화

산림은 그 지역주민의 삶과 밀접하게 연결된 자원이다. 따라서 다목적 경영의 성공 여부는 지역 공동체의 참여와 협력에 달려 있다. 산림조합, 마을기업, 사회적 기업 등의 형태로 주민이 함께 참여해 숲을 관리하고, 수익을 공유하는 구조를 만들어야 한다.

이러한 공동체 기반 경영은 지역경제를 살리는 동시에 숲의 지속가능한 이용을 보장한다. 숲에서 발생하는 소득이 지역 안에서 선순환 구조를 만들 수 있도록 제도적 지원이 필요하다. 주민이 직접 관리하고 이익을 누리는 구조야말로 지속 가능한 다목적 경영의 핵심 기반이다.

과학적 관리 및 데이터 기반 정책

지속가능한 산림경영을 위해서는 정확한 정보와 데이터에 기반한 의사결정이 필수적이다. 산림의 생태적 건강성, 경제적 생산성, 관광 수요 등을 파악하고 관리하려면 드론, 위성자료, GIS(지리정보시스템) 같은 최신 기술을 활용해 숲을 과학적으로 모니터링해야 한다.

이렇게 수집된 데이터에 기반한 경제성분석 및 산림관리계획 정보는 객관성을 확보하여 정책결정권자뿐 아니라 다양한 이해당사자들을 설득하고 이해시키는 데 중요한 자료로 활용될 수 있다.

법 · 제도 및 재정 지원 체계 정비

다목적 경영을 확산시키기 위해서는 관련 법과 제도의 정비가 반드시 수반되어야 한다. 현재의 산림 관련 법령은 여전히 단일 목적 위주로 구성되어 있는 경우가 많아, 유연한 경영 방식과 다양한 사업 모델을 수용하기 어렵다.

이를 개선하기 위해 다목적 경영을 실천하는 산림에 세제 혜택을 제공하거나 비목재 임산물 생산, 산림휴양·치유·교육 등 새로운 분야에 창업 지원과 같은 재정적 지원이 마련되어야 한다.

2 최적화

최적화는 경제학이나 경영학에서 정량적인 분석을 할 때 떼려야 뗄 수 없는 개념이다. 경제학에서도 각 경제주체인 가계, 기업, 정부는 모두 최적화를 도달하고자 하는 것이 목표이다. 가계는 효용의 극대화를, 기업은 이윤의 극대화를, 정부는 후생의 극대화를 추구한다. 최적화는 극대화 또는 극소화라는 개념을 정량화하고 도출하는 과정을 의미한다. 하지만 현실은 항상 자원의 한계라는 제약 조건 속에서 달성할 수밖에 없다. 그래서 최적화는 제약조건 하에서 극대 또는 극소값을 구하는 과정으로 기본적인 골격은 목적함수(Max. 또는 Min.)와 제약함수(Subject to)로 이루어져 있다.

등식이나 부등식의 제약조건에서 최적해를 구하는 방법으로 라그랑지 함수식이나 쿤터커 함수식을 이용하여 한다.[5] 이에 대한 설명에 앞서 직관적인 이해를 돕기 위해 도표를 활용하여 설명하고자 한다.

1) 도표를 이용한 해법

극대화와 극소화에 도달하는 과정을 그래프를 이용한 기하학적 방법으로 설명하기 위하여 변수를 두 개로 한정한다. 예를 들면, 한 가구 공장에서 식탁(X_1)과 책상(X_2)을 생산하는데 식탁 1개를 생산하기 위해서는 조립(A)에 2.5시간, 표면을 부드럽게 하기 위해 문지르고 닦는 표면처리(B)에 3시간, 그리고 포장(C)에 1시간이 소요된다고 한다. 또한 책상 1개의 생산에는 조립과 표면처리에 각각 1시간과 3시간이 소요되며 포장에는 2시간이 필요하다고 한다. 이에 더해 이 제조업자는 1주일에 조립, 표면처리, 포장 각각에 20, 30, 16시간을 초과하여 이용할 수 없도록 되어 있다. 식탁과 책상 한 단위 판매 이윤이 각각 5만 원과 4만 원이라고 한다.

그래프에 의한 해법을 이용하여 이 제조업자의 주간 이윤을 극대화하는 생산량을 구하고자 할 때 각 공정마다의 제약조건을 식탁과 책상 생산량을 두 축으로 하는 그래프를 그리면 그림 8-5와 같다.

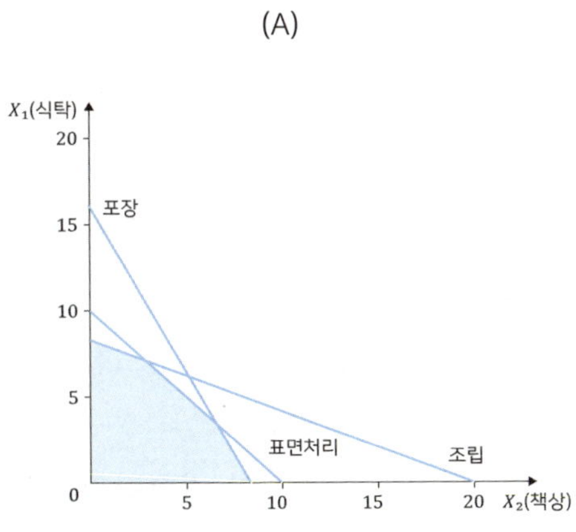

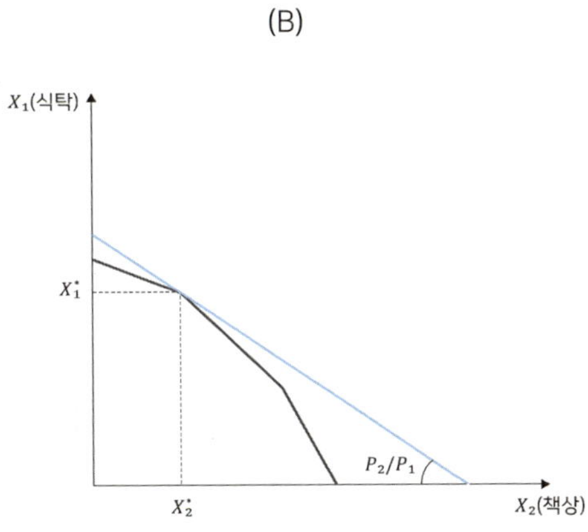

▶ **그림 8-5** 그래프를 이용한 최적해 도출

5) 함수식을 엄밀하게 구분하면 제약조건이 등식일 경우에는 라그랑지 함수식이라 하고, 부등식일 경우에는 쿤터커 함수식이라고 한다. 쿤터커 함수식이 보다 확장된 형태라고 할 수 있다.

조립, 표면처리, 포장별로 실현 가능한 노동시간은 그림 8-5 (A)에 빗금친 영역이다. 이와 같이 주어진 노동시간 내에서 이윤을 극대화하기 위해서는 두 재화가격의 비율(P_2/P_1)인 기울기가 빗금친 외곽선과의 접점에 해당하는 양(X_1^*, X_2^*)을 생산해야 한다(그림 8-5 B).

2) 함수식을 이용한 해법

앞의 예와 같은 내용을 함수식을 통해 해석하면, 목적함수는 이윤의 극대화이고, 제약함수는 조립, 표면처리, 포장마다 활용할 수 있는 최대 시간인 3개의 부등식과 추가로 최적해가 음이 되는 것을 막기 위해 해당 변수에 '비음 제약조건(non-negativity constraint)'을 추가한다.

목적함수: $\Pi = 3X_1 + 4X_2$

제약함수 1(조립): $2.5X_1 + X_2 \leq 20$

제약함수 2(표면처리): $3X_1 + 3X_2 \leq 30$

제약함수 3(포장): $X_1 + 2X_2 \leq 16$

비음 제약조건: $X_1,\ X_2 \geq 0$

이 함수의 최적해는 라그랑지(엄밀하게 말하면 '쿤터커') 함수식으로 도출 가능하다. 제약조건식 $g(x,y)$ 하에서 목적함수 $f(x,y)$가 주어진 경우, 제약조건식 $g(x,y)$를 0이 되게 한 후, 여기에 라그랑지승수(여기서는 λ로 표현)를 곱한 것에 목적함수 $f(x,y)$를 더한 새로운 함수를 라그랑지함수(L)라 한다: $L(x,y,\lambda) = f(x,y) + \lambda g(x,y)$

라그랑지함수는 라그랑지승수를 포함한 모든 변수에 대해 1차 편도함수가 0으로 하는 연립방정식을 만들어 풀면 최적해를 구할 수 있다.

이러한 개념 하에서 제약조건이 몇 개가 되더라도 추가적인 라그랑지승수를 포함하여 하나의 라그랑지함수를 만들 수 있다. 앞에서 도식화한 사례의 조건에 대해 제약함수를 등식화하면 다음과 같은 라그랑지함수를 만들 수 있다.

$$L = 3X_1 + 4X_2 + \lambda(20 - 2.5X_1 - X_2) + \alpha(30 - 3X_1 - 3X_2) + \beta(16 - X_1 - 2X_2)$$

이때 고려되는 모든 변수는 X_1, X_2, λ, α, β 총 5개를 대상으로 1차편도함수를 모두 0으로 하는 연립방정식을 만들어 풀면 최적해 도출이 가능하다.

이때, 라그랑지승수(λ, α, β)는 제약조건식에서 상수 1단위의 변화가 목적함수에 미치는 영향의 정도를 의미한다. 라그랑지승수가 양이면, 제약함수의 상수 1단위의 증가(감소)에 따라 목적함수는 라그랑지승수 크기 만큼 증가(감소)한다는 의미이다. 마찬가지로 라그랑지승수가 음이면, 제약함수의 상수 1단위의 증가(감소)에 따라 목적함수는 라그랑지승수 만큼 감소(증가)한다는 의미이다.

연습문제

1. 다목적 경영의 개념에 대해 설명하시오.

2. 결합생산의 정의를 제시하고, 산림부문에서 나타나는 대표적 사례를 두 가지 이상 들어 설명하시오.

3. 생산가능곡선의 의미를 설명하고, 생산가능곡선이 원점에 오목해지는 이유를 설명하시오.

4. 결합생산일 때 이윤극대화 조건은?

5. 산림의 다목적 경영을 위한 정책과제에 대해 서술하시오.

6. 결합생산 하에서 환경 · 정책 제약이 최적 산출조합과 이윤에 미치는 영향을 라그랑지승수의 해석과 연결해 개념적으로 서술하시오.

참고문헌

손철호 · 석현덕(2006). “산림농업의 추진 실태와 정책 방향”, 농촌경제 29(1)137-152.

우종춘 · 김세빈 · 김형호 · 박주원 · 송병민 · 안기완(2017), 『신고 산림경영학』, 향문사.

이준구 · 이창용(2015), 『경제학원론』, 문우사.

한국농업경제학회(2012), 『농업경제학』, 율곡출판사.

CHAPTER

09

투자결정이론(비용편익분석)

1 개념 및 적용 원칙

1) 개념 및 절차

수익성분석과 경제성분석의 개념

비용편익분석(Cost－Benefit Analysis)은 제한된 자원을 활용해 최대의 사회적 가치를 창출할 수 있는 정책이나 사업 대안을 비교·평가하는 데에 매우 유용한 방법으로 경영 관점에서 재무적 정보에 기초를 둔 수익성분석과는 달리 경영 주체와는 무관하게 특정 사업이나 정책이 공익적 관점에서 사회에 기여를 얼마나 하는지를 비용과 편익이라는 정량적인 정보에 의해 평가하는 방법으로 경제성분석이라 한다.[6] 일반적으로 그 주체는 정부가 되며 정책목표를 달성하기 위한 여러 대안 중에 최선의 대안을 선택하기 위해 사용한다. 비용과 편익은 사회 전체의 시각에서 평가되어야 한다. 특정 계층이나 지역만의 이익이 아니라, 사업으로 인해 사회 전반적으로 얼마나 후생이 증대되는지가 핵심 판단 기준이 되어야 한다. 또한 분석 결과는 공공성·정당성 면에서도 설득력을 가져야 한다.

6) 수익성분석 사례는 이재근·김준순(2009)을 참고 바란다.

편익, 비용 그리고 할인율

다양한 대안들을 상호 비교할 때 분석 방법에 따라 우선 순위가 바뀌기도 한다. 정책에서 긍정적인 효과는 편익에, 부정적인 효과는 비용에 속한다. 정부의 정책들은 단기간에 효과를 얻을 수 있는 것은 거의 없다. 일반적으로 비용은 초기에 발생하고 편익은 그 이후에 중장기적으로 나타난다. 하지만 결정은 현재 해야 하므로 시점을 동일하게 맞추기 위한 적절한 할인율(discount rate)을 적용한다.

비용편익분석 단계

비용편익분석은 객관적이고 체계적인 절차에 따라 진행되며 일반적으로 다음의 다섯 단계를 거쳐 수행된다. 이를 요약하면, 첫 번째 단계에서는 현재 상태를 유지하는 것까지 포함하여 가능한 대안들을 개발하고 두 번째 단계에서는 각 대안별로 부정적인 영향과 긍정적인 영향들을 판별하고, 세 번째 단계에서는 화폐화 시킬 수 있는 영향들을 선별하여 부정적인 영향은 비용으로 긍정적인 영향은 편익으로 구분하여 화폐화한다. 이때 어떠한 영향은 화폐화하는 것이 무리이거나 불가능한 것도 있을 수 있다. 그렇다 하더라도 무시하지 말고 별도로 정리를 해두어야 한다. 이들 비용과 편익을 비교분석하기 위해 현시점으로 할인하여 제시하고 분석 방법에 따라 상이하게 나타나는 대안들 간의 결과들을 비교한다. 이때 미래의 변화에 대한 불확실성으로 인한 영향까지 파악하면 의사결정에 좋은 정보로 활용할 수 있다. 네 번째 단계에서는 이들 정보들에 기초하여 관련 이해당사자들의 의견을 수렴하여 최종적인 의사결정을 한다. 마지막 단계인 다섯 번째 단계에서는 중간 점검 또는 사후평가 작업으로 정책 시행으로 인해 의사결정 전에 예상한 효과들이 나타나는지를 모니터링하고, 아니라면 그 원인을 파악하여 유사한 평가에서 반복되지 않도록 해야 한다. 이 단계에서는 사업이 완료되지 않았다면 정책 수정이나 포기까지도 할 수 있다.

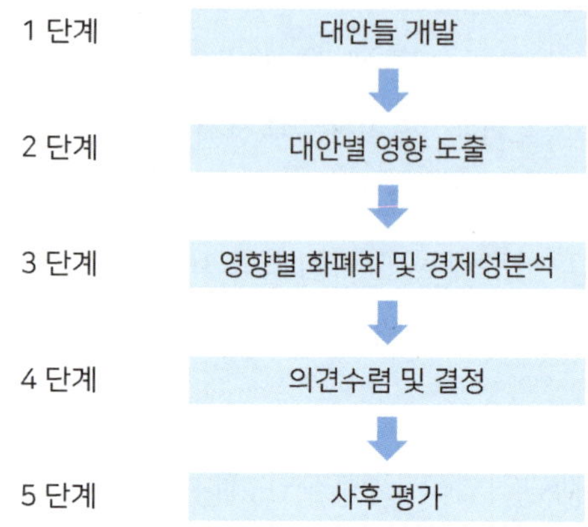

▶ **그림 9-1** 비용편익 분석 단계.

그림 9－1의 내용을 단계별로 좀 더 자세히 설명해보자.

① **대안들 개발**

분석의 첫 번째 단계는 가능한 모든 대안을 도출하고 정리하는 것이다. 이때 반드시 포함되어야 하는 것이 바로 '무조치 대안', 즉 아무런 조치를 취하지 않았을 경우의 시나리오(Business As Usual: BAU)다. BAU는 최근에는 기후변화협약 관련하여 '이산화탄소 배출 감축을 위한 특별한 조치 없이 경제활동을 할 경우'의 의미로 국가 탄소감축 목표치 설정을 할 때 기준선이 되기도 한다. 비교하려는 대안들은 모두 실제로 실행 가능한 대안을 중심으로 구성해야 하며, 기술적·재정적 타당성이 결여된 대안은 분석에서 제외해야 한다. 대안은 정책 목표를 실현할 수 있는 다양한 접근 방식을 반영해야 하며, 필요 시 이해관계자의 아이디어나 기존 사례 등을 바탕으로 구성될 수 있다.

② **대안별 영향 도출**

두 번째 단계에서는 각 대안이 가져올 긍정적 또는 부정적 영향들을 종합적으로 식별한다. 이때 영향은 경제적·환경적·사회적 측면을 포함하며, 단순히 시장 거래로 측정 가능한 항목뿐 아니라 비시장적 요소까지도 포괄한다. 예를 들어, 특정 교통 인프라 사업의 경우 시간 절약, 교통사고 감소, 대기오염 증가, 경관 훼손 등 다양한 영향들이 나타날 수 있다. 이들 영향들은 화폐화 가능 여부와 상관 없이 모든 영향들을 파악해야 한다. 여기까지의 내용 수집은 관련 분야 전문가들이 중심이 되어 판별이 이루어져 한다. 이는 이후 단계에서 일부 영향을 금전적으로 평가하지 못하더라도 분석에서 누락되지 않도록 하기 위함이다. 다만 다음 단계에서 화폐화가 용이하게 이루어지도록 비용편익 분석을 위한 필요한 정보들은 사전에 비용편익분석 전문가로부터 얻기도 한다.

③ 영향별 화폐화 및 경제성분석

세 번째 단계에서는 앞서 식별한 영향들 중에서 화폐화가 가능한 항목들을 선별하고 긍정적인 영향은 '편익'으로, 부정적인 영향은 '비용'으로 구분한다. 구분된 항목들을 대상으로 기회비용의 관점에서 화폐화 작업이 이루어져야 하지만 일반적으로 시장가격에 준해 평가된다. 시장가격이 존재하지 않는 경우에는 조건부가치측정법(CVM), 여행비용법(TCM), 대체시장법 등 다양한 비시장재 평가 기법을 활용하여 경제적 가치를 추정할 수 있다. 모든 비용과 편익은 미래에 발생하더라도 현재 시점에서 평가되어야 하며 이를 할인율을 적용한다. 이렇게 산정된 현재가치를 바탕으로 순현재가치(Net Present Value: NPV), 편익비용률(Benefit-Cost Ratio: B/C), 내부수익률(Internal Rate of Return: IRR) 등을 이용하여 평가하고 대안 간 비교 분석을 한다. 이 과정에서는 민감도분석(Sensitivity Analysis)을 통해 할인률, 수요예측, 단가 변화 등 주요 변수의 불확실성이 결과에 미치는 영향을 함께 검토함으로써 미래 불확실한 상황에 따른 변화까지 고려하여 분석의 신뢰성과 정책적 판단의 안정성을 높이도록 해야 한다.

민감도분석이란?

비용편익분석 모형 내에 시간이 지남에 따라 변동할 가능성이 높을 뿐 아니라 그로 인하여 비용편익분석 결과에 큰 영향을 미치는 모수가 변했을 때 비용편익분석 결과가 어떻게 얼마나 변하는지를 살펴보고자 할 때 활용하는 분석기법이다. 본 분석은 불확실성을 관리하기 위한 수단으로 의사결정 단계에서 활용 가능하다.

④ **이해당사자 의견 수렴 및 의사결정**

네 번째 단계에서는 두 번째 단계에서 정리된 영향 정보와 함께 세 번째 단계에서 수행한 경제성분석 결과와 민감도분석 등을 종합하여 정책 또는 사업의 최종 대안을 결정하게 된다. 이때 비용편익분석 결과만을 절대적 기준으로 삼기보다는 해당 사업이 미치는 사회적 파급효과, 형평성 문제, 정책 수용성, 윤리적 판단 등도 함께 고려해야 한다. 특히 이해관계자들의 의견 수렴이 중요한데 이는 정책 시행의 타당성과 수용성을 높이는 데 중요한 역할을 한다. 다양한 관점과 우려를 반영한 결정을 통해 사업 추진 이후 발생할 수 있는 갈등이나 저항을 최소화하도록 해야 한다. 따라서 이 단계는 단순한 분석결과의 해석을 넘어서 실질적인 의사결정을 위한 '사회적 판단의 통합 과정'이라 할 수 있다.

⑤ **사후평가 및 피드백**

마지막 단계에서는 정책 또는 사업이 실제로 시행된 이후, 그 결과가 사전에 예측했던 효과와 어느 정도 일치하는지를 점검하는 사후평가(Post Evaluation)를 수행한다. 만약 분석 당시 예상했던 편익이 실현되지 않거나 비용이 과다하게 발생하는 경우, 그 원인을 분석하고 필요한 경우 정책을 수정하거나 중단하는 조치도 고려할 수 있다. 이 평가 작업은 단순한 오류 검증을 넘어서 향후 유사 사업의 분석 모델을 개선하고, 정책 전반의 실행력을 높이기 위한 귀중한 피드백 자료로 기능한다. 사후평가는 일회성 평가로 그치는 것이 아니라, 사업 진행 중의 중간 점검(mid-term review)과 연계하여 지속적으로 이루어질 필요가 있다.

2) 비용과 편익의 개념

가) 비용의 개념

경제학에서 비용(cost)은 단순히 지출된 금액을 의미하지 않는다. 비용은 자원의 사용으로 인해 발생하는 모든 손실과 희생을 포함하며, 따라서 정책이나 사업 수행에 따른 내부비용과 외부비용을 모두 포괄한다.

내부비용(internal cost)은 사업 수행에 직접적으로 투입되는 비용과 이를 유지·관리하기 위해 발생하는 비용을 포함한다. 내부비용은 다시 '직접비용(direct cost)'과 '간접비용(indirect cost)'으로 구분된다. 직접비용은 사업 수행에 명확히 귀속되는 지출로 조림사업에서 묘목 구입비, 식재 인건비, 비료비 등과 같이 특정 활동과 바로 연결되는 비용이다. 이러한 비용은 일반적으로 회계자료나 예산계획서를 통해 투입(Input)과 산출(Output)의 관계를 확인할 수 있다. 간접비용은 여러 사업에 공통적으로 발생하여 개별 사업으로 배분하기 어려운 비용을 말한다. 예를 들어 장비 감가상각비, 사무실 전기료, 공통 관리 인건비 등은 여러 산림사업에 동시에 쓰이므로 간접비용으로 분류된다.

외부비용(external cost)은 경제활동의 결과가 제3자에게 부정적인 영향을 미치지만, 그 손실이 시장가격에 반영되지 않는 경우 발생한다. 산림 분야의 외부비용 사례로는 산림훼손으로 인한 토사 유출, 홍수, 생태계 훼손 등이 있다. 예를 들어, 벌목업체가 단기적 이익을 위해 무분별하게 벌채할 경우, 인근 하류 지역 주민들은 토사 침식이나 수질 악화로 피해를 입는다. 이러한 손실은 시장거래에서 가격으로 나타나지 않지만, 사회적 측면에서는 명백한 손실이다. 외부비용은 비시장재 평가 기법을 통해 화폐 가치로 환산하고 정책 평가에 반영할 수 있다.

내부비용과 외부비용을 합하면 '사회적 비용(social cost)'이 된다. 경제성 평가, 특히 비용편익분석(Cost－Benefit Analysis)에서는 사회적 비용을 기준으로 사업의 타당성을 판단해야 한다. 이를 통해 단순한 회계적 지출을 넘어, 사회 전체가 실제로 부담하거나 포기하게 되는 모든 자원과 기회의 손실을 평가할 수 있다.

한편, 경제학적 비용의 핵심 개념은 '기회비용(opportunity cost)'이다. 기회비용은 특정 선택으로 인해 포기한 최선의 대안에서 얻을 수 있었던 가치를 의미한다. 산림에서 예를 들어, 임목을 벌채해 목재를 생산하기로 결정했다면, 그 숲을 보존했을 때 얻을 수 있었던 관광수입, 탄소흡수 가치, 생태관광 잠재수익 등이 기회비용이 된다.

기회비용과 밀접한 개념으로 '잠재비용(implicit cost, 암묵적 비용)'이 있다. 잠재비용은 실제 현금 지출은 없지만, 자원을 자기 스스로 사용하는 데 따른 손실을 말한다. 산림 소유자가 자신의 산림에서 직접 간벌 작업을 수행했다면, 외부 노동자를 고용하지 않아 실제 임금 지출은 없지만 다른 일을 했더라면 얻을 수 있었던 소득이 잠재비용이다.

이 잠재비용은 경영비와 생산비의 구분에서 중요한 역할을 한다. 일반적으로 경영비(Operating/Management Cost)는 외부 지출과 간접비용 등 실제 현금 지출을 중심으로 한다. 여기에 잠재비용인 자기 노동비와 자기 자본비는 '생산비(Production Cost)'가 된다. 즉, 산림경제학에서는 생산비 = 경영비 + 잠재비용의 구조로 이해하며, 이를 통해 경제적 비용의 총합을 평가할 수 있다.

결국, 경제학에서 비용은 단순한 지출이 아니라, 자원 사용으로 발생하는 모든 손실과 포기된 기회, 그리고 사회적 손실을 포함한 총체적 개념으로 이해해야 한다. 이러한 통합적 비용 평가를 통해 산림정책이나 경영 의사결정의 객관성과 합리성을 높일 수 있다.

나) 편익의 개념

편익은 비용과 반대되는 개념으로 특정 사업으로 인해 발생하는 긍정적 효과로 어떤 정책이나 사업을 시행함으로써 사회 전체가 얻게 되는 이익이나 긍정적인 효과로 이 역시 내부편익과 외부편익을 모두 포괄한다.

내부편익(internal benefit)은 사업 수행 주체가 직접적으로 얻는 재정적·물질적·서비스적 이득을 의미한다. 내부편익은 다시 '직접편익(direct benefit)'과 '간접편익(indirect benefit)'으로 구분된다. 직접편익은 특정 사업 활동에 명확히 귀속되는 효과로, 예를 들어 조림사업에서 수확한 목재 판매 수익, 산림 관광 수입, 벌목 및 가공서비스에서 발생하는 수익 등이 해당한다. 이러한 편익은 일반적으로 회계자료나 예산계획서를 통해 투입(Input)과 산출(Output)의 관계를 확인할 수 있다. 간접편익은 여러 사업에 공통적으로 발생하며 개별 사업으로 귀속시키기 어려운 효과를 의미한다. 이러한 편익은 산업연관분석을 통해 생산유발효과, 부가가치유발효과, 고용효과 등이 이에 속한다.

외부편익(external benefit)은 경제활동의 결과가 제3자나 사회 전체에 긍정적인 영향을 미치지만, 그 이익이 시장가격에 반영되지 않는 경우 발생한다. 산림 분야의 외부편익 사례로는 조림과 산림 보호를 통한 탄소흡수, 홍수 완화, 수질 정화, 생물다양성 유지 등이 있다. 예를 들어, 산림 소유자가 숲을 보존하거나 지속가능하게 관리함으로써 인근 지역주민들은 홍수 피해 감소, 깨끗한 물 공급, 생태관광 기회 증가 등 혜택을 누리지만, 이 가치는 시장거래에서 직접적인 금전적 수익으로 나타나지 않는다. 이러한 외부편익은 비시장재 평가 기법을 통해 화폐 가치로 환산하고 정책 평가에 반영할 수 있다.

내부편익과 외부편익을 합하면 '사회적 편익(social benefit)'이 된다. 경제성 평가, 특히 비용편익분석(Cost－Benefit Analysis)에서는 사회적 편익을 기준으로 사업의 타당성을 판단해야 한다. 이를 통해 단순 회계적 수익을 넘어, 사회 전체가 실제로 얻는 모든 가치와 혜택을 평가할 수 있다.

3) 적용 원칙

비용편익분석 수행하기 위해 적용해야 하는 몇 가지 원칙들은 다음과 같다.

① 사회 전체의 관점에서 분석한다

비용편익분석은 개별 기관이나 특정 집단의 이익이 아니라, 사회 전체의 관점에서 비용과 편익을 평가해야 한다. 즉, 정부나 기업의 수입·지출뿐 아니라 국민 전체, 나아가 미래 세대까지 고려한 분석이 이루어져야 한다. 한 사업이 특정 기업에게는 이익이 되더라도 사회 전체적으로는 환경 파괴나 교통 혼잡 같은 외부비용이 더 크다면, 그 사업은 바람직하지 않은 것으로 평가되어야 한다.

② 모든 관련 영향을 빠짐없이 고려하되 과거 정보는 고려하지 않는다

정확한 분석을 위해서는 정책이나 사업이 초래할 수 있는 모든 긍정적·부정적 영향을 빠짐없이 파악해야 한다. 특히 직접적인 재정적 효과뿐 아니라 간접적 효과, 외부효과, 환경적·사회적 변화 등도 반드시 고려되어야 한다. 이러한 항목들이 누락되면 분석 결과의 신뢰성이 크게 떨어진다. 하지만 과거에 발생한 비용과 편익은 고려 대상이 되지 않는다. 왜냐하면 비용편익분석의 평가대상은 현 시점 이후에 발생하는 미래에 대한 평가이기 때문이다.

③ 가급적 모든 항목은 화폐 가치로 환산한다

분석의 일관성과 비교 가능성을 높이기 위해 식별된 편익과 비용은 가능한 한 금전적(화폐적) 가치로 환산해야 한다. 금전적 가치의 기준은 기회비용 적용을 원칙으로 한다. 시장가격이 없는 경우에도 대체시장법, 조건부가치평가법(CVM) 등 비시장재의 평가기법을 활용해 최대한 객관적으로 수치화하려는 노력이 필요하다. 단, 화폐화가 불가능한 항목은 별도로 정성적 판단 자료로 정리하여 사업 수행 여부를 결정하는데 참고할 수 있도록 해야 한다.

④ 현재 가치로 비교한다

비용이나 편익은 시간에 따라 가치가 달라지므로 미래에 발생할 비용과 편익은 현재 가치로 환산해서 비교해야 한다. 이를 위해 적절한 할인율(Discount Rate)을 적용해야 한다. 할인율 설정은 분석의 핵심 변수 중 하나로 민감도분석을 통해 그 영향을 함께 살펴보는 것이 바람직하다.

⑤ 비교 가능한 기준(무조치 시나리오)의 가치와 비교해야 한다

모든 대안은 '아무 조치를 하지 않았을 때'와 비교해서 판단해야 한다. 이를 '기준선(Baseline)' 또는 '무조치 대안(Do Nothing Alternative)'이라고 하며, 이를 통해 새로운 사업이나 정책이 실제로 추가적인 편익을 창출하는지 확인할 수 있다.

2 평가 및 분석 방법

비용편익분석을 하는 방법은 우선 미래에 발생하는 비용과 편익을 화폐화하여 현재 시점에서 비교가 가능하도록 할인율을 적용해야 한다. 현재 비용이나 편익으로 화폐화가 이루어지면 그 다음으로 비용과 편익을 비교해야 한다. 이들 비교분석을 위한 대표적인 방법으로 순현재가치법, 편익비용률법, 내부수익률법이다.

1) 할인율

비용편익분석에서 '할인율(Discount Rate)'이란, 미래에 발생할 비용과 편익을 현재 시점의 가치로 환산하기 위해 사용하는 비율이다. 현재 시점을 기준으로 산출할 때는 할인율, 미래 시점을 기준으로 산출할 때는 이자율(interest rate)로 불리지만 동일한 개념이다. 이는 시간의 흐름에 따라 돈의 가치가 달라진다는 전제를 반영한 것으로, 미래에 발생할 수 있는 이익이나 손실은 현재보다 낮은 가치로 평가해야 한다는 원칙에 기반한다. 다시 말해, 동일한 금액이라 하더라도 '지금 당장 얻는 100만 원'이 '10년 후에 얻는 100만 원'보다 더 가치 있다는 시간가치(Time Value of Money)의 개념이 할인율의 핵심이다.

동일한 금액이라면 미래의 수익보다 현재의 수익을 더 높게 평가하는 것은 당연하다. 이는 인플레이션, 투자의 기회비용, 불확실성, 소비 선호 등 여러 요인에 기인한다. 이러한 이유로 비용편익분석에서는 장기적으로 발생하는 편익과 비용을 동일 기준에서 비교할 수 있도록 현재가치(Present Value)로 환산하며, 이때 적용되는 비율이 바로 할인율이다.

미래의 편익이나 비용에 할인율을 적용하여 다음의 현재가치를 계산한다.

$$현재가치 = 미래가치_t / (1 + 할인율)^t$$

미래가치$_t$: t년 후에 발생하는 예상가치

예를 들어, 어떤 정책이 3년 후에 1,000만 원의 편익을 창출할 것으로 예상되며, 할인율이 5%라면 그 편익의 현재가치는 약 864만 원(1,000만 원/1.05^3)이 된다. 이는 미래에 생기는 1,000만 원의 편익이 현재 시점에서 보면 864만 원의 가치와 동일하다는 의미다.

할인율은 비용편익분석의 결과에 큰 영향을 미치므로, 그 크기를 결정하는 것은 매우 중요하다. 일반적으로 정부나 공공기관에서는 "사회적 할인율(Social Discount Rate)"이라는 개념을 적용하는데, 이는 민간의 자본수익률이나 시장 이자율보다 낮게 설정된다. 왜냐하면 공공정책은 수익을 극대화하기보다는 사회 전체의 복지 증진을 목표로 하기 때문이다. 우리나라는 500억 원 이상의 국가 공공투자사업 타당성 평가 중에 하나인 예비타당성 조사에서 적용하는 할인율은 현재 4.5%로 이며 경제협력개발기구(OECD) 국가들 역시 2%~5% 수준을 권장하고 있다.

할인율이 높아지면 장기적인 편익의 현재가치가 낮아지기 때문에 환경 보호, 보건, 교육 등 장기적 효과를 추구하는 공공정책이 과소평가될 수 있다. 반면, 너무 낮은 할인율을 사용하면 미래 효과를 과도하게 중요시하여 현재의 자원을 지나치게 투입하는 의사결정을 할 수 있는 위험도 있다. 따라서 할인율의 크기에 따라 결과가 어떻게 달라지는 지를 민감도분석(Sensitivity Analysis)을 통해 파악하거나 30년 이상의 사업일 경우에는 할인율을 점차 낮추어 적용 등의 방식을 통해 정책 판단의 신뢰성을 높이고자 한다.

특히 산림분야에서는 할인율(Discount Rate) 설정이 중요한 의미를 가진다.

왜냐하면 산림 정책이나 사업은 대부분 장기적인 관점에서 편익이 나타나는 특성을 갖기 때문이다. 나무는 심는 즉시 수익이 발생할 수 없으며, 수십 년에 걸쳐 생장하면서 탄소를 흡수하고, 수질을 정화하며, 생태계를 보전하는 등 다양한 공익적 가치를 창출한다. 이러한 미래의 편익들을 현재의 가치로 환산할 때 사용되는 비율이 바로 할인율이다.

예를 들어, 어떤 지역에 조림사업을 시행한다고 가정해보자. 이 사업은 초기 1~3년 동안은 조림비, 풀베기 등의 상당한 직접비용이 투입된다. 반면, 그로 인해 발생하는 탄소흡수량 증가, 토사 유출 감소, 생물다양성 증진, 수질개선 등과 같은 편익은 최소 10년은 지나야 본격적으로 나타난다. 이때, 할인율을 5%로 설정하면 20년 후 발생하는 1,000만 원의 편익은 현재가치로는 약 377만 원($1000/1.05^{20}$)에 불과하다. 그러나 할인율을 2%로 설정하면 미래의 동일한 편익의 현재가치는 약 673만 원($1000/1.02^{20}$)으로 크게 증가한다.

이처럼 할인율이 높을수록 장기적인 편익의 가치는 낮아지고, 산림 사업의 경제성이 과소평가되는 문제가 발생할 수 있다. 반대로 할인율이 낮으면 미래의 편익을 충분히 반영할 수 있어 장기적인 환경·생태적 가치를 중시하는 정책에 유리한 평가 결과를 얻을 수 있다.

또한 산림 분야는 그 특성상 편익이 금전적으로 직접 환산되기 어려운 경우가 많다. 생물다양성 보존, 국민의 심리적 안정감, 생태교육기능 등은 시장가격이 존재하지 않는 비시장 편익으로, 이를 화폐화한 다음 현재가치로 환산하는 작업에는 더욱 세심한 접근이 필요하다. 이때 할인율은 단순히 수치를 계산하는 도구가 아니라, 자연과 미래세대의 가치를 얼마나 존중할 것인가에 대한 정책 철학을 반영하는 기준이 된다.

할인율을 적용하는 이유

비용편익분석에서 할인율을 적용하는 가장 큰 이유는 시간에 따라 화폐의 가치가 달라지기 때문이다. 동일한 화폐액이더라도 미래보다는 현재의 가치를 더 높게 평가하는 이유를 몇 가지로 제시해 보면 다음과 같다.

첫째, 미래에 대한 불확실성 때문이다. 미래에 발생할 편익이나 비용은 예측이 어렵고, 실제 발생 여부나 규모도 확실하지 않다. 따라서 미래의 가치는 불확실성이 반영되어 낮게 평가되기 때문이다. 둘째, 기회비용의 존재이다. 현재의 자금은 다른 곳에 투자하여 이자를 얻거나 생산활동에 사용할 수 있다. 즉, 같은 금액이라도 지금 가진 돈은 미래의 이익을 창출할 수 있는 기회를 가진 자산이기 때문에 더 큰 가치를 지닌다. 셋째, 시간 선호 때문이다. 일반적으로 사람들은 미래보다 현재의 소비를 선호한다. 할인율은 이러한 사회적 시간 선호를 반영하는 수단이다. 넷째, 시장 변동성이다. 시간이 지남에 따라 물가가 상승하면 같은 금액의 화폐가 구매할 수 있는 양은 줄어든다. 따라서 미래 금액은 현재보다 가치가 낮다고 보는 것이 합리적이며, 이 역시 할인율 적용의 이유 중 하나이다.

할인율의 종류

비용편익분석에서 사용되는 할인율은 분석의 성격에 따라 다양한 방식으로 구분된다. 일반적으로는 민간 부문과 공공 부문에서 사용하는 할인율이 다르며, 공공사업 및 정책에서는 사회적 가치, 미래세대의 이익, 환경적 지속가능성 등을 고려한 할인율이 사용된다. 할인율의 종류는 시장 할인율, 사회적 할인율, 민간 할인율이 대표적이다

① 시장 할인율

시장 할인율은 시장에서 형성된 자본의 수익률이나 이자율을 기준으로 하는 할인율로, 민간 부문의 투자 의사결정에 주로 사용된다. 이는 자본의 한계생산성과 시장금리를 반영하므로, 개인이나 기업의 실제 투자 기회비용을 나타낸다. 이는 사회 전체의 편익을 고려하지 않은 단점이 있다.

② 사회적 할인율

사회적 할인율은 사회 전체의 입장에서 미래 세대의 복지와 자원 배분의 공평성을 고려해 설정된다. 공공사업이나 환경정책과 같이 사회 전체에 영향을 미치는 사업에 적용되며, 일반적으로 시장 할인율보다 낮게 설정된다. 이는 사회가 미래의 편익을 현재보다 덜 할인하려는 가치 판단을 반영한다.

③ **민간 할인율**

민간 할인율은 개인이나 기업이 미래의 이익을 평가할 때 사용하는 비율로, 개인의 시간선호와 투자 위험을 포함한다. 따라서 사회적 할인율보다 높게 나타나는 경향이 있다. 개인은 현재 소비를 미래보다 더 중시하고, 불확실성에 대한 위험을 회피하려는 경향이 있기 때문이다.

④ **위험조정 할인율**

위험조정 할인율은 미래 편익이나 비용의 불확실성을 반영하기 위해 위험 수준에 따라 조정된 할인율이다. 위험이 큰 사업일수록 할인율을 높게 적용해 미래 가치를 더 낮게 평가한다. 산림경영, 기후변화 대응, 장기 인프라 사업처럼 결과가 장기간에 걸쳐 나타나는 사업에서 자주 활용된다. 최근 기후변화로 인하여 산불·산사태 등의 재해 발생 위험이 높아짐에 따라 이를 고려할 필요가 있다.

또한 할인율은 물가 상승을 고려하느냐에 따라 명목 할인율과 실질 할인율로 구분된다. 명목 할인율은 인플레이션을 포함한 이자율이고, 실질 할인율은 물가상승분을 제외한 순수한 시간가치를 반영한 비율이다.

$$1+i=(1+r)(1+\pi)$$

i는 명목 할인율, r은 실질 할인율, π는 물가상승률(인플레이션율)

위의 식에서 $r\cdot\pi$의 값이 0에 근사하다는 전제에서 단순화하면 명목할인율은 실질할인율에가 물가상승률을 더한 값($i\approx r+\pi$)으로 표현 가능하다.

명목가치는 실질가치에 물가상승을 보정해 주어야 하므로 아래 식으로 표현 가능하다.

$$V_t^R=\frac{V_T^N}{1+D_{T-t}}$$

V_t^R: 기준연도인 t년의 가격으로 표시된 실질가치
V_T^N: T년도의 명목가치
D_{T-t}: $T-t$ 두 기간 사이의 물가상승률

결국 할인율의 선택은 단순한 기술적 문제를 넘어 정책의 철학적 방향, 즉 현재 세대와 미래 세대의 가치 판단을 어떻게 조정할 것인가의 문제와도 깊이 관련된다. 공공사업이나 산림정책의 경제성분석에서는 이러한 다양한 할인율 개념을 충분히 고려해 사회 전체의 장기적 효용을 합리적으로 평가해야 한다.

2) 분석 방법

투자결정을 하기 위한 비용편익분석은 특정 사업이나 정책이 비용 대비 편익이 얼마나 창출되는지를 파악하기 위한 방법이다. 이 방법은 시간이 흐름에 따라 돈의 가치가 감소한다는 것을 전제로 미래에 발생할 편익과 비용을 현재 시점의 가치로 환산한 다음 이들을 비교하는 방식이다. 비용과 편익을 함께 비교 평가하는 대표적인 방법은 순현재가치법, 편익비용률법, 내부수익률법을 들 수 있다.

가) 순현재가치법

순현재가치법은 경제적 타당성을 분석하기 위한 대표적인 방법으로 편익에서 비용을 뺀 순편익을 구하는 방법이다. 구체적으로는 사업 기간 동안 발생하는 모든 편익과 비용 모두를 현재 시점의 가치로 환산하고, 편익은 편익대로, 비용은 비용대로 전 기간에 걸쳐 모두 합산한 후 총편익에서 총비용을 뺀 값이 순현재가치(NPV)이다.

$$NPV = \sum_{t=0}^{T} \frac{B_t}{(1+r)^t} - \sum_{t=0}^{T} \frac{C_t}{(1+r)^t} = \sum_{t=0}^{T} \frac{B_t - C_t}{(1+r)^t}$$

B_t : t시점의 편익(Benefit)
C_t : t시점의 비용(Cost)
r : 할인율(Discount Rate)
t : 편익이나 비용의 발생 연차(0부터 T까지)
T : 분석기간의 총 연수

만약 이 NPV 값이 0보다 크면, 해당 사업은 비용보다 편익이 더 크다는 의미이므로 경제적으로 타당하다고 평가된다. 반대로 NPV가 0보다 작다면, 사업에 투입되는 자원에 비해 기대되는 이익이 부족하다는 뜻이므로 경제성이 없는 것으로 본다. 따라서 NPV는 단순히 수익성과 손익의 유무를 따지는 수단이 아니라, 정책이나 사업이 실제로 사회에 기여할 수 있는 가치를 정량적으로 보여주는 기준이 되어야 한다.

순현재가치법(NPV)은 비용과 편익을 시간가치에 따라 환산해 현재 기준으로 비교함으로써 사업이나 정책의 실질적인 경제적 타당성을 판단할 수 있는 가장 직관적이고 널리 사용되는 분석 기법이다.

그러나 이 방법의 가장 큰 단점은 사업 규모가 클수록 비용과 편익의 화폐액이 크기 때문에 비용과 편익의 비율에 기반한 효율성 평가에서 낮은 사업임에도 불구하고 채택될 가능성이 높다. 그러므로 실제에서는 효율성에 기반한 편익비용률법을 함께 제시하는 것이 합리적이다.

나) 편익비용률법

편익비용률법은 앞에서도 언급한 바와 같이 순현재가치법의 단점을 보완해 주는 방법으로 순현재가치법이 더하기와 빼셈인 가감법에 기초한 방법이라면 편익비용률법은 곱하기와 나누기인 승제법에 기초한 방법이다.

$$\frac{B}{C} = \frac{\displaystyle\sum_{t=0}^{T} \frac{B_t}{(1+r)^t}}{\displaystyle\sum_{t=0}^{T} \frac{C_t}{(1+r)^t}}$$

편익의 현재가치의 합을 비용의 현재가치의 합으로 나누어 그 비율이 1 이상이면 사업을 시행하고, 반대로 1 이하이면 사업을 시행하지 않는다. 이 방식은 순현재가치법(NPV)과 마찬가지로 시간가치를 고려하여 미래의 비용과 편익을 현재가치로 환산하는 것은 동일하지만 효율성에 기반을 둔 비용 투입 대비 편익 성과인 상대적인 비율로 나타낸다는 점에서 차이가 있다. 특히 사업 예산이 제한되어 있고 여러 사업 중 우선순위를 정해야 할 때는 B/C 비율이 높은 순으로 선택하는 것이 합리적이다.

편익비용률법은 계산이 비교적 간단하고 이해하기 쉬워 의사결정에 유용하지만 순현재가치법과 마찬가지로 할인율의 설정에 따라 결과가 크게 달라질 수 있다. 편익비용률법만의 단점은 첫째, B/C 비율만 판단의 기준이 되면 효율성이 높은 소규모 사업들 위주로 선정될 가능성이 높다. 둘째, 개념적으로 따지면 편익은 음의 비용이고, 비용은 음의 편익으로 동일한 개념임에도 불구하고 그 값을 분모에 두느냐, 분자에 두느냐에 따라 비율이 달라진다. 그러므로 편익비용률법은 NPV와 병행하여 해석하는 것이 바람직하다.

다) 내부수익률법

내부수익률법(Internal Rate of Return: IRR)은 할인율을 설정하는 것이 아닌 비용과 편익이 같아지게 하는 할인율을 도출하는 방법이다. 이때 도출되는 할인율을 내부수익률이라 한다. 다시 말해, 내부수익률은 해당 투자안의 순현재가치(Net Present Value: NPV)를 0으로 만드는 수익률(I)이다.

$$0 = \sum_{t=0}^{T} \frac{B_t - C_t}{(1+I)^t}$$

이 방법은 투자안의 수익성을 직관적으로 보여줄 수 있는 장점이 있다. 즉, 투자자가 한 투자안에 자금을 투입했을 때 기대할 수 있는 수익률이 얼마인지 수치로 나타내주기 때문에 이를 기업의 기대수익률과 비교함으로써 투자 여부를 결정할 수 있다. 일반적으로 IRR이 기대수익률보다 크다면 해당 투자안은 경제적으로 타당하다고 판단하며, 반대로 낮다면 투자를 포기하는 것이 바람직하다.

공공사업일 경우에는 구해진 내부수익률(I)과 사회적 할인율(r)을 비교하여 특정 사업을 시행할 것인지 아닌지를 판단한다. 즉 유일한 내부수익률이 존재할 경우 이 내부수익률은 NPV를 0으로 만들어 주는 할인율이므로 다음과 같은 관계가 존재한다.

$$I \geq r \rightarrow \sum_{t=0}^{T} \frac{B_t - C_t}{(1+r)^t} \geq 0$$

$$I < r \rightarrow \sum_{t=0}^{T} \frac{B_t - C_t}{(1+r)^t} < 0$$

내부수익률법은 투자안을 비교 분석하는 데 있어서도 유용하게 쓰인다. 여러 개의 투자안 중 어느 것이 더 높은 수익률을 기대할 수 있는지 쉽게 비교할 수 있기 때문이다. 예를 들어, A안의 IRR이 15%이고 B안의 IRR이 12%일 경우, 기준이 되는 할인율보다 크면 사업을 수행할 대상이 되고 예산의 제약으로 하나의 사업만 선정해야 한다면 이 중 보다 더 큰 사업인 A안을 선택하는 것이 합리적이다.

하지만 내부수익률법에는 몇 가지 단점도 존재한다. 첫째, 현금흐름의 부호가 두 번 이상 바뀌는 경우에는 내부수익률이 두 개 이상 존재할 수 있으며, 이로 인해 해석이 모호해질 수 있다. 둘째, IRR은 모든 미래 현금흐름이 동일한 내부수익률로 재투자된다는 가정을 전제로 하기 때문에 이는 실제 시장 환경과 괴리가 있을 수 있다. 모형의 구조상 사업 기간 내에 발생하는 편익은 내부수익률과 동일하게 수익률이 발생하는 데 재투자로 활용된다는 가정이지만 비현실적이다. 셋째, IRR은 수익률 기준으로 판단하기 때문에 BC율법과 마찬가지로 투자 규모가 다른 두 안을 비교할 경우 왜곡이 발생할 수 있다. 이런 점에서 내부수익률법은 재투자에 대한 적용의 의미 외에는 개념적으로 비용편익률법과 유사함으로 사업의 결정 단계보다는 고려 단계에서 대안들 선정과 관련한 사전 평가에서 사용한다.

결론적으로 내부수익률법은 투자 수익성을 직관적으로 판단할 수 있는 유용한 도구이며 투자안 간 수익률 비교에도 효과적인 방법이다. 그러나 그 한계와 전제 조건을 충분히 이해하고, 다른 방법들과 함께 종합적으로 비교하여 투자 유무를 판단해야 한다.

3 기타 고려인자와 역할

1) 다양한 사업의 비교 선택

앞에서 언급하였듯이 제한된 예산으로 다양한 사업들 중에서 선택을 해야 하는 경우에 공정한 비교를 해야 한다. 하지만 사업들마다 그 규모와 기간이 서로 다를 수밖에 없다. 그러므로 방법마다 사업들 간의 우선 순위가 일관되게 나타나지 않는다. 이러한 상이한 결과는 재투자 기회의 적용, 상이한 비용, 그리고 상이한 사업 기간이 원인이다(Mishan, 1976).

개념상으로는 비용편익률법과 내부수익률법의 우선 순위는 동일하게 나타날 듯하지만 상이하게 나타나는 경우가 있다. 이러한 현상이 나타나는 원인은 ① 재투자 기회의 고려, ② 대안들의 동일한 비용, ③ 대안들의 동일한 사업 기간이 충족되지 않았기 때문이다. 이들 세 가지 조건만 충족시킬 수 있다면 일관성 있는 순위 결정이 가능하다. 그 첫 번째 문제는 재투자 기회의 적용에 활용되는 할인율이 달라지기 때문이다. 내부수익률 방법에서는 사업에서 발생한 중간 편익의 할인율이 기준을 삼고자 하는 (사회적) 할인율이 아닌 내부수익률로 적용하기 때문이다. 이러한 문제를 해결하기 위해서는 중간 발생한 비용과 편익에 대해서는 사업의 시점이나 종점으로 기준이 되는 할인율로 조정한 후에 적용하면 이 문제를 해결할 수 있다. 두 번째 문제인 상이한 비용과 관련해서는 차이가 나는 비용에 대해서는 두 가지로 문제를 해결할 수 있다. 첫 번째는 차액을 비용이 작은 사업에 중복투자하여 동일하게 편익이 발생한다는 전제로 분석하는 방법이 있다. 또 다른 방법은 차액이 나는 비용을 할인율을 적용하여 편익으로 추가하는 방법이 있다. 선택은 상황에 맞춰서 적용하면 된다. 마지막으로 상이한 사업 기간에 대해서는 다양한 대안들 중에서 가장 긴 사업 기간으로 할인율(엄밀하게 따지면 이자율)을 적용하면 불일치의 문제를 해결 가능하다(김홍배, 2000).

2) 불확실성과 위험

불확실성(uncertainty)은 정보의 부족으로 인한 완전하지 않은 정보로 인하여 판단의 확신이 서지 않은 상태를 의미하는 반면, 위험(risk)은 불확실성에 기반한 완전하지 않은 상태를 확률적인 기댓값으로 표현한 정량화한 값을 의미한다. 즉, 불확실성이 정성적 개념이라면, 위험은 정량적 개념이라 할 수 있다. 정량적인 분석을 위해서는 위험도를 이용하여 분석이 이루어진다. 일반적으로는 미래의 불확실성으로 인해 분석하는 방법이 민감도(감응도)분석이다. 비용과 편익에 영향을 끼칠 수 있는 요소를 대상으로 변화하는 상황을 설정하여 그에 따른 비용편익분석을 하는 방법이다.

확률 개념 활용의 예를 들면, 산불이 발생할 확률이 10년에 10%이고 발생 시 일어날 사회적 손실 비용이 30억 원이다. 산불을 저감하기 위한 시스템 도입 비용을 운영비 포함하면 연간 1천만 원이 들며 그로 인하여 산불 발생 확률이 10%에서 7%로 감소한다고 가정하자. 이때 산불 발생 확률과 시설 도입으로 인한 산불 저감 확률은 모두 위험도에 해당한다. 위의 상황에서 비용편익을 산출한다면, 비용은 연간 발생할 사회적 비용은 산불 발생으로 인한 직접적인 피해비용 30억 원이 1년 기간에 발생할 확률 1%를 곱한 3천만 원이다. 이러한 산불 위험을 시설 도입으로 인하여 산불 발생이 3%(연 0.3%) 감소시켜 얻을 수 있는 편익은 연 9백만 원(30억 원×0.3%)이다. 하지만 시설 도입으로 인한 연간 소요 비용이 1천만 원이 소요된다. 본 시설 도입으로 얻는 순편익은 연간 −1백만 원의 순편익이 발생하므로 산불저감을 위한 시스템 도입을 하지 않는 것이 나은 것으로 나타났다. 하지만 이것이 정책 결정의 결론이어야 한다는 것은 아니다. 왜냐하면 본 피해비용은 간접적인 피해비용은 고려하지 않았기 때문이다.

연습문제

1. 수익성분석과 경제성분석의 개념을 두 분석의 차이점을 중심으로 설명하시오.

2. 비용편익분석의 과정을 단계별로 설명하시오

3. 비용편익분석의 적용 원칙에 대해 설명하시오.

4. 임업투자에서 할인율 선택과 민감도분석이 주는 시사점을 논하시오.

5. 두 대안의 IRR과 NPV가 상충할 수 있는 상황을 예시와 함께 설명하고, 이 경우 어떤 기준을 채택해야 하는지 논하시오.

6. 민감도분석에서 목재가격, 조림 · 관리비, 사회적 할인율 중 하나를 골라 ±10% 변동이 투자판단에 미치는 방향과 직관을 설명하시오.

7. 할인율을 적용해야 하는 이유에 대해 설명하시오.

8. 할인율의 종류에 대해 설명하시오.

9. 편익비용률법과 내부수익률법의 우선 순위가 상이하게 니티날 수 있는 원인에 대해 설명하시오.

참고문헌

국립산림과학원(1999), 『임업경제성분석 지침서』, 국립산림과학원.

김동준 · 김준순 · 민경택 · 박주원 · 안기완 · 이요한 · 조장환 · 최수임(2023), 『산림경제학』, 향문사.

김태윤 · 김상봉(2004), 비용 · 편익분석의 이론과 실제: 공공사업평가와 규제영향분석, 박영사.

김홍배(2000), 『비용편익분석론』, 제2판, 홍문사.

이재근 · 김준순(2009), "참나무류 소경재 활용용도에 따른 수익성분석", 『한국임학회지』, 98(1)49-54.

이준구 · 이창용(2015), 『경제학원론』, 문우사.

KDI 공공투자관리센터 (2021), 『2021년도 예비타당성조사 연구보고서』, KDI 공공투자관리센터.

Wagner, J. E. (2023), *Forestry Economics*, Routledge.

산 림 경 제 학

임산물시장

PART

04

임산물시장은 목재시장과 비목재시장인 단기임산물시장으로 구분된다. 목재시장을 세분하면 입목시장, 원목시장, 목재제품시장으로 세분 가능하며,* 단기임산물시장은 수확한 다음에 별도의 공정을 거치지 않은 생물 또는 건조 과정까지만을 거친 단기임산물로 품목별로 구분하기도 하지만 범주로 묶어 수실류, 산채류, 약초류, 버섯류로 구분하여 시장 특성 파악이 가능하다.

* 목재제품은 「목재의 지속가능한 이용에 관한 법률」 상에 목재 또는 목재와 다른 원료를 물리적·화학적으로 가공하여 생산된 제품으로 대통령령으로 정하는 비율 이상의 목재가 포함된 제품으로 시행령(제19조의 4)에 따르면 제재목, 방부목재, 난연목재, 목재 플라스틱 복합재, 집성재, 합판, 파티클보드, 섬유판, 배향성 스트랜드보드, 목질바닥재, 목재펠릿, 목재칩, 목재브리켓, 성형숯, 숯, 총 15개 품목을 의미하고 있으나 목재이용실태조사에서는 목초액, 톱밥 및 목분, 장작, 표고버섯 재배자목, 펄프까지 포함하고 있다.

CHAPTER

10 목재시장

1 단계별 상이한 시장

산림에서 입목(stumpage)을 벌채하여 원목(log, timber)을 얻고 이를 가공하여 목재제품(wood products)을 얻는 일반 과정은 그림 10－1과 같다.

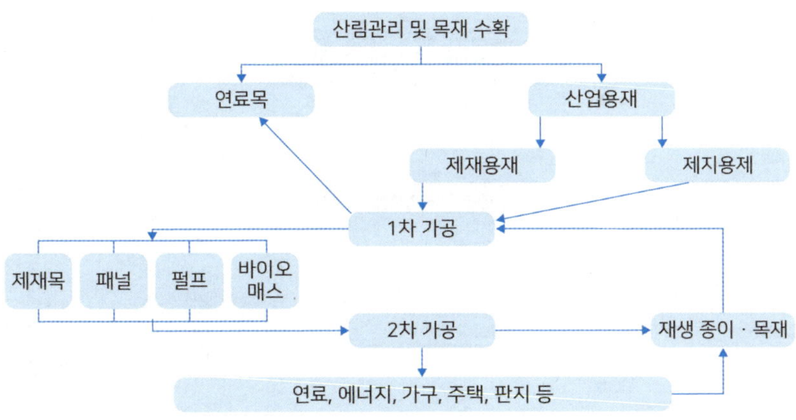

출처: WWF, 2012, Living Forests Reports

▶ **그림 10-1** 산림과 목재자원의 흐름

우리나라는 수종갱신과 함께 벌기령에 도달한 산림이 점차 많아짐에 따라 국내 원목 공급량은 점차 높아져야 함에도 불구하고 2014년 5,179천 ㎥ 남짓한 이후에 점차 감소하여 2023년 3,723천 ㎥ 정도에 그치고 있다(산림청, 2024 산림임업통계연보). 국내 원목에다 수입원목, 원목 외 원자재, 수입 목재제품까지 포함하여 국내 목재 이용량은 28,437천 ㎥ 정도에 이른다(산림청, 2024, 2023년 기준 목재이용실태조사).

▶ **그림 10-2** 국내 목재이용현황(2023년 기준).

입목(stumpage)은 서 있는 살아있는 나무를 의미한다. 우리나라 사유림, 특히 규모가 작은 경우에는 일반적으로 벌기령이 도달한 사유림을 대상으로 벌목업자가 사유림 소유자에게 매각 제안을 하는 방식으로 이루어진다. 우리나라의 경우는 벌목 후에 의무조림을 해야 하며 국가 권장수종으로 재조림할 경우에는 조림비용의 90%를 지원받을 수 있다. 만약 국가 권장수종이 아닌 수종을 사유림 소유자가 심고자 할 경우에는 자비 100%로 의무 조림을 하여야 한다.

우리나라의 경우 수목 생장 기간 동안 비용을 투입한 것이 없는 경우가 대부분이므로 산주의 판매수입은 곧 이윤이다. 물론 30년 이상의 기간 동안 기회비용이 있다면 이를 고려해야 하는 것이 맞지만 산림을 달리 이용할 대안이 없다고 전제한다. 입목시장에서는 산주만 판매수입이 발생한다. 벌채업자는 벌채한 원목을 생산물로 하여 원목시장에서 공급자 역할을 하며 최대한 높은 가격으로 원목시장에서 제재업자에게 판매한다. 원목(log)을 생산하기 위해서는 입목의 벌채와 집재, 운반 등의 소요비용은 벌채업자가 감당한다. 원목은 최종재가 아닌 중간재로 원목시장에서는 벌채업자가 공급자가 되며 수요자는 원목을 구매하는 제재업자가 된다. 원목을 구입한 제재업자는 일반적으로 원목을 이용하여 제재목으로 만들어 부가가치를 창출한다. 제재목(timber) 역시 최종재를 만들기 위한 중간재의 성격이 강하다. 이를 생산요소로 하여 다양한 업종에서 최종재를 만들기 위해 제재목을 구입할 것이다. 이러한 단계별 흐름을 입목시장, 원목시장, 목재제품시장으로 구분 가능하다.

예를 들어, 입목시장에서 산주는 1,000㎥ 입목을 ㎥당 2만 원에 입목가 형태로 벌채업자에게 판매하였다. 이때 산주는 공급자, 벌채업자는 수요자가 되며 수요와 공급이 이루어진 시장 균형의 정보에서 발생한 2천만 원은 벌채업자의 지출인 동시에 산주의 수입이 된다. 벌채업자는 사들인 입목을 벌채와 운송을 통해 원목시장에서 공급자로서 수요자인 제재업자에게 최대한 비싸게 판매하고자 할 것이다. 물론, 사들인 입목 1,000㎥은 조재 과정에서 줄어들어 800㎥(조재율 80%)의 원목을 ㎥당 7만 원에 판매한다. 이때 추가로 발생한 3,600만 원(7만 원/㎥×800㎥−2만 원/㎥×1,000㎥)에는 벌채 및 운송비용과 함께 벌채업자의 이윤이 포함되어 있다. 제재업자는 5,600만 원에 사들인 800㎥의 원목을 이용하여 60%의 제재수율로 각재를 만들어 이를 20만 원/㎥에 판매한다고 가정하면 총 판매수입은 9,600만 원(20만원/㎥ ×800㎥ ×0.6)에서 원목 구입비용 5,600만 원을 제외한 4,000만 원이 제재비용과 판매이윤이 포함되어 있다. 현실에서는 제재 과정에서 발생한 40%의 죽데기와 톱밥은 저렴한 비용으로 판매하기도 하지만 본 예시에서는 제외하였다.

조재율(rate of bucking) : 입목재적과 그 입목으로부터 얻은 원목재적과의 비율, 원목재적/원목재적×100

제재수율(lumber recovery) : 투입된 원목의 재적에 대한 제재 후 제재품 재적의 백분율, 제재품재적/원목재적×100

자료: 국립산림과학원. 2012. 임업기술핸드북

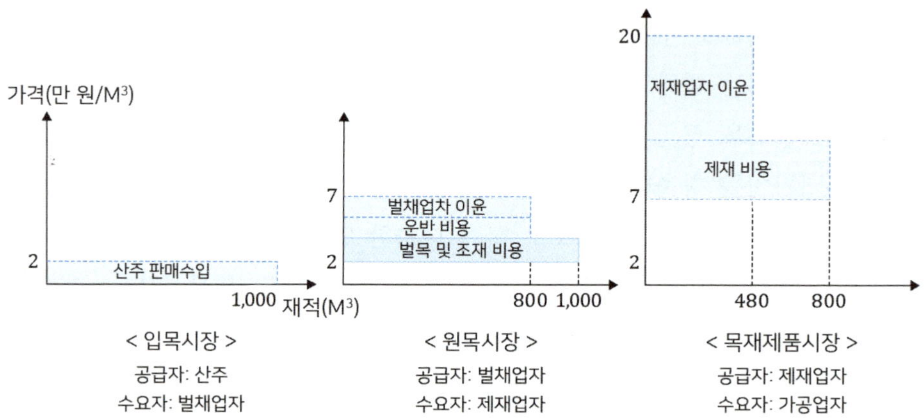

▶ **그림 10-3** 목재시장별 공급자 기준 수입의 구분

실제 목재시장에서는 산주, 벌채업자, 제재업자, 가공업자가 다르기도 하지만 겸하여 생산활동이 이루어지기도 한다. 각 단계별 시장들이 제 기능을 발휘하도록 하기 위해서는 양묘·조림부터 목재이용까지 선순환체계가 구축되어야 한다(그림 10-4).

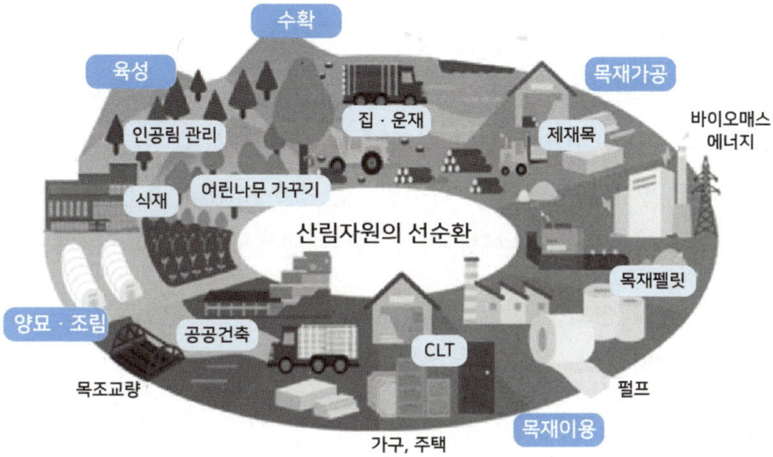

출처: 산림자원 순환경제 중기연구계획(국립산림과학원, 2020).

▶ **그림 10-4** 산림자원 선순환체계 모식도

2 목재시장 수요와 공급

목재시장은 앞에서 설명하였듯이 단계에 따라 입목시장, 원목시장, 목재제품시장으로 입목시장의 수요는 원목시장에 의해, 원목시장은 목재제품시장에 의해 좌우되는 파생수요적 특징을 갖는다. 목재시장은 자연으로부터 생산된 원료를 대상으로 운송 가공되며 그 가치를 높이려는 과정을 밟는다. 목재시장은 원료가 되는 나무를 생산하는데 수십 년이 소요되므로 다른 시장에 비해 가격탄력성이 낮은 산업에 속한다.

목재의 수급에 영향을 미치는 요인들은 자체 가격과 대체재의 가격, 생산하는데 투입되는 요소의 **비용 요인**, 기술적 수준에 의해 좌우되는 **기술 요인**, 관련 제도에 의한 **제도 · 정책 요인** 마지막으로는 목재에 대한 친환경적 인식과 같은 **사회적 요인** 등 다양한 인자들을 들 수 있다.

1) 입목시장

입목시장은 산주 또는 산림경영을 하는 공급자와 벌채업자와의 거래가 이루어지며 목재시장의 가장 첫 번째 단계이다. 입목은 생장하는 수십 년 동안 자연환경의 영향을 받는다. 입목 수요 주체인 벌채업자는 현실에서는 전문 벌채 대행업자일 수도 있지만 원목을 가공하는 목재 가공업자인 경우도 있다. 또는 산주가 벌채까지 수행한다면 굳이 입목시장으로 구분하기보다는 원목시장에서 파악 가능하기도 하다.

입목 공급의 변화

입목 공급의 변화 요인들은 여러 가지 있을 수 있으나 그 중 하나인 입목가격의 상승은 공급곡선의 이동 없이 선을 따라 이동한다. 하지만 입목가격 이외에 공급에 영향을 미치는 다른 요인, 예를 들면 벌채 시 산주에게 주는 지원금이 확대된다면 산주의 공급곡선은 우측으로 이동할 것이다(그림 10-5).

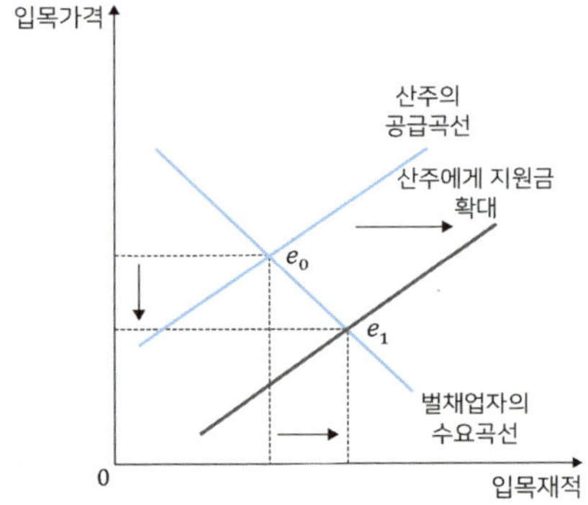

▶ **그림 10-5** 입목시장에서의 공급곡선의 이동

이를 입목 공급함수로 표현하면 다음과 같다.

$$S_S = f(P_s, W_o, T_s)$$

S_S : 입목 공급량, P_s: 입목가격, W_0: 산주의 요소가격, T_s: 입목 공급에 영향을 미치는 기타 인자

입목 수요의 변화

입목 수요는 원목가격, 건설·가구 산업 상황 또는 산림정책에 의해 영향을 받는다. 입목 수요를 증가시키는 요인으로는 원목가격이 상승하거나 건설 등의 관련 산업의 호황 또는 국가나 지자체에서 벌채 비용의 지원금 확대, 벌채 승인절차의 간소화 등을 들 수 있다.

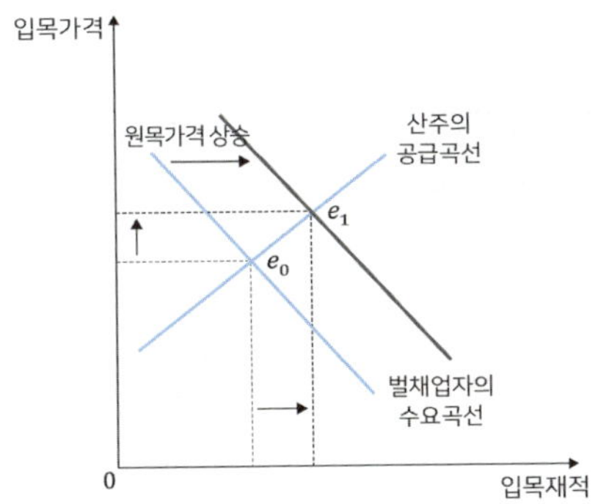

▶ **그림 10-6** 입목시장에서의 수요곡선의 이동

그림 10−6과 같이 원목가격의 상승은 입목시장에서 벌채업자의 수요곡선을 바깥쪽으로 이동시킴에 따라 입목가격은 이전보다 상승하게 된다.

이를 입목 수요함수로 표현하면,

$$D_S = f(P_s,\ P_r,\ T_d)$$

D_S: 입목 수요량, P_s: 입목가격, P_r: 원목가격, T_d: 입목 수요에 영향을 미치는 기타 인자

일반 수요함수와 비교하면 대체재의 가격을 고려하지는 않았으나 물론 입목을 대체할 만한 대체재가 존재한다면 대체재의 가격 역시 인자로 고려하여야 한다. 목재는 파생수요적인 특징으로 인하여 다음 단계인 원목의 가격을 영향 인자로 고려하여야 한다.

2) 원목시장

원목시장은 입목시장에서 산림 벌채를 통해 얻은 원목의 공급자인 벌채업자와 원목을 이용하여 제재를 하고자 하는 제재업자 또는 최종재인 가구를 만드는 가공업자, 목질계를 이용하여 펄프재를 만들거나 칩이나 펠릿 등의 바이오에너지 원료를 생산하고자 하는 중간 생산자가 수요자로 거래가 이루어지며 목재시장의 두 번째 단계이다. 국내산 원목의 활용 용도에 관한 정보는 그림 10-7과 같다.

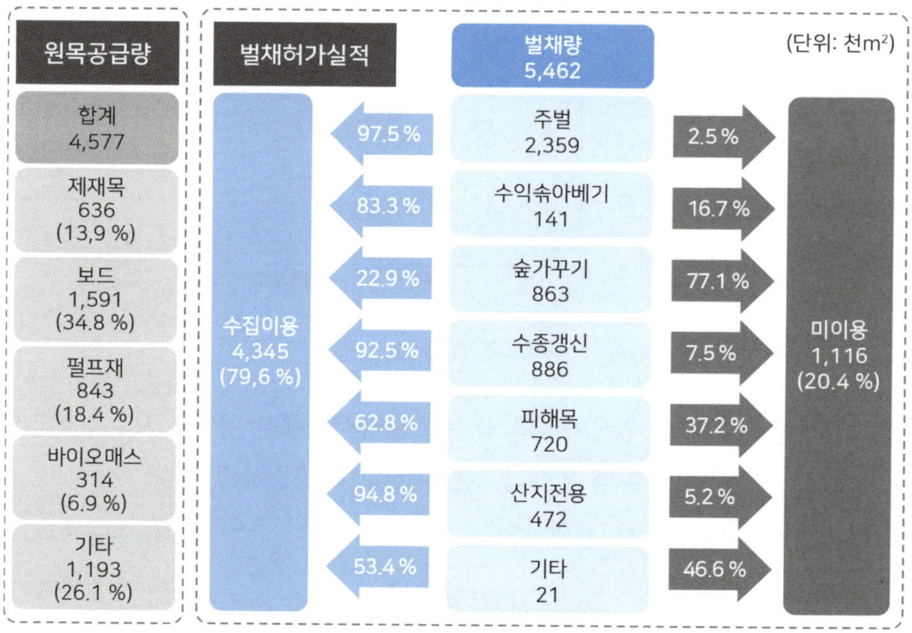

출처: 산림자원 순환경제 중기연구계획(국립산림과학원, 2020).

▶ **그림 10-7** 국산목재의 벌채허가실적 및 용도별 원목공급량(2018년 기준)

그림 10-7을 보면 국내에서 생산된 원목이 어떤 용도로 활용되는지 대략적인 구조를 알 수 있다. 섬유판이나 파티클보드처럼 보드류를 만드는 데 사용되는 비중이 전체의 약 1/3로 가장 크다. 반면 제재목으로 가공되는 비율은 13.9% 수준으로 상대적으로 낮다. 이런 수치는 해마다 시장 상황에 따라 다소 달라질 수

있으나, 국내 원목이 실제로 어떻게 쓰이고 있는지를 이해하는 데 중요한 기초 자료가 된다.

원목 공급의 변화

원목시장에서의 원목가격(P_r)의 변화는 원목시장의 공급곡선 상에서 이동을 하지만 원목의 운송 비용 저감이나 원목 공급에 필요한 기술 발전 등의 투입 비용(W_l)의 저감 또는 기타 외부 요인이라 할 수 있는 자연재해로 인한 풍도목이나 산불 피해목의 증가로 인한 벌채 면적의 증가 또는 원목의 수입 관세 인하로 인한 수입 물량 확대 등은 원목 공급량을 증대하는 데에 영향을 미칠 수 있다. 이들 요인들은 원목시장에서의 공급곡선을 우측으로 이동시킨다(그림 10-7)

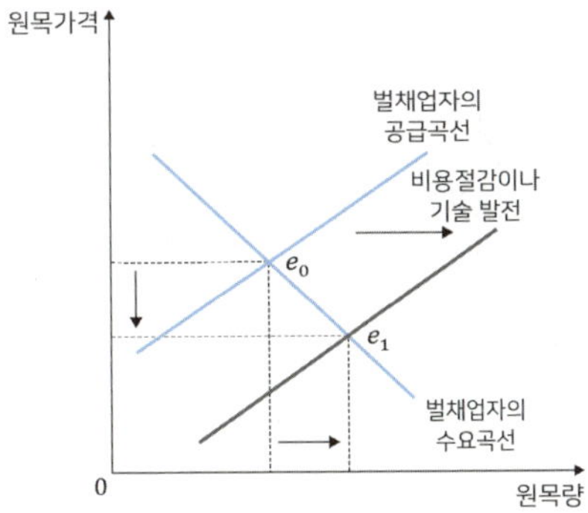

▶ **그림 10-8** 원목시장에서의 공급곡선의 이동

이를 원목 공급함수로 표현하면 다음과 같다.

$$S_R = f(P_r,\ W_l,\ R_s)$$

S_R: 원목 공급량, P_r: 원목가격, : W_l: 벌채업자의 요소가격, R_s: 원목 공급에 영향을 미치는 기타 인자

원목 수요의 변화

제재업자와 같은 중간 생산자들의 원목 수요는 원목가격(P_r)이 가장 기본적

인 변화 요인이며 원목을 대신할 수 있는 대체재의 가격(P_a)과 그 밖에 건설 경기 활성화로 인해 목재제품시장에서 제재목의 수요가 높아져 제재목가격(P_t)이 상승한다면 이를 공급하기 위해 제재업자의 원목수요는 증가할 것이다(그림 10-8). 또한 원목수요에 영향을 미칠 수 있는 제도 및 정책의 변화(R_d)도 중요한 원인이 될 수 있다.

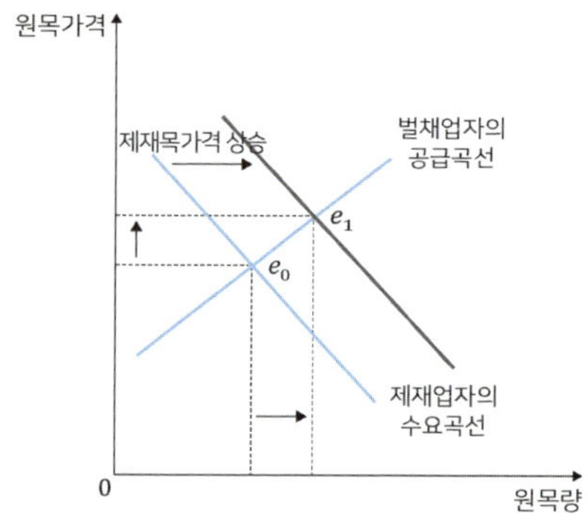

▶ **그림 10-9** 원목시장에서의 수요곡선의 이동

이를 원목 수요함수로 표현하면 다음과 같다.[7)]

$$D_R = f(P_r, P_a, P_t, R_d)$$

D_R: 원목 공급량, P_r: 원목가격, P_a: 대체재가격, P_t: 제재목가격, R_d: 원목 수요에 영향을 미치는 기타 인자

3) 목재제품시장

목재제품시장은 제재목, 합판, 중밀도섬유판(Medium Density Fiberboard: MDF), 파티클보드(Particle Board: PB) 등 가공된 목재 제품이 거래되는 시장이다. 특히 우리나라 목재제품시장은 수입 의존도가 매우 높다. 그래서 국내 생산비용뿐 아니라 수입재의 가격 변동도 시장 전체의 공급과 가격 형성에 크게 영향을 미친다.

7) 원목가격을 국내산 원목가격으로 한다면 대체재가격은 수입재 원목가격으로 상정 가능하다.

목재제품 공급의 변화

목재제품 시장에서 공급을 담당하는 주체는 제재업자나 수입업체처럼 목재를 직접 생산하거나 들여오는 기업들이다. 이들이 얼마만큼의 목재제품을 공급하는지는 결국 요소가격, 즉 원목가격·노동비용·기계설비 비용 같은 생산요소의 가격 변동에 따라 달라진다. 요소가격이 오르면 생산비가 높아지고 공급량이 줄며, 요소가격이 낮아지면 공급이 늘어나는 식이다.

장기적으로 보면 상황이 조금 다르게 전개된다. 시간의 흐름 속에서 기술이 발전하거나 생산 방식이 개선되면 요소가격 자체가 달라지거나 생산 효율이 높아질 수 있다. 이런 변화는 공급곡선의 위치나 기울기에 영향을 주며, 결국 장기공급곡선을 단기보다 더 탄력적으로 만든다.

이처럼 기업의 한계비용곡선인 공급곡선은 장기적으로는 기술혁신과 자본조정이 가능해지기 때문에 단기 공급곡선보다는 보다 탄력적인 구조를 갖는다.

목재제품 수요의 변화

목재제품은 최종재에 가까운 성격을 가지고 있기 때문에, 소비자들의 소득수준이나 건설 경기 같은 전반적인 경제 상황에 따라 수요가 크게 달라진다. 이런 점에서 목재제품 수요는 파생수요의 특징을 지닌다고 할 수 있다. 여기에 더해 대체재의 가격이 변하면 소비자 선택이 달라져 수요량도 함께 변한다.

이 밖에도 해외로 나가는 수출 수요가 늘어나거나, 최종 소비자들이 친환경 소재로서 목재제품을 더 선호하는 경향이 강해질 경우 목재제품의 전체 수요는 자연스럽게 증가한다.

4) 소결

목재시장은 입목 → 원목 → 목재제품으로 흐르는 수직적 공급 체인을 이루며, 각 시장은 수요·공급 법칙에 따라 가격이 결정된다. 입목시장은 장기적 기대수익에 따라 투자가 결정되며, 원목시장은 산업 수요와 벌채 가능성에 따라 변화되고, 목재제품시장은 소비 시장의 경기 상황과 밀접하게 연관되어 있다.

이 세 시장은 상호 유기적으로 연결되어 있어 한 시장의 변화는 다른 시장에도 영향을 미친다.

표 10-1 목재시장의 주체와 가격 결정 요인

시장 구분	수요 주체	공급 주체	결정 요인	연결 구조
입목시장	벌채업자, 가공업체	산주	원목가격, 벌채 가능성	원목시장
원목시장	제재소, 펄프공장	벌채업자, 원목수입업자	벌채량, 운송비, 가공 수요	목재제품시장
목재제품시장	건설업, 소비자	가공업자	최종 수요, 원목가격	소비시장

일반적으로 1차 산업에 속하는 시장들은 불완전경쟁시장으로 공급량이 시장 가격을 결정하는 체계를 갖추고 있다. 또한 시장들은 주식시장을 제외하고는 여건 변화에 즉각적으로 반응하기보다는 이전에 발생한 사건에 의해 영향을 받는다. 이러한 이유로 인하여 목재시장 분석에서 시차(time lag) 모형을 적용하는 것이 일반적이다(김준순, 1998).

3 산업연관표를 활용한 목재시장의 이해

목재시장은 산림에서 임목을 수확하고, 원목을 가공하여 목재제품을 생산하며, 이는 건축·토목업 또는 목재가구공업의 자재로 활용되는 구조로 이루어져 있다. 이처럼 목재시장은 여러 산업이 서로 연관되어 있으므로 산업간의 연관성을 파악하는 것은 중요하다. 산업간 연관관계를 정량적으로 분석하는 대표적인 방법으로 산업연관분석이 있다.

1) 산업연관표

산업연관분석은 산업연관표를 이용하여 산업 간 상호연관관계를 정량적으로 분석하는 방법이다. 한국은행은 1963년에 최초로 1960년 기준 산업연관표를 발표하였으며, 1970년부터는 5년 주기로 산업연관표를 작성해왔다. 또한 2005년부터는 실측표 기반으로 매년 연장표를 작성하고 있다. 가장 최근에는 2020년 기준 산업연관표(실측표)와 2021년, 2022년, 2023년 산업연관표(연장표)를 발표하였다.

산업연관표의 기본구조

산업연관표는 1년 동안 한 국가의 산업간 거래관계를 행렬형식으로 기록한 통계표로, 투입구조와 배분구조를 살펴볼 수 있다. 산업연관표의 열(세로 방향)은 투입구조로, 재화나 서비스를 생산하기 위해 사용한 비용을 의미한다. 이는 각종 원재료, 연료 등을 구입한 금액인 중간투입액과 피용자보수, 영업잉여, 고정자본 소모, 생산세를 합한 금액인 부가가치액으로 구성되며, 그 합계를 총투입액이라고 한다. 행(가로 방향)은 배분구조로, 생산된 재화나 서비스가 어디에 사용되었는지를 의미한다. 이는 다른 상품의 생산을 위해 중간재로 판매된 금액인 중간수요액과 소비, 투자, 수출과 같이 최종재로 판매된 금액인 최종수요액으로 구성되며, 그 합계를 총수요액이라고 한다. 이때 총수요액에서 수입액을 뺀 값을 총산출액이라고 하며, 총투입액과 총산출액은 항상 일치한다.

표 10-2 산업연관표의 기본구조

		중간수요액					최종 수요액	총수요액	수입	총산출액
		1	…	j	…	n				
중간 투입액	1	x_{11}	…	x_{1j}	…	x_{1n}	Y_1	TD_1	M_1	X_1
	⋮	⋮	⋮	⋮	⋮	⋮	⋮	⋮	⋮	⋮
	i	x_{i1}	…	x_{ij}	…	x_{in}	Y_i	TD_i	M_i	X_i
	⋮	⋮	⋮	⋮	⋮	⋮	⋮	⋮	⋮	⋮
	n	x_{n1}	…	x_{nj}	…	x_{nn}	Y_n	TD_n	M_n	X_n
부가가치액		V_1	…	V_j	…	V_n				
총투입액		X_1	…	X_j	…	X_n				

열: 중간투입액$(\sum_{i=1}^{n} x_{ij})$ + 부가가치액(V_j) = 총투입액(X_j)

행: 중간수요액$(\sum_{j=1}^{n} x_{ij})$ + 최종수요액(Y_i) = 총수요액(TD_i)

총산출액(X_i) = 총수요액(TD_i) - 수입(M_i)

총투입액(X_j) = 총산출액(X_i)

산업연관표상 목재시장 관련 부문

2020년 산업연관표는 기본부문 380개 부문을 바탕으로 소분류 165개, 중분류 83개, 대분류 33개 부문으로 각각 통합하였다. 산업연관표의 부문분류 중 목재시장과 관련된 부문은 총 17개의 기본부문으로 구성되어 있으며, 대분류 기준 농림수산품 중 영림, 원목; 목재 및 종이, 인쇄 중 제재목, 합판, 강화 및 재생목재, 건축용 목제품, 목재용기 및 적재판, 기타 목제품, 펄프, 인쇄용지, 기타 원지 및 판지, 골판지 및 골판지가공품, 종이용기, 종이문구 및 사무용지, 위생용 종이제품, 기타 종이제품; 기타 제조업제품 중 목재 가구가 이에 포함된다.

표 10-3 산업연관표상 목재시장 관련 부문

기본부문(17)		소분류(7)		중분류(4)		대분류(3)	
0301	영림	030	임산물	03	임산물	A	농림수산품
0302	원목						
1311	제재목	131	목재	13	목재 및 목제품	C03	목재 및 종이, 인쇄
1312	합판						
1313	강화 및 재생목재						
1321	건축용 목제품	132	목제품				
1322	목재용기 및 적재판						
1329	기타 목제품						
1410	펄프	141	펄프	14	펄프 및 종이제품		
1421	인쇄용지	142	종이류				
1429	기타 원지 및 판지						
1431	골판지 및 골판지가공품	143	종이 제품				
1432	종이용기						
1433	종이문구 및 사무용지						
1434	위생용 종이제품						
1439	기타 종이제품						
4311	목재 가구	431	가구	43	기타 제조업제품	C13	기타 제조업제품

2) 산업연관분석

산업연관분석은 특정 산업의 재화나 서비스에 대한 최종수요가 변화할 때, 생산, 부가가치, 수입 및 취업(고용) 등에 미치는 영향을 정량적으로 분석하는 방법으로 정책 수립이나 정책 효과의 평가에 활용된다. 산업연관표를 통해 다양한 계수를 산출함으로써 산업 간 상호연관관계를 파악할 수 있으며 주요 계수로는 생산유발계수, 부가가치유발계수, 수입유발계수, 취업(고용)유발계수 등이 있다. 이를 산출하기 위해 먼저 각 부문의 중간투입액을 총투입액으로 나누어 투입계수(중간투입액/총투입액 = x_{ij}/X_j)를 계산한다. 이후 투입계수를 활용하여 생산유발계수를 도출하고, 이를 바탕으로 부가가치계수, 수입계수, 취업(고용)계수를 적용하여 각각 부가가치유발계수, 수입유발계수, 취업(고용)유발계수를 산정한다.[8)]

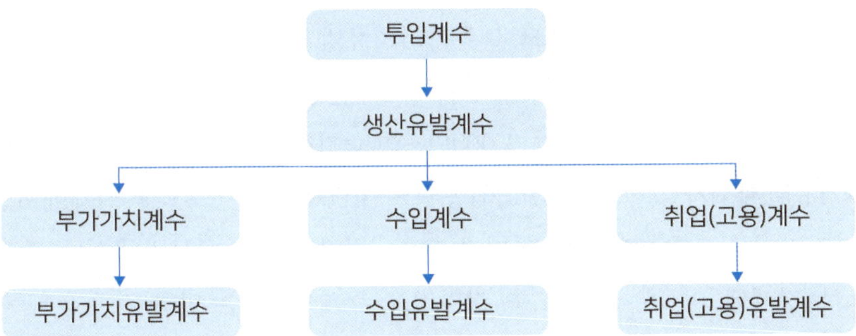

▶ **그림 10-10** 산업연관분석을 통한 유발계수 산출 흐름도

생산유발계수

생산유발계수는 어떤 산업의 재화나 서비스에 대한 최종수요 1단위가 발생할 때 국내 산업 전반에서 직·간접적으로 얼마나 추가적인 생산이 이루어지는지를 나타내는 계수이다. 건축용 목제품 한 개를 생산하기 위하여 제재목, 접착제, 제재 기계 등과 같은 중간재가 생산되어야 한다. 또한 이 중간재들을 생산하기 위해서는 원목, 유기화합물, 기계 부품 등 또 다른 재료의 생산이 필요하다. 이와 같

8) 산업연관분석과 관련한 보다 자세한 정보는 한국은행(2014) 「산업연관분석해설」을 참조 바란다.

이 건축용 목제품의 생산 과정은 많은 산업의 생산활동에 영향을 미치게 되므로, 생산유발계수의 값이 클수록 다른 산업과의 연관효과가 크다는 것을 의미한다.

생산유발계수를 이용하여 생산유발효과를 측정할 수 있다. 예를 들어, 목재의 최종수요가 1,000만 원 발생하였을 때 생산유발계수가 2.155일 경우 경제 전체적으로는 2,155만 원의 생산유발효과가 있다고 해석할 수 있다.

부가가치유발계수

부가가치유발계수는 어떤 산업의 재화나 서비스에 대한 최종수요가 1단위 발생할 때 국민경제 내에서 부가가치(피용자보수, 영업잉여, 순생산세, 고정자본소모)가 직·간접적으로 얼마나 증가하는지를 나타내는 계수이다. 부가가치유발계수가 높을수록 재화나 서비스를 생산할 때 경제 전체에서 새롭게 발생하는 소득이나 이익과 같은 부가가치가 높다는 것을 의미하며, 서비스업은 제조업보다 노동집약적이며 중간재 사용 비율이 낮으므로 부가가치유발계수가 제조업보다 높다.

부가가치유발계수를 이용하여 부가가치유발효과를 측정할 수 있다. 예를 들어 목재제품에 대한 최종수요가 1,000만 원 증가했다고 하자. 이때 해당 산업의 부가가치유발계수가 0.680이라면, 최종수요 1,000만 원이 경제 전체에서 680만 원의 부가가치를 만들어낸다는 의미가 된다. 결국 부가가치유발계수를 곱하면 최종수요가 경제에 미치는 기여도를 정량적으로 파악할 수 있다.

수입유발계수

수입유발계수는 어떤 산업의 재화나 서비스에 대한 최종수요가 1단위 발생할 때 수입이 직·간접적으로 얼마나 증가하는지를 나타내는 계수이다. 수입유발계수가 높을수록 해당 재화나 서비스의 수입의존도가 높다는 것을 의미하며, 목재 및 목제품의 수입유발계수는 국내 산업 평균보다 높은 편이다.

수입유발계수를 이용하여 수입유발효과를 측정할 수 있다. 예를 들어 목재에 대한 최종수요가 1,000만 원 증가했다고 하자. 이때 해당 산업의 수입유발계수가 0.320이라면, 최종수요 증가로 인해 320만 원이 해외에서 원자재나 제품을 들여오는 데 사용된다는 의미가 된다. 즉, 최종수요 1,000만 원이 발생하면 전체 부문에서 320만 원 규모의 수입이 추가로 유발되는 셈이다.

취업(고용)유발계수

취업(고용)유발계수는 어떤 산업의 재화나 서비스에 대한 최종수요가 10억 원 발생할 때 몇 명의 취업(고용)이 새롭게 생기는지를 나타내는 계수이다. 취업(고용)유발계수가 높을수록 해당 산업이 노동집약적임을 의미하며, 일반적으로 서비스업의 취업(고용)유발계수가 제조업보다 높다.

취업(고용)유발계수를 이용하여 취업(고용)유발효과를 측정할 수 있다. 예를 들어 목재 제품에 대한 최종수요가 10억 원 증가했고, 해당 산업의 취업유발계수가 7.863이라면, 이 수요 증가로 인해 경제 전체에서 약 7.863명의 취업이 추가로 유발된다는 의미이다.

표 10-4 목재시장 품목별 유발계수(2020년 기준)

	생산유발계수	부가가치유발계수	수입유발계수	취업유발계수
임산물	1.505	0.940	0.060	5.928
목재	2.155	0.680	0.320	7.863
목제품	2.033	0.697	0.303	9.046
펄프	2.478	0.676	0.324	8.441
종이류	1.984	0.669	0.331	5.922
종이제품	2.234	0.763	0.237	8.446
가구	2.201	0.758	0.242	9.797

3) 산업연관분석 이외의 연구 방법론

이외에도 지역산업연관분석, 연산가능 일반균형모형(Computable General Equilibrium: CGE) 등은 목재시장이 경제에 미치는 효과와 산업 간의 상호연관관계를 분석하기 위한 방법으로 활용되고 있다.

지역산업연관분석

지역산업연관분석은 지역산업연관표를 활용하여 지역 간의 상이한 생산기술 구조와 교역관계를 반영함으로써, 산업 간뿐만 아니라 지역 간의 상호연관관계를 파악하고 지역경제의 구조와 순환흐름을 분석하는 방법이다. 이를 이용하여 지역 산업구조 분석, 지역전략산업 혹은 지역특화산업 정책수립, 공공투자의 지역경제

파급효과 분석 등에 활용할 수 있다.

「제3차 목재이용종합계획」에서는 국내 목재산업 경쟁력을 강화하기 위해 지역별로 특화되고, 목재 생산·가공·유통·이용 거점 역할을 수행하는 목재산업단지 조성을 추진하고자 한다. 이와 같이 지역별로 특화된 목재산업 정책을 수립하기 위해 지역산업연관분석이 활용될 수 있다.

연산가능 일반균형모형

산업연관분석은 부분균형분석으로 복잡한 구조를 반영하지 못하는 한계점이 있어 이를 보완하는 분석 방법으로는 연산가능 일반균형모형(Computable General Equilibrium: CGE)이 있다. 연산가능 일반균형모형은 특정정책이나 외부 요인의 변화가 전체 경제에 미치는 영향을 분석하는 방법이며, 각 경제주체 간의 이윤 및 효용극대화를 반영할 수 있는 장점이 있다.

이에 따라 다양한 시나리오 설정이 가능하여 다양한 정책에 따른 효과를 분석할 수 있으며, 정책 변화가 시장에 어떤 영향을 미치는지를 예측하기 위해 활용될 수 있다.

연습문제

1. 입목시장 → 원목시장 → 목재제품시장으로 이어지는 단계별 수직적 공급체인의 구조와 각 단계의 주요 수요 · 공급 주체를 구분하여 서술하시오.

2. 입목, 원목, 제재목(목재제품)의 중간재/최종재 성격을 비교하고, 파생수요 (derived demand)의 의미를 목재시장에 적용해 설명하시오.

3. 조재율 · 제재수율의 정의를 쓰고, 수율 개선이 각 단계의 가격 및 이윤 구조에 미치는 영향을 개념적으로 설명하시오.

4. 입목시장에서 공급곡선 이동을 유발하는 비가격 요인(요소비용, 보조금, 규제 등)을 예로 들고, 가격 변화에 따른 곡선 상의 이동과 구분하여 설명하시오.

5. 원목시장의 수요함수에 영향을 주는 요인(대체재가격, 제재목가격, 경기 · 정책 변수)을 정리하고 그 작동 논리를 제시하시오.

6. 목재제품시장의 수입재 비중이 높을 때 국내 목재산업의 가격 결정과 변동성에 나타날 수 있는 특징을 논하시오.

7. 시차(time lag)가 목재시장 분석에서 중요한 이유를 설명하고, 생산 · 수요 조정의 지연이 가격 · 거래량에 미치는 함의를 논하시오.

8. 건설경기 호황이 목재제품시장 → 원목시장 → 입목시장으로 전파되는 경로를 수요 · 공급 이동 도식으로 설명하시오.

참고문헌

국립산림과학원(2012), 『임업기술핸드북』, 국립산림과학원.

국립산림과학원(2020), 『산림자원 순환경제 중기연구계획』, 국립산림과학원.

김동준 · 김준순 · 민경택 · 박주원 · 안기완 · 이요한 · 조장환 · 최수임(2023), 『산림경제학』, 향문사.

김준순(1998), “시차종속변수에 의한 우리 나라 원목수요분석”『한국자원경제학회』, 8(1)131-147.

김현웅 · 성재훈(2022), “CGE 모형을 활용한 농업 가뭄의 직간접적 파급효과 계측 -쌀 생산성을 중심으로-”, 『농촌계획』, 28(4) 93-104.

노용환(2006), “사회회계행렬을 통해 본 한국경제의 소득재분배구조 분석”, 『경제분석』, 12(2)67-106.

민경택(2020), “임업 · 목재산업의 산업연관분석”, 『한국산림과학회지』, 109(4)521-531.

법제처, 『국가법령정보센터』, law.go.kr.

산림청(2023, 2024), 『목재이용실태조사』, 산림청.

산림청(2025), 『산림임업통계연보』, 산림청.

산림청(2025), 『제3차 목재이용종합계획』, 산림청.

안홍기 · 민성희 · 남기찬(2015), 『매년도 지역산업연관표 작성방안 연구』, 국토연구원.

이준구 · 이창용(2015), 『경제학원론』, 문우사.

정영호(2022), 『강원경제의 산업연관분석 -주요 제조업을 중심으로-』, 강원연구원.

한국은행(2014), 『산업연관분석해설』.

한국은행(2024), 『2020년 기준년 산업연관표』.

한국은행(2024), 『2020년 기준년 산업연관표 작성 결과』.

한국은행(2024), 『2021-2022년 산업연관표(연장표) 작성 결과』.

한국농업경제학회(2012), 『농업경제학』, 율곡출판사.

홍찬영 · 염다혜(2018), 『지역산업연관표를 이용한 연구개발투자의 지역별 파급효과 추정』, KISTEP.

Johansson, P. O. (1987), *The economic theory and measurement of environmental benefits*, Cambridge University Press.

Kim, J. S. (1997), *Zur monetären Bewertung der Erholungsfunktion des Waldes: Eine mikroökonomische und mikroökonometrische Analyse*, Universität Göttingen.

World Wild Fund For Nature (2012), *Living Forests Report*, World Wild Fund For Nature.

CHAPTER

11 단기소득임산물시장

1 단기소득임산물시장의 특성

1) 단기소득임산물의 구분

비목재임산물인 단기소득임산물은 수확 주기가 농산물과 같이 짧고 반복 생산이 가능하며 자연 채취 또는 조방적 경영이 가능한 작물로 산림 내부나 그 주변에서 생산활동이 이루어진다. 우리나라는 점차 국민소득이 높아지면서 건강 먹거리에 대한 관심이 전반적으로 높아지고 있는 실정이다. 이러한 가운데 주로 집약적 생산에 의존하는 농산물보다는 조방적이고 자연에 의존을 많이하여 생산 또는 채취되는 단기소득임산물에 대한 관심이 높아지고 있다. 임산물의 생산 특성에 따라 수실류, 산채류, 약초류, 버섯류로 구분하는 것이 일반적이다.

표 11-1 단기소득임산물의 생산 특성

구분	수실류	산채류	약초류	버섯류
주요 품목	밤, 잣, 호두, 떫은감	취나물, 두릅, 곰치	더덕, 도라지, 산삼	표고, 송이
생산 특성	- 목본류의 열매 - 매년 수확(해걸이) - 주로 여름~가을 - 자연 채취비율 낮음 - 상대적 긴 유통기한	- 목본류의 순, 잎 - 1~2년 수확 - 주로 봄~여름 - 야생/반자연적 재배 - 상대적 짧은 유통기한	- 주로 다년생 뿌리 - 다년생 수확 - 재배 난이도 높음 - 건조 등의 1차 가공	- 원목/톱밥 활용 - 집약생산 가능 - 건조 등의 1차 가공

수실류는 장기적으로 지속적인 생산이 가능하고, 유통 경쟁력과 가공 가능성이 높다. 산채류는 계절성이 강하기 때문에 신선하게 유통할 수 있는 체계가 중요하다. 약초류는 기능성 가치에 대한 신뢰가 뒷받침되어야 하며, 건조·저장 기술도 갖추어야 한다. 마지막으로 버섯류는 다양한 인공재배 기술을 접목해 생산 효율을 높이고, 소비처를 다양화하여 활로를 넓히는 것이 중요하다. 일반적으로는 가공품으로 변환하여 판매되기도 하지만 여기서는 저장 또는 건조까지의 제품을 대상으로 한다.

단기소득임산물의 공급은 대부분이 생산 시기가 정해져 있어 계절적 영향을 많이 받으며 자연 조건에 의해 생산량에 영향을 미친다. 이로 인하여 가격 변화에 따른 공급의 탄력성은 낮은 편이나 의도치 않은 자연 조건에 의해 생산량이 좌우된다.

단기소득임산물을 분석할 때는 주로 재배 방식과 자연 채취 방식 간의 수익성을 비교하는 것이 중요하다. 또한 이러한 생산을 위해 얼마나 많은 토지와 노동 등 생산요소가 투입되는지도 중요한 관심사로 다뤄진다. 거시적인 관점에서는 지역별로 특정 품목에 편중되지 않도록 특화 작목을 선정하는 전략도 중요하다. 이를 통해 지역별 생산 균형을 유지하고, 단기소득임산물 생산의 안정성과 효율성을 높일 수 있다(김준순·이재근, 2007).

2) 단기소득임산물시장의 구조적 특성

단기소득임산물 시장은 일반적인 농산물 시장과는 구별되는 고유한 구조적 특성을 지니고 있으며, 특히 시장 참여자, 가격 형성 메커니즘, 정보의 흐름, 품질 관리 및 유통방식 측면에서 독특한 특징을 보인다.

우선, 시장구조의 유형 측면에서 단기소득임산물 시장은 일반적인 시장에서 흔히 볼 수 있는 독점적 경쟁시장(monopolistic competition)이나 과점시장(oligopoly market)과는 뚜렷이 다른 모습을 나타낸다. 이 시장은 상대적으로 소규모의 다수 생산자가 존재하고, 이들 각각은 개별적으로 시장가격에 영향을 미치기 어려운 가격수용자(price taker)의 역할을 수행한다. 이는 경제학적으로 볼 때 완전경쟁시장(perfectly competitive market)의 구조와 유사한 속성을 지닌다. 즉, 공급자들은 동일하거나 유사한 임산물(예: 밤, 잣, 더덕, 고사리 등)을 생산하고 판매하지만, 개별 생산자가 시장가격을 결정하거나 조정할 수 있는 영향력은 극히 제한적이다.

하지만 이러한 구조가 항상 완전경쟁시장의 이상적 조건을 충족하는 것은 아니다. 특히 시장 진입 장벽(entry barrier) 측면에서 보면, 형식적으로는 누구든 시장에 참여할 수 있는 개방적 구조를 갖는 것처럼 보이나 실제로는 일정 수준 이상의 토지 자원 확보와 함께 재배 및 채취에 관한 기술적 지식과 노하우를 필요하다. 예를 들어, 산나물이나 약초류는 단순히 자연에서 채취하는 것이 아니라 채취 시기, 장소, 보존 방법, 상품화 기술 등 복합적인 요소가 작용하며, 이러한 기술의 보유 여부가 시장 진입을 제한하는 요인이 될 수 있다.

또한 단기임산물은 일반 공산품에 비해 품질의 이질성(heterogeneity)이 매우 크다. 즉, 단순한 선호(preference) 차원을 넘어 실질적인 품질의 다양성이 존재한다. 예를 들어, 같은 더덕이라 하더라도 채취한 지역, 재배 방식(재배 vs. 자연산), 수확 시기, 저장 상태 등에 따라 품질과 소비자 선호도는 현저히 달라진다. 이는 소비자가 단순히 브랜드나 가격만으로 품질을 판단하기 어렵게 만드는 요소로 작용한다.

이러한 품질의 차이와 불확실성은 시장 참여자 간의 정보 비대칭(information asymmetry) 문제로 이어진다. 생산자는 자신의 제품에 대해 잘 알고 있지만, 소비자는 해당 정보에 접근하기 어렵거나 불완전한 정보 하에 구매 결정을 내릴 수밖에 없다. 이로 인해 시장가격이 실제 품질을 제대로 반영하지 못하거나 과소평가, 과대평가되는 등 가격 왜곡(price distortion) 현상이 자주 발생한다. 소비자는 품질이 낮은 제품에 높은 가격을 지불할 수 있으며, 반대로 우수한 품질의 제품이 제 가치를 인정받지 못하는 경우도 있다.

이러한 정보 불균형 문제를 완화하기 위해 정부와 민간 차원에서는 여러 가지 제도적 장치와 정책적 노력이 시행되고 있다. 대표적으로는 다음과 같은 방식들이 있다.

① 인증제도 도입

예를 들어, 친환경 인증, 유기임산물 인증, GAP(Good Agricultural Practices) 인증 등을 통해 소비자에게 제품의 생산 과정 및 안전성에 대한 신뢰를 제공하고 있다. 이러한 인증은 단기임산물의 부가가치를 높이는 동시에 시장의 투명성을 증진시키는 효과가 있다.

② 품질 및 원산지 표시의 의무화

모든 유통 임산물에는 반드시 생산지, 수확일, 등급 등의 정보를 명시하도록 하여 소비자가 합리적인 선택을 할 수 있도록 돕고 있다. 이는 소비자 보호와 함께 신뢰 기반의 시장 형성에 중요한 역할을 한다.

③ 유통구조의 개선 및 투명화

단기소득임산물은 종종 중간 유통 단계를 거치면서 가격이 급등하거나 생산자에게 돌아가는 몫이 줄어드는 경우가 많다. 이에 따라 직거래 장터, 온라인 플랫폼, 산림조합 등의 공동판매 시스템을 통해 생산자와 소비자 간의 물리적 거리를 줄이고, 유통 마진을 최소화하려는 노력이 필요하다.

이러한 시장의 효율성과 공정성을 제고하기 위해서는 단순한 가격 메커니즘만이 아니라 정책적 개입, 제도적 보완, 소비자 교육이 함께 이루어져야 한다.

3) 단기소득임산물시장의 유통 경로

단기소득임산물은 밤, 잣, 더덕, 고사리, 두릅, 표고버섯, 산약초류 등과 같이 비교적 짧은 주기로 생산되며 지역특산물의 성격을 지닌 임산물로 이들 시장은 유통 경로에 따라 그 구조와 특성이 달라진다. 유통은 단순한 물류의 흐름을 넘어서 가격 형성, 품질 보장, 거래 투명성 등에 영향을 미치는 중요한 요소로 작용한다.

전통적인 유통 구조

단기소득임산물시장에서 가장 전통적이고 일반적인 유통 경로는 다음과 같은 5단계 구조로 나타난다: **생산자 → 산지 중간상인 → 도시 도매시장 → 소매상 → 소비자**

이 구조는 전국적으로 널리 퍼져 있으며 주로 소규모 개별 생산자들이 다양한 품목을 채취 또는 재배한 후, 산지에서 활동하는 중간상인을 통해 유통이 시작된다. 이 중간상인은 현지에서 다량의 물량을 확보하여 대도시의 공영도매시장으로 운송하며, 도매시장에서 다시 소매상에게 납품되고, 마지막으로 최종 소비자에게 도달한다. 특정 임산물의 경우는 산지 중간상인과 도시 도매시장의 단계를 산림조합이 대행해주기도 한다.

이러한 구조는 유통의 전문성과 대량 거래의 효율성을 담보할 수 있다는 장점이 있으며, 특히 각 단계에서의 가공, 저장, 선별, 운송 등의 부가서비스가 이루어지므로 지역경제의 일자리 창출에도 일정 부분 기여하는 바가 크다. 예를 들어 산지 중간상인은 지역주민 고용의 중요한 통로가 되며 도매시장에서도 선별, 포장, 중개 등 다양한 부문의 인력이 필요하다.

하지만 유통단계가 많아질수록 상품가격은 다단계 이윤구조로 인해 상승하는 경향이 있다. 이는 생산자에게는 낮은 가격으로 매입되고, 소비자에게는 상대적으로 높은 가격으로 판매되는 이중 구조를 야기하며, 소득 불균형과 유통의 비효율성 문제가 제기되기도 한다. 특히 저장성이 낮고 신선도가 중요한 단기임산물의 특성상, 중간단계가 많을수록 상품의 품질 저하 위험도 커지게 된다.

유통마진이란?

유통마진(marketing margin)은 소비자가 지불한 가격과 생산자가 수취한 가격의 차이를 말하며, 중간유통 과정에서 발생하는 비용과 유통업자 이윤의 합이다. 여기에서 유통비용은 유통 과정에서 발생하는 포장, 운송, 보관, 가공 등의 물류비용, 점포임대 비용, 감모손실 비용 등이다. 즉 유통업자가 수행한 기능 및 효용 추가 활동에 대한 대가라고 할 수 있다.

일반적인 유통마진은 상품의 최종 판매가격에서 최초 구매가격의 차이인데, 이를 세분하여 유통단계별로 유통마진을 계산하기도 한다. 즉 유통단계별 유통마진은 어느 단계에서 다음 단계로 판매할 때의 가격에서 이전단계에서 구매할 때의 가격을 뺀 가격이다.

이를 그림으로 표현하면, 생산지에서 임가는 공급자가 되고 상인이 수요자가 되므로 임가의 공급공선은 S_f, 상인의 수요곡선은 D_f로 나타낼 수 있다. 소매단계에서는 상인이 공급자가 되고 최종 소비자가 수요자가 되므로 상인의 공급곡선은 S_r, 최종소비자의 수요곡선은 D_r로 나타낼 수 있다. 산지가격(P_f)은 D_f와 S_f가 만나는 점에서 결정되고, 소매가격(P_r)은 D_r과 S_r이 만나는 점에서 결정된다. 여기에서 유통마진은 소매가격(P_r)에서 생산자 판매가격(P_f)을 빼준 값이다.

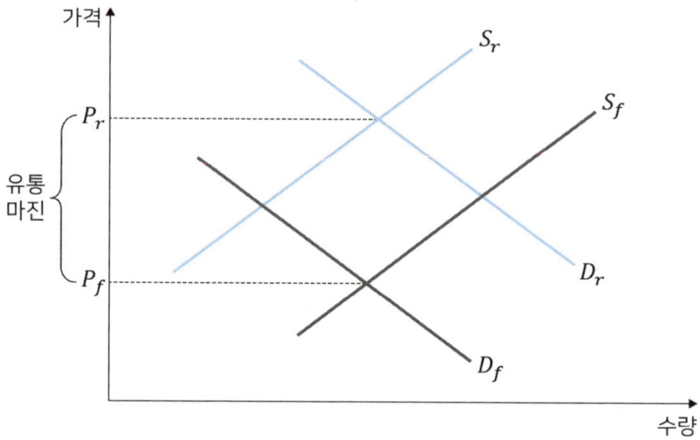

$$\text{유통마진율}(\%) = \frac{\text{소비자 지불가격} - \text{생산자 판매가격}}{\text{소비자 지불가격}} \times 100$$

출처: 김동준 등, 2023, 산림경제학, 향문사, p.155.

변화하는 유통 경로: 온라인과 직거래 중심의 확대

최근에는 정보통신기술의 발달과 소비자의 소비 행태 변화에 따라 전통적인 유통 구조 외에도 다양한 형태의 유통 경로가 생겨나고 있다. 대표적으로 산지 직송, 계약재배, 지역 직매장 등을 들 수 있다.

① **산지 직송**

농가 또는 생산자 단체가 온라인 플랫폼(예: 네이버, 쿠팡 등)을 활용하여 소비자에게 직접 판매하고, 택배 또는 퀵배송을 통해 신속하게 제품을 공급하는 방식이다. 이 경우 중간 유통마진이 줄어들고 생산자 수익률이 높아지는 동시에, 소비자는 신선한 제품을 비교적 저렴하게 구매할 수 있는 장점이 있다.

② **계약 재배**

일정 수요를 확보한 가공업체나 유통업체가 생산자와 사전 계약을 통해 재배를 요청하고, 수확 시 제품을 전량 또는 일부 매입하는 방식이다. 이 구조는 가격 안정성과 품질 예측 가능성을 높여주며, 특히 기능성 약초나 특정 품목(예: 오미자, 헛개나무)의 경우에 선호되는 방식이다.

③ **로컬푸드 직매장**

지역 단위로 운영되는 직매장(예: 하나로마트 내 로컬푸드 코너, 지방자치단체 직영 매장 등)을 통해 생산자와 소비자가 대면하지 않고도 지역 내 유통이 이루어지는 구조다. 이 방식은 신선도 유지, 지역경제 활성화, 저탄소 유통 등을 동시에 추구할 수 있다는 점에서 긍정적 평가를 받고 있다.

표 11-2 유통 방식에 따른 특징과 장단점

구분	특징	장점	단점
전통 유통구조	다단계 유통	유통 전문성, 고용 창출	가격 상승, 품질 저하, 생산자 수익 감소
산지 직송	온라인 판매 또는 직접 배송	중간마진 생략, 신선도 보장	물류비 부담, 마케팅 역량 강화
계약 재배	생산자-유통업체 간 계약	가격 안정, 수요예측 가능	품목 제한, 계약 조건 의무
로컬 매장	지역 내 납품	신선도 유지, 지역경제 활성화, 탄소저감	수요 규모 제한, 상품 다양성 부족

관련 기관의 역할과 유통 인프라

유통 경로의 변화와 함께 공공기관의 지원 체계도 중요해지고 있으며, 품질 인증 관련해서는 임업진흥원, 유통 관련해서는 산림조합이 있다. 이들 기관들은 단기임산물의 안정적 생산과 유통을 위해 다음과 같은 기능을 수행하고 있다.

① **공동 선별 및 공동 출하 시스템 운영**

개별 농가가 출하한 임산물을 집하한 뒤, 공동으로 선별·포장·등급화하여 대형 유통업체나 공공기관 납품이 가능하도록 지원한다.

② **품질관리 및 안전성 보증**

생산자가 출하한 제품에 대해 검수 및 품질 보증 마크 부착, 위해요소 검사 등을 실시하여, 소비자 신뢰를 높이고 불량제품 유통을 방지한다.

③ **가격 정보 제공 및 시장 정보 유통**

시장가격 및 수요 동향을 생산자에게 제공하여 계획생산과 시장대응능력을 향상시키는 역할도 수행하고 있다.

이와 같은 유통 경로의 다변화는 시장 효율성 제고, 생산자 소득 안정, 소비자 만족도 향상이라는 다방면의 효과를 기대할 수 있다. 앞으로도 디지털 기반 유통망의 확대, 생산자와 지원 기관과의 협업체계 강화, 친환경·고품질 제품 중심의 유통 전략이 점차 중요해질 것으로 예상된다. 이를 위한 노력의 일환으로 현재 임산물유통정보시스템(http://forestinfo.or.kr)을 운영하고 있다.

2 단기소득임산물시장의 수요와 공급

단기소득임산물은 시기성, 품질 차이, 자연환경 의존성, 유통 구조의 다양성 등의 요인으로 인해 수요와 공급이 일반 상품시장보다 더 큰 변동성을 보인다.

일반 수요인자

단기소득임산물 역시 일반 수요이론과 동일하게 자체 가격이 하락하면 수요량이 증가하고 가격이 상승하면 수요량이 감소하는 수요곡선이 우하향하는 형태로 나타난다. 그외에도 소득 수준, 대체재의 존재 유무, 소비자의 기호 변화 등이 수요에 영향을 미친다. 소득 수준이 높은 소비자일수록 건강식품이나 기능성 식품으로 인식되는 임산물, 예를 들어 산약초나 표고버섯 등에 대한 수요가 상대적으로 더 높게 나타난다. 이는 소비자의 구매력과 건강·웰빙에 대한 관심이 임산물 소비 패턴에 직접적인 영향을 미친다는 점을 보여준다. 또한 대체재의 존재 여부도 중요한 역할을 한다. 예를 들어 소비자는 더덕 대신 도라지를, 표고 대신 새송이를 선택할 수 있으며, 이러한 선택은 수요 패턴에 변화를 가져온다. 아울러 소비자의 기호 변화, 특히 웰빙 트렌드와 건강에 대한 관심 증가는 관련 임산물의 수요를 증가시키는 요인이 된다.

일반 공급인자

공급은 일반적으로 가격이 상승하면 생산자들이 더 많이 생산하거나 출하하고, 가격이 하락하면 공급량이 감소하는 우하향하는 공급곡선을 갖는다. 공급량에 영향을 미치는 인자는 가격 이외에도 기후와 자연조건, 생산요소의 가격, 재배기술 보유 유무 등도 영향을 미친다. 특히, 예를 들어 수실이나 나물 등과 같은 품목은 특정 시기에 집중되는 경향을 보인다.

단기소득임산물시장 역시 전통적인 수요·공급 이론에 의해 해석 가능하지만, 자연환경, 계절성, 품질차이, 유통구조의 특수성으로 인해 정교한 시장 분석과 정책적 대응이 요구된다.

수요·공급 모형 분석 사례

단기소득임산물시장 공급량은 국내 생산량 중에 수출량과 가공 투입량을 제외하고 수입량을 추가한 값으로 시장에서 파악되는 것을 전제로 시장 수요량과 동일하다. 이상민 등(2013)은 대표적인 단기소득임산물을 대상으로 1988년부터 2012년 기간 동안의 수요와 공급모형을 더블로그함수로 구축하고 그 특성에 따라 공급모형, 수입수요모형, 역수요모형으로 구분하여 상이한 독립변수를 적용하였다.[9)]

수실류의 대표적인 생산물인 밤, 대추, 떫은감을 대상으로 수요·공급 모형에 활용한 독립변수 정보는 표 11-3과 같다.

표 11-3 주요 수실류 공급·수요모형에서 활용한 독립변수

	밤	대추	떫은감
공급모형	- 생산자 물가지수 - 토지용역비 - 전기(t-1) 생산량 - 더미변수(태풍피해)	- 생산자가격 - 농업노동임금	- 곶감 생산자가격 - 떫은감 노임 - 전기(t-1) 생산량
수입수요모형	- 수입단가 - 국민총처분가능소득	- 수입단가 - 대추가격 - 더미변수	- 수입단가 - 국민총처분가능소득
역수요모형	- 1인당 밤소비량 - 1인당 국민총처분가능소득 - 더미변수(금융위기)	- 1인당 대추소비량 - 1인당 국민총처분가능소득 - 전기(t-1) 소비자가격	- 1인당 떫은감소비량 - 1인당 국민총처분가능소득 - 전기(t-1) 곶감소비자가격

출처: 이상민 등. 2013. 임산물 수급모형 구축 및 전망. 한국농촌경제연구원.

9) 역수요함수란 일반적인 수요함수는 가격이 주어졌을 때 수요량을 도출하는 방식이라면, 역수요함수는 수요량이 주어졌을 때, 소비자가 지불할 의향이 있는 가격을 나타내는 함수를 의미한다. 하지만 이 둘의 정보는 같은 정보를 다르게 표현한 것에 불과하다.

그 밖에도 건표고, 생표고, 산나물을 대상으로도 공급, 수입, 역수요함수에 기반하여 모형을 구축하였다(표 11-4).

표 11-4 주요 버섯류 및 산나물 공급·수요모형에서 활용한 독립변수

	건표고	생표고	산나물
공급모형	- 생산자가격 - 일반활엽수잡목 가격 - 더미변수	- 생표고 농가판매가격지수 - 일반활엽수잡목 가격 - 토지용역비 - 더미변수	- 산나물 생산단가 - 토지용역비 - 더미변수
수입수요 모형	- 수입단가 - 소비자가격 - 소득 -더미변수	- 수입단가 - 소비자가격 - 더미변수	- 전기(t-1) 수입단가 - 전기(t-1) 국민총처분가능소득 - 더미변수
역수요 함수	- 전기(t-1) 1인당 건표고소비량 - 전기(t-1) 소비자가격 - 1인당 국민총처분가능소득	- 1인당 생표고 소비량 - 1인당 국민총처분가능소득 - 전기(t-1) 소비자가격	- 1인당 산나물소비량 - 전기(t-1) 1인당 국민총처분가능소득

출처: 이상민 등. 2013. 임산물 수급모형 구축 및 전망. 한국농촌경제연구원.

이들 독립변수들은 상대적인 변수로 분석 모형에 따라, 분석기간에 따라 달라질 수 있다.

연습문제

1. 단기소득임산물을 수실류 · 산채류 · 약초류 · 버섯류로 구분할 때, 각 범주의 생산 · 유통 특성을 한 가지씩 제시하시오.

2. 이 시장이 완전경쟁에 유사하면서도 실제로는 그렇지 않은 이유(품질 이질성, 기술 · 지식 장벽, 정보비대칭 등)를 설명하시오.

3. 계절성 · 자연의존성이 공급탄력성과 가격변동성에 미치는 영향을 개념적으로 논하시오.

4. 정보비대칭을 완화하기 위한 인증 · 원산지 표시 · 등급화의 역할과 한계를 비교하시오.

5. 전통 유통(생산자→산지상→도매→소매→소비자)과 온라인 직송 · 계약재배 · 로컬직매장의 장단점을 유통마진 · 신선도 · 시장접근성 관점에서 비교하시오.

6. 유통마진의 개념을 설명하고, 단계별 마진이 과도하게 커질 때 발생할 수 있는 비효율(생산자 몫 축소, 품질저하 위험)을 논하시오.

7. 단기임산물의 수요 결정요인(소득, 대체재, 기호, 계절)을 정리하고, 웰빙 트렌드가 가격 · 거래량에 미치는 방향을 설명하시오.

8. 공공기관(산림조합 · 진흥원 등)의 공동선별 · 출하 · 가격 정보 제공이 시장 효율성에 주는 효과를 서술하시오.

9. 산나물 · 약초류의 야생 채취 vs. 재배를 수익성 · 지속가능성 · 품질 표준화 관점에서 비교하시오.

참고문헌

김동준·김준순·민경택·박주원·안기완·이요한·조장환·최수임(2023), 『산림경제학』, 향문사.

김병률·김성우·송성환·김동훈·김동휘·이두영(2023), 『농산물 유통환경 변화 대응 현황과 시사점』, 한국농촌경제연구원.

김준순·이재근(2007), "지역별 특화를 위한 단기소득임산물 선정"『한국임학회지』, 96(4)432-437

김태우(2009), 『소득수준별 농식품 수요함수 추정: 중도절단회귀모형을 이용한 미시적 접근』, 한국농촌경제연구원.

산림조합중앙회, 『임산물유통정보시스템』, forestinfo.or.kr.

이상민·송성환·박지은·김영배, 『임산물 산지종합유통센터 적정 수요예측 및 규모화 연구』, 한국농촌경제연구원.

이상민·김경덕·송성환(2013), 『임산물 수급모형 구축 및 전망』, 한국농촌경제연구원.

정호근·권오복·석현덕(2013), 『단기소득 임산물의 유통 현황과 주요 과제』. 한국농촌경제연구원.

한국농업경제학회(2012), 『농업경제학』, 율곡출판사.

CHAPTER

12 임산물 무역

무역(Trade)이란 각기 다른 두 나라 간에 이루어지는 상업적인 거래를 의미한다. 이러한 상업적인 거래의 대상은 재화나 서비스이다. 임산물 관련 서비스는 관광·체험, 산림관리 컨설팅, 온라인 판매 플랫폼 등도 있지만 여기서는 유형적인 재화만을 대상으로 한다. 무역 임산물의 특징으로 인하여 건조해지더라도 상품의 질에 영향을 받지 않는 목재 제품이나 건조된 단기소득임산물이 주요 품목이다.

국제무역의 근거는 국내 가격과 국제 가격의 차이로 인해 발생하며 이와 같은 경우 무역으로 수입국과 수출국 모두에게 복지를 증진시키기 때문이다.

1 무역의 효과

1) 한 상품의 무역 효과

한국과 중국 간의 밤을 대상으로 교역이 이루어질 경우 교역 전과 교역 후를 그림 12－1과 그림 12－2로 상호 비교해보면, 한국은 교역 전에는 좌측의 크기만큼 소비자잉여와 생산자잉여가 나타났으나 교역이 이루어지면서 국제시장에서의 밤가격 P_W로 국내 가격보다 하락할 것이고 그로 인하여 국내에서의 밤 수요량(공급량)은 교역 전보다 증가한 X_I이 될 것이며 이때 국내산 밤 공급량은 X_K이고 수입량은 $X_I - X_K$가 될 것이다. 교역 후에 밤가격의 하락으로 인하여 국내 생산량이 감소하여 생산자잉여는 그림 12－1의 교역이 이루어지기 전의 좌편 생산자잉여에서 우편의 $P_K P_W ba$만큼 감소한 반면, 수요량의 증가로 소비자잉여는 우편의 $P_K P_W ca$만큼 증가하였다. 교역 전과 비교하면 그림 12－1의 우편의 삼각형 abc 면적만큼의 잉여가 증가하였다. 즉, 교역으로 인하여 수입국의 전체 후생은 향상되었다.

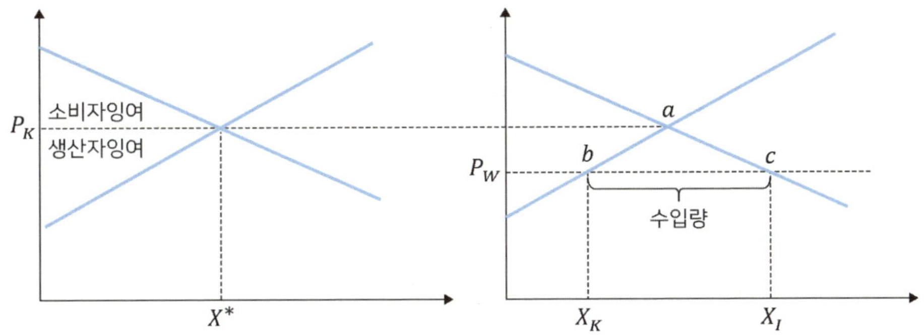

▶ **그림 12-1** 밤의 교역 전후에 따른 수입국(한국)에 미치는 효과

이번에는 수출국인 중국 입장에서는 무역장벽이 없어짐에 따라 국내 가격보다 더 높은 가격인 P_W로 밤을 수출할 수 있게 됨에 따라 밤 공급량을 X_E만큼 생산할 것이다. 총 생산량 중에서 X_C만큼은 국내에서 소비되고 나머지인 $X_E - X_C$만큼은 한국에 수출하게 될 것이다. 중국 역시 한국과 같은 방식으로 해석 가능하다. 교역으로 인하여 밤가격이 상승함에 따라 중국 소비자잉여는 감소한 반면, 높은 가격에 밤을 수출함에 따라 생산자잉여는 증가하였다. 교역 전과 비교하면 그림 12－2의 삼각형 def 면적만큼의 추가적인 잉여가 발생하였다.

수입국인 한국과 마찬가지로 수출국인 중국도 전체 후생은 증가하였다. 이와 같이 무역은 경제주체에 따라 손익이 발생하지만 국가 전체 차원에서는 양국 모두 총잉여는 무역 전보다 증가하였음을 알 수 있다.

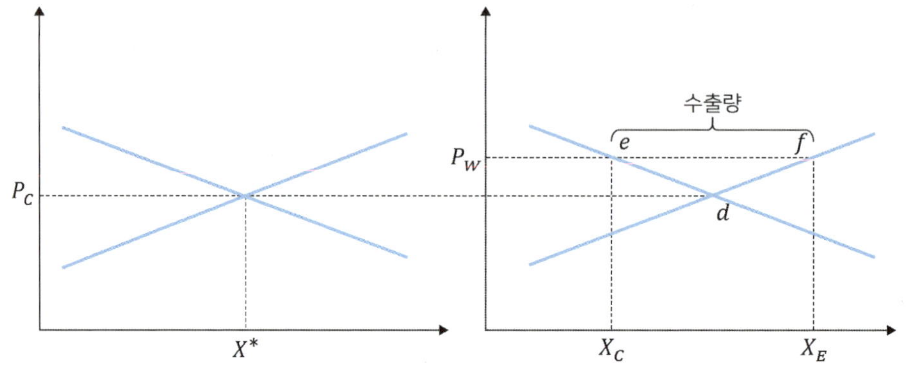

▶ **그림 12-2** 밤의 교역 전후에 따른 수출국(중국)에 미치는 영향

2) 두 상품의 무역 효과

하나의 상품 교역보다는 다수의 상품 교역이 이루어지는 것이 일반적이다. 무역 이론의 발전의 18세기 중엽까지는 정부의 주도로 수입을 억제하고 수출을 늘려야 한다는 중상주의적 관점이 지배적이었다. 그 이후 Adam Smith는 그의 저서 『국부론(1776년)』에서 자유무역이 최선의 정책이라고 주장하면서 각국은 자국이 절대우위를 가지고 있는 재화의 생산을 특화하여 수출하고 절대열위에 있에 있는 재화를 수입해야 한다고 '절대우위론'을 주장하였다. 하지만 이 이론이 나온지 40년 후에 David Ricardo(1817)는 한 국가에서 두 재화 모두 투입되는 단위생산비가 다른 나라에 비해 낮더라도 단위생산비 투입 비율의 차이가 있다면 비교우위에 있는 재화를 특화하여 수출하고 비교열위에 있는 재화를 수입해야 한다는 '비교우위론'을 주장하였다. David Ricardo의 비교우위론은 한계생산비용이 일정한, 즉 생산가능곡선이 우하향하는 직선을 전제로 공급 측면에서 설명하였다. 리카도의 비교우위론은 무역이 발생하는 이유를 설명하는 데 중요한 기여를 했지만 수요 측면에서의 교역비율이 어떻게 결정되는지에 대해서는 충분한 설명을 제시하지 못했다. 이러한 공백을 메운 사람이 John Staurt Mill(1848)이다. 그는 두 나라가 서로의 상품을 어느 정도로 필요로 하는지에 따라 교역비율이 결정된다고 보았으며 이를 상호수요이론이라고 불렀다.

가) 스미스의 절대우위론

절대우위론의 핵심은 제품을 기준으로 나라별로 생산 우위에 있는 제품만을 만들어 수출하고 열위에 있는 제품은 수입하라는 원리이다. 예를 들어, A국가와 B국가에서 합판과 종이 1단위를 생산하는데 투입되는 비용이 A국가에서는 합판 10, 제지 20이 소요되는 반면, B국가에서는 합판 20, 제지 10이 소요된다고 가정하자(표 12-1).

표 12-1 두 국가 두 재화의 단위 생산비용

	생산비용	
	합판 1단위	종이 1단위
A국	10	20
B국	20	10

합판의 경우, A국가는 B국가 생산비용의 1/2만 투입되어도 동일한 제품을 생산할 수 있는 반면, 종이의 경우에는 반대로 B국가가 A국가 생산비용의 1/2만 투입되어도 동일한 제품 생산이 가능하다. 그러므로 A국가는 B국가보다 우위에 있는 합판을, B국가는 A국가보다 우위에 있는 종이를 특화 생산하여 교역하는 것이 양국에 모두 유리하다. 물론 교역으로 인한 물류비는 고려하지 않았다.

Adam Smith의 절대우위론은 두 국가 간의 절대적인 우위를 전제로 하였다는 한계가 있음에도 불구하고 분업의 필요성과 자유무역 사상의 출발점이 되었다는 점에서는 높이 평가받고 있다.

나) 리카도의 비교우위론: 공급 측면에서 한계생산비용이 일정하다는 전제

David Ricardo는 Adam Smith의 논리를 보다 확장된 개념에서 일반화하였다는 데에 의의가 있다. 즉, 무역의 필요성을 Adam Smith가 주장한 두 국가 간의 절대적인 생산비의 차이가 없더라도 생산비의 상대적 차이만 있어도 특화 생산을 통한 교역은 두 나라 모두에게 이익이 된다고 주장하였다. 즉, 두 재화 생산을 하는데 특정한 한 나라가 비교되는 다른 나라에 비해 모두 열위에 있더라도 상대적으로 우위에 있는 재화를 특화하는 것이 유리하다는 것이 '비교우위론'의 기본 개념이다.

예를 들어, A국가는 후진국, B국가는 선진국이라고 가정하면, A국가는 합판과 종이를 생산하는데 B국가에 비해 모두 열위에 있다(표 12-2).

표 12-2 두 재화의 단위 생산비용

	생산비용	
	합판 1단위	종이 1단위
A국	100	120
B국	90	80

하지만 나라마다 화폐단위, 임금 및 기술 수준 등이 상이하므로 한 나라의 생산비용을 다른 나라와 직접 비교하는 것은 의미가 없으므로 국가별로 재화의 상대적 생산비용으로 비교해야 한다. 표 12-2에 근거하여 국가별로 재화를 생산하는데 드는 생산비용을 비율로 표현하면 표 12-3과 같다.

표 12-3 두 재화의 단위 생산비용 비율

	국가 내의 생산비용 비율	
	합판 1단위	종이 1단위
A국	100/120	120/100
B국	90/80	80/90

합판의 생산비용을 비율로 표현하면, A국가는 100/120이고 B국가는 90/80으로 A국가가 B국가에 비해 상대적 우위에 있음을 알 수 있다. 동일한 방법으로 종이의 생산비용 비율은 A국가는 120/100이고 B국가는 80/90으로 B국가가 A국가보다 상대적으로 우위에 있음을 알 수 있다.

비교우위론에 대한 이해를 돕기 위해 하나의 예시를 들어보자. 분석에 앞서 몇 가지 조건을 전제로 하자면, 첫째, 생산요소는 노동력만 고려, 노동투입가능시간은 A국가는 12,000시간, B국가는 7,200시간, 마지막 조건은 한계생산비용이 일정하다는 것이다. 일반적으로 한계생산비용은 체증하는 것이 일반적이며 이를 두 재화의 생산가능곡선으로 표현하면 원점에 오목한 것이 일반적이다.[10)] 하지만 본

조건에서는 한계생산비용이 일정하다고 하였으므로 생산가능곡선은 우하향하는 직선으로 나타난다. 이와 같이 한계생산비용이 일정한 것을 전제로 한 것은 비교우위론 이론에 대한 이해를 보다 쉽게 설명하기 위해서다.

표 12-2의 정보를 이용하여 주어진 시간(A국가는 12,000시간, B국가는 7,200시간)에 합판과 종이의 생산량을 한계생산비용이 일정하다는 전제에서 생산가능선은 그림 12-3과 같은 직선으로 나타난다.

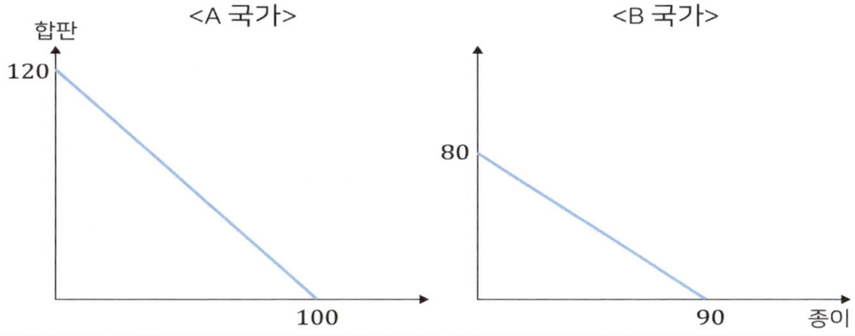

▶ **그림 12-3** 한계생산비용이 일정한 경우의 두 국가의 생산가능직선

상대적인 기회비용의 개념을 이용하여 각 생산품에 대해 표현하면, A국의 경우 종이의 기회비용은 합판의 120/100, 합판의 기회비용은 제지의 100/120이며 B국의 경우 종이의 기회비용은 합판의 80/90, 합판의 기회비용은 제지의 90/80이다. 이와 같이 기회비용으로 표현된 상대 가격이 양국에서 서로 다르다는 것은 무역이 일어나는 필요충분 조건이다. 즉, 상대적으로 기회비용이 낮은 제품을 생산해야 하므로 A국은 합판생산, B국은 제지생산 하나의 상품만을 특화하여 생산한다. 무역이 이루어지기 위해서는 합판의 국제 가격은 10/12에서 9/8 사이에서, 종이의 국제 가격은 8/9에서 12/10 사이에서 결정될 것이다. 만약 두 재화의 상대 가격이 1로 결정되었다면 우하향하는 45°의 가격비를 얻을 것이다(그림 12-4).

10) 결합생산과 관련해서는 제8장을 참조 바람.

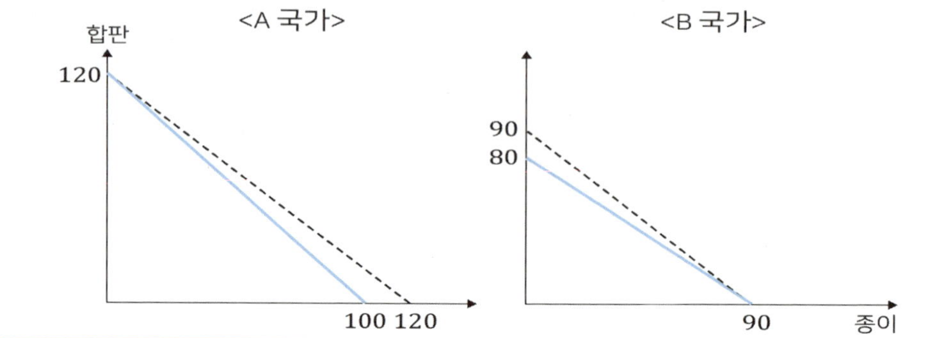

▶ **그림 12-4** 생산가능선과 가격 비율

그림 12－4의 실선은 주어진 비용에서 최대 생산가능직선을 의미하며, 점선은 생산자 입장에서는 수입이 동일한 등수입 직선을 의미하며 소비자이론에서 나온 예산제약선과 유사한 개념이다. 가격비가 주어진 상태에서 양 국가 모두 수입을 최대로 하기 위해서는 A국은 합판만, B국은 종이만을 생산하는 것이 바람직함을 알 수 있다.

하지만 본 논리는 A국가는 합판만을 생각해야 하고 B국가는 종이만을 생산해야 한다는 논리는 생산가능선이 우하향하는 직선으로 나타나기 때문이다. 하지만 한계생산비용이 체증하는 경우에는 생산변환곡선은 원점에 오목한 형태로 나타나며 그럴 경우에는 하나의 제품만을 생산하는 것이 이상적인 극단적인 생산형태를 피할 수 있다.

다) 밀의 비교우위론: 한계생산비용이 체증하는 경우

상호수요이론은 단순히 생산비 차이뿐만 아니라 수요 측면까지 반영한 실제 교역비율까지 고려하였다는 점이 비교우위론보다 발전된 형태이다. 이를 설명하기 위해서는 보다 현실적인 상황인 한계생산비용이 체증하는, 즉 생산가능곡선이 원점에 오목한 곡선과 후생곡선(*W*)까지 고려하여 해석 가능하다(그림 12－5).

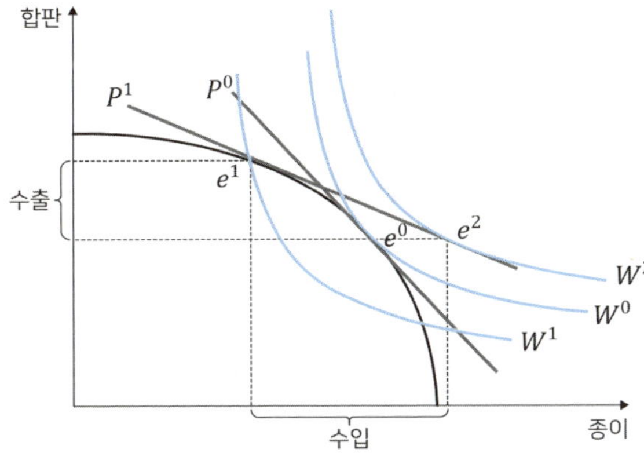

▶ **그림 12-5** 체증하는 한계생산비용에서의 생산가능곡선과 사회무차별곡선

무역 이전의 가격비 직선이 P^0에서 생산자는 이윤극대화를 위해 e^0에서 이윤극대화를 달성할 수 있다. 하지만 교역으로 인하여 상대적으로 종이가격이 저렴해짐으로 인하여 새로운 가격비 P^1에서의 이윤극대화를 추구하기 위한 균형점은 e^1이다. e^0, e^1 모두 생산자에게는 이윤을 극대화시켜주는 점이다. 하지만 사회후생함수까지 고려하면 가격 변화 후에 교역이 일어나지 않으면 가격 변화 이전의 후생인 W^0보다 W^1이 더 낮은 상태이다. 이를 극복하기 위해서는 교역이 이루어져야 하며 생산된 합판을 수출하고 종이를 수입하면 더 큰 후생 수준인 새로운 균형점 e^2로 도달 가능하다.

2 정부의 무역 정책

정부가 국내 산업을 보호하기 위한 무역 정책 수단으로는 크게 관세(tariff)와 쿼터(quota) 제도가 있다. 우리나라의 경우는 일반적으로 수입재에 한해 실시되고 있다. 관세는 시장 기반 방식으로 세금 부과를 통해 수입품가격을 높이는 방식이고, 쿼터는 행정적인 직접 통제 방식으로 수입량을 제한하는 방식이다. 현재 우리나라에서 쿼터제는 일정 물량을 저관세로 수입할 수 있도록 일부 농축산품을 대상으로 실시하고 있다. 특히 쌀 수입 쿼터제가 대표적이라 할 수 있다.

1) 관세의 개념

관세는 외국에서 수입되거나 외국으로 수출되는 상품에 대해 정부가 부과하는 세금을 말한다. 일반적으로는 수출보다는 수입되는 상품에 부과하는 수입관세가 훨씬 많이 사용된다. 관세를 부과하는 주된 목적은 외국 상품과 경쟁하는 국내 산업을 보호하기 위해서이다. 외국에서 값싼 상품이 대량으로 수입되면, 국내 기업들이 피해를 입거나 도태될 수 있기 때문에 관세를 부과함으로써 외국 상품의 가격을 인위적으로 높이고, 이를 통해 국내 상품의 경쟁력을 높이려는 것이다. 이 외에도 관세는 정부의 세금 수입을 늘리는 데에도 활용된다. 수입되는 모든 상품에 일정한 비율의 세금을 부과하면, 이를 통해 정부는 안정적인 재정을 확보할 수 있다. 또한 관세는 외교적인 협상 수단으로도 쓰인다. 예를 들어, 어떤 나라가 우리나라 상품에 높은 관세를 부과한다면, 우리나라도 그 나라 상품에 같은 방식으로 관세를 부과하면서 협상력을 확보할 수 있다.

관세를 부과하는 방식은 크게 종가세와 종량세 두 가지로 나뉜다. 종가세는 상품의 가격을 기준으로 일정 비율을 세금으로 부과하는 방식이다. 예를 들어, 상품가격이 100달러 미만일 경우에는 5%, 100달러 이상부터는 10%의 관세를 부과한다면 이때 관세 부과의 기준은 가격이 되는 종가세의 의미이다. 종가세와는 대조적인 종량세는 상품의 양이나 무게를 기준으로 세금을 매기는 방식이다.

관세는 경제적으로 여러 가지 효과를 가져온다. 첫째, 수입품에 세금이 붙게 되면 해당 상품의 가격이 오르므로 이를 구입하는 소비자의 부담이 커진다. 둘째, 외국 상품과의 가격 차이가 줄어들기 때문에 국내 생산자가 보호받는 효과가 있어 특정 산업이 위기를 넘기거나 성장할 수 있는 기반이 마련된다. 셋째, 관세를 통해 정부는 일정한 세금 수입을 얻을 수 있다. 하지만 이러한 관세 정책이 오랜 기간 유지되면 보호를 받는 산업은 경쟁에 노출되지 않아 자생하고자 하는 노력 저하로 결국 국제 경쟁력이 약해질 수 있다는 점도 고려해야 한다.

따라서 관세는 단기적으로는 자국 산업을 보호하고 정부 재정을 확충하는 수단이 되지만, 장기적으로는 해당 산업의 자생력과 경쟁력을 약화시킬 수 있는 양면성을 가진 정책이다.

2) 관세의 기능

수입관세 부과에 따른 경제주체 간의 후생의 변화를 관세 전과 후로 비교하여 경제적 후생의 변화가 얼마나 발생하는지를 하나의 사례로 설명해보자. 우리나라에 수입되는 밤의 단위량에 수입관세를 부과한다면 가격은 관세 전 P_W^0에서 부과된 관세의 크기만큼 더한 P_W^1으로 상승한다(그림 12-6). 관세 제도가 도입됨에 따라 시장에서 발생하는 잉여의 수혜 대상이 소비자와 생산자 두 경제주체에서 정부가 추가되었다.

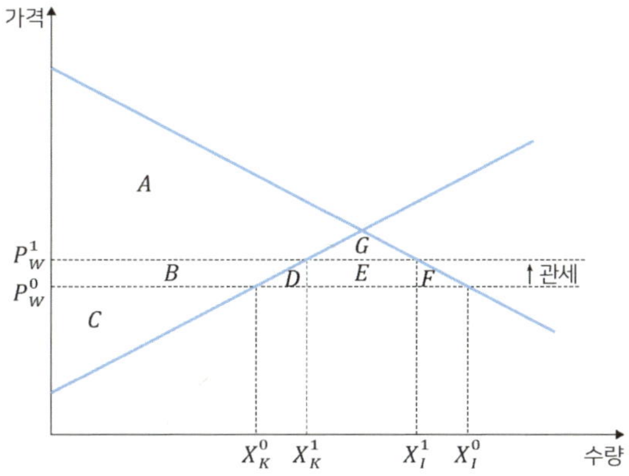

▶ **그림 12-6** 관세의 효과

각 경제주체별로 잉여의 변화를 살펴보면, 그림 12-1의 확장으로 밤의 가격이 하락함에 따라 수입량이 증가하고 그로 인하여 교역 전보다 생산자잉여는 감소하고, 소비자잉여는 증가하였다. 교역으로 인하여 총 소비자잉여는 $A+B+D+E+F+G$, 생산자잉여는 C였다. 정부는 밤 생산업자 보호를 위하여 수입관세를 $P_W^1-P_W^0$ 부과한 결과, 생산자잉여는 B만큼 증가한 반면, 소비자잉여는 $B+D+E+F$ 만큼의 소비자잉여가 감소하였다. 관세 부과 이후에는 $X_I^1-X_K^1$ 만큼의 수입량에 대한 관세로 인하여 E만큼 정부의 관세수입이 발생하였다. 관세로 인하여 전체적으로는 그림 12-6의 D와 F 만큼의 경제적 손순실이 발생하였다. 즉, 관세도입은 전체 경제의 후생 차원에서는 바람직하지 않음을 알 수 있다.

표 12-4 관세 도입 전후에 따른 후생의 변화

	관세 부과 이전	관세 부과 이후	변화량
소비자잉여	$A+B+D+E+F+G$	$A+G$	$-(B+D+E+F)$
생산자잉여	C	$B+C$	$+B$
정부 관세 수입	$-$	E	$+E$
합(총잉여)	$A+B+C+D+E+F+G$	$A+B+C+G+E$	$-(D+F)$

수입 물품에 대한 관세는 국내 생산자잉여를 관세 전보다 증가시키는 반면, 소비자의 잉여는 감소시킨다. 추가로 정부 입장에서는 새로운 세수 확보의 기회를 얻는다. 결론적으로는 전체 국민 후생은 감소하는 결과를 얻는다. 그리하여 국민 후생의 증진 차원에서 철폐를 주장하기도 하지만 특정 산업의 보호, 일자리 상실 방지, 국가 안보를 위한 조치로 필요하기도 하다.

연습문제

1. 무역의 후생효과를 소비자잉여 · 생산자잉여 · 총잉여 관점에서 설명하고, 국내 가격과 국제 가격의 관계에 따라 수입국 · 수출국에서 나타나는 변화를 개념도로 서술하시오.

2. 절대우위론과 비교우위론의 차이를 요약하고, 한 나라가 모든 재화에서 절대열위여도 무역이 이익이 되는 이유를 설명하시오.

3. 한계생산비용이 일정한 경우와 체증하는 경우의 생산가능곡선 형태를 비교하고, 특화 · 무역패턴의 차이를 논하시오.

4. 상대 가격(가격비)이 변화할 때 생산자의 이윤극대화 조합과 사회후생이 어떻게 달라지는지, 교역 유무에 따른 균형점 이동을 설명하시오.

5. 관세의 도입이 국내 가격 · 수입량 · 후생에 미치는 일반적 효과를 서술하시오.

6. 쿼터와 관세의 차이를 비교 설명하시오.

7. 임산물(밤 · 버섯 · 목재제품)에서 품질표준 · 위생검역이 무역에 미치는 영향(비관세장벽, 신뢰 제고)을 사례와 함께 논하시오.

8. 환율 변동이 수입 원목/목재제품의 국내 가격과 국내 산업 경쟁력에 미치는 경로를 설명하시오.

9. 무역자유화가 국내 생산자 · 소비자 · 정부(세수) 각각에 주는 단기 · 장기 효과를 설명하시오.

참고문헌

관세청, customs.go.kr.

김동준 · 김준순 · 민경택 · 박주원 · 안기완 · 이요한 · 조장환 · 최수임(2023), 『산림경제학』, 향문사.

민경택 · 윤여창(2023), 『산림경제학: 생태학과 경제학의 만남』, 서울경제경영.

박병진 · 여택동 · 조현국(2024), 『미시경제학』, 율곡출판사.

이준구 · 이창용(2015), 『경제학원론』, 문우사.

Mankiw N. G. (2005), 『맨큐의 경제학』, 김경환 · 김종석 옮김, 교보문고.

Smith, Adam (1776), *An Inquiry into the Nature and Causes of the Wealth of Nations*, W. Strahan and T. Cadell.

Zhang, D. and P. H. Pearse (2011), *Forest Economics*, UBC Press.

CHAPTER

13 정부의 시장개입 수단

정부는 정책 목적을 달성하기 위해 여러 가지 정책 수단을 사용한다. 대표적인 정책 수단으로는 통제, 조세, 보조금, 직불제, 그리고 거래제가 있다. 이 가운데 통제는 정부가 직접적으로 행동을 제한하거나 요구하는 직접적 유인 수단인 반면, 조세, 보조금, 직불제, 거래제는 가격이나 비용 구조를 통해 간접적으로 행위를 유도하는 간접적 유인 수단에 해당한다. 이들 각각은 대상, 목적 그리고 사회적·정책적 여건에 따라 선택적으로 활용된다.

통제는 법령이나 규제를 통해 특정 행위 자체를 제한하거나 금지하는 방식이다. 예를 들어, 일정 지역에서의 벌채를 금지하거나 사전 허가제를 두는 것이 이에 해당한다. 통제 조치는 법 개정을 통해 도입되므로 즉각적이고 명확한 효과를 낼 수 있다는 장점이 있다. 다만, 강제성이 강하다는 점에서 현장 반발이나 비효율성이 발생할 가능성도 있다.

조세(tax)는 정부가 공익을 위한 재정 확보를 목적으로 민간 부문에서 대가 없이 강제로 징수하는 제도다. 보조금(subsidy)은 정부가 특정 산업이나 활동을 장려하기 위해 금전적으로 지원하는 방식이다. 산림과 관련해서는 지속적인 산림 관리를 위한 다양한 보조금 제도가 있다. 조세는 억제 유인을, 보조금은 장려 유인을 제공하는 방식으로 자금의 흐름 방향 역시 상호 반대지만, 경제적 효과는 유사하다.

보조금과 유사한 개념인 직불제(Payment for Ecosystem Services: PES)가 있다. 보조금이 특정한 활동을 지원하는 제도인데 반해, 직불금은 특정한 활동 결과에 따른 직접적인 보상을 하는 제도이다. 우리나라에서는 임업직불금 제도가 이를 대표하며 앞으로 그 적용 범위가 더욱 확대될 가능성이 크다.

거래제는 시장 기능을 활용하는 유인 수단으로써 대표적으로 온실가스 배출권 거래제로 시장 메커니즘을 활용하여 이산화탄소를 거래하는 시스템을 의미한다. 정부가 기업별로 온실가스 배출 허용량을 정하고 초과하거나 남는 배출권을 거래할 수 있도록 한다. 이를 통해 기업은 비용 대비 효율적인 방식으로 탄소배출을 조절할 수 있다.

이들 제도의 개념과 작동 방식 그리고 산림과 관련된 목적과 관련해서는 표 13-1에 정리하였다.

표 13-1 정부의 정책 수단 종류별 개념 및 목적

구분	개념	방식	목적
통제	직접적이고 강제적인 조치	법규에 의한 행위 제한	즉각적인 효과
조세	정부가 국민이나 기업으로부터 강제로 걷는 세금	의무적 징수	산림훼손 억제, 재정 확보
보조금	특정 행위를 유도하기 위해 정부가 금전적 지원	조건부 지급	산림관리
직불제	공익적 기능을 인정해 일정 조건 하에 직접 보상	성과 또는 준수 조건 기반	환경보전, 탄소흡수
거래제	수요와 공급에 의한 시장 메커니즘 활용	시장을 조성하여 거래	온실가스 감축

이들 다섯 가지 정책수단들은 정부가 시장에 개입하는 규제 방식으로 모두 시장에 영향을 미친다. 이들 정책 수단들은 경제 분야에 직·간접적인 영향을 미친다. 산림분야에서도 시장을 바람직한 정책 방향으로 유도하기 위하여 다양한 유형의 정책들을 시행하고 있다. 정책 수단별로 좀 더 상세하게 살펴보도록 하자.

1 명령과 통제

산림 관련한 명령과 통제

산림은 인간과 자연이 함께 살아가는 중요한 터전이며, 동시에 수질 정화, 탄소흡수, 생물다양성 보전 등 다양한 생태적 기능을 수행하는 공간이다. 하지만 개발 압력, 불법 벌채, 오염행위 등으로부터 산림을 보호하기 위해서는 일정한 규칙과 제재가 필요하다. 이때 정부가 활용하는 대표적인 정책 수단이 바로 '명령 및 통제' 방식이다.

명령 및 통제 정책이란 법과 제도를 통해 일정한 행위 기준을 미리 정해 놓고 이를 위반할 경우 법적 처벌을 가하는 제도적 장치이다. 일반적으로 법규에 기반하고 있다. 다시 말해, 정부가 "이렇게 해야 한다", "이렇게 하면 안 된다"고 규정하고, 이를 어겼을 때는 과태료, 벌금, 허가 취소, 심지어 형사처벌까지 부과하는 강제력을 행사하는 것이다. 산림 분야에서도 이 방식은 오랜 시간 동안 핵심적인 산림자원을 보호하기 위한 수단으로 활용해 왔다.

산림과 관련한 명령 및 통제 방식은 입산금지, 임산물 채취금지, 불법소각금지 등이 있다. 일반적인 환경 규제와는 조금 다르게 산림의 생태적 기능을 보호하고 산불·불법 채취 ·무분별한 입산 등으로부터 산림을 보전하기 위해 행위 자체를 직접적으로 제한하거나 금지하는 데 초점을 두고 있다. 이들 규제는 법령에 근거하여 강제력을 가지며 위반 시 과태료나 형사처벌 등의 제재가 따른다.

산림은 한 번 훼손되면 회복에 수십 년이 걸리는 소중한 생태 자산이다. 그래서 산림과 관련한 명령 및 통제 방식은 단순한 행정 조치가 아니라, 국가의 자원을 보호하고 미래 세대를 위한 환경을 지켜내기 위한 최소한의 방어선이라 할 수 있다. 최근에는 기후위기, 산불 위험 증가, 생물다양성 손실 등이 맞물리면서 이러한 규제의 중요성은 더욱 커지고 있으며, 이에 대한 국민적 인식과 협조도 점점 요구되고 있다.

명령과 통제방식의 특징

명령 및 통제 방식의 가장 큰 강점은 그 효과가 즉각적으로 나타난다는 점이다. 기준이 명확하고 위반 시 처벌 규정도 확실하다. 그러나 이러한 방식이 항상 바람직한 것은 아니다. 동일한 규제를 어디서나 또는 누구에게나 동일하게 적용하면, 적용의 융통성이 없는 경직된 제도가 될 수 있다. 규제를 만족시키기만 하면 더 이상의 간섭이 없으므로 개선의 발전이 이루어지지 않는다는 단점도 존재한다. 또한 이러한 직접적 규제 정책은 감시와 적발을 위한 행정비용 또한 무시할 수 없다는 단점을 지닌다.

산림의 경우 특히 지역적 특성과 생태적 맥락이 중요하기 때문에 일률적인 기준이 오히려 비효율을 초래하는 경우가 있다. 예를 들어, 강원도 깊은 산간지역과 제주도의 곶자왈 지대는 지형과 생태계가 전혀 다르지만, 동일한 규제가 적용되는 경우 문제가 발생할 수 있다. 산림 토양 오염과 관련해서는 많은 부분은 특정 지점을 통해 뚜렷하게 발생하는 것이 아니라, 토양 침식, 산불, 농약 유출 등과 같은 비점오염원에서 비롯되기 때문에 단순한 규제로는 해결하기 어렵다.

이런 이유로 최근에는 산림 정책에도 경제적 유인을 활용한 수단이 함께 도입되고 있다. 대표적인 예가 '산림환경서비스직불제'로, 산림을 건강하게 유지·관리하는 사람에게 금전적 보상을 제공하는 제도다. 또한 탄소흡수량에 따라 인센티브를 주는 산림탄소상쇄제도, 산림 전용 시 부과되는 부담금인 대체산림자원조성비 등의 다양한 제도들을 적용하고 있다.

결국 명령·통제 정책은 산림을 보호하기 위한 강력하고 기본적인 수단이지만 장기적으로는 지역별 특성, 생태적 다양성, 기술 발전 등을 반영할 수 있는 보다 유연한 접근이 요구된다. 규제 정책과 경제적 유인책을 조화롭게 결합함으로써 산림의 지속가능성을 높이고, 사회 전체의 비용 부담을 줄이면서도 실질적인 환경 보전을 이뤄나가는 것이 앞으로의 과제가 될 것이다.

2 조세

우리나라에서는 산지과 관련한 조세 체계는 일반 세제와 같이 재산세, 상속세, 증여세, 취득세, 종합부동산세 등 일반 부동산과 동일한 세목들이 적용된다. 하지만 산림경영을 목적으로 할 때는 감면 혜택을 받을 수 있도록 하고 있다. 특히, 산림과 연계한 독특한 조세 제도는 대체산림자원조성비로 산지전용에 대한 환경 훼손에 대한 비용으로 납부하는 것으로 엄밀하게는 세금은 아니지만 강제 납부 성격을 가진 환경적 부담금으로 준조세의 성격을 띠고 있다. 특히 산림·임업처럼 공공성과 사적 이익이 공존하는 분야에서는 조세제도를 제대로 설계해야 지속가능하고 공정한 산림경제 체계를 구축할 수 있다.

조세의 대한 기본적인 이해를 위해 조세의 개념, 원칙, 귀착에 대해 간단히 살펴보자.

1) 조세의 개념

조세의 정의

조세란 일반적으로 국가가 수입을 조달할 목적으로 특정한 개별적인 보상 없이 사경제로부터 강제적으로 징수하는 화폐 또는 재화를 의미한다. 조세와 세금은 유사한 개념으로 조세는 개념적 의미를 지닌다면 세금은 금액에 의미를 둔 협의적 개념의 조세라 할 수 있다. 조세는 강제성이 있고 대가성이 없는 것이 특징이다. 이에 반해, 환경개선부담금, 대체산림자원조성비는 준조세(Quasi-Tax)로 따로 구분되며 대가성이 부분적으로 있는 것이 특징이다. 조세는 단순히 기부나 자발적인 후원이 아니라, 국가가 법에 따라 강제로 걷는 돈이다. 국민이라면 누구나 소득이 있거나 재산이 있으면 일정한 기준에 따라 세금을 내야 함은 물론, 시장을 통해 거래가 이루어졌을 때도 자연스럽게 징수가 이루어진다.

조세의 목적

조세를 통해 정부는 국가 살림을 위한 **재정 확보, 경제의 균형과 안정 유지, 소득 재분배** 기능 등을 실현하는데 목적을 두고 있다. 첫째, 경찰, 소방, 군대, 도로, 복지 등 국가를 운영하고 국민이 안전하고 편리하게 살기 위해서는 돈이 필요하다. 이 돈을 모으는 가장 보편적인 방법이 바로 세금이다. 국민이 낸 세금은 나라 살림의 기반이 된다. 둘째, 세금을 활용해 경기가 과열되면 식히고, 침체되면 살릴 수 있다. 예를 들어, 불황기에는 세금 감면을 통해 소비를 늘리고, 과열기에는 증세를 통해 과소비를 막는 방식이다. 이런 경제의 균형과 안정 유지 조절기능 덕분에 국가 경제가 큰 충격 없이 돌아갈 수 있다. 셋째, 소득 재분배 기능으로 고소득자와 저소득자 사이의 격차를 줄이기 위해 세금이 사용된다. 예를 들어, 고소득자에게는 더 많은 세금을 걷고, 저소득층에게는 복지나 지원금 형태로 되돌려준다. 이렇게 해서 사회의 양극화를 완화하는 역할을 조세가 한다.

조세의 요건

조세는 국민들의 경제활동의 부족함을 정부가 대신하여 공익을 위해 사용한다는 명분으로 징수는 하지만 이 또한 국민적 반감을 안 사고 그 기능을 제대로 발휘하기 위해서는 다음의 요건들을 갖추어야 한다.

① **공평성**(Equity)

세금은 누구에게나 공정하고 평등하게 부과되어야 한다. 즉, 혜택을 많이 누리는 사람은 많이 내고 많이 버는 사람 역시 많이 내도록 하는 것이 공평하다는 원칙이다. 공평한 부담 구조가 만들어져야 조세 체계 전체가 정당성을 갖게 되고, 국민의 납세 순응도도 높아진다. 조세부담의 공평성은 조세제도의 여러 요건 가운데 가장 중요한 요건이다. 공평성이 확보되지 않으면 조세제도는 국민에게 신뢰를 얻기 어렵고, 국가는 안정적으로 재원을 확보하기도 힘들어진다. 그래서 공평성은 조세제도의 중심이자, 조세 철학의 기본 방향이라고 할 수 있다.

② **중립성**(Neutrality)

조세가 경제주체의 의사결정(소비, 저축, 투자, 생산 등)에 왜곡을 주지 않도록 중립적으로 설계되어야 한다는 원칙이다. 세금 때문에 사람들이 본래 하려던 경제활동을 포기하거나 왜곡된 선택을 하게 되면, 자원 배분이 비효율적으로 이뤄지고 경제 전체에 손해가 발생한다. 예를 들어, 목재 수입에 지나치게 높은 관세를 부과하면 소비자들이 비싸진 목재를 외면하게 되어 국내 목재 산업까지 위축되거나, 무역 마찰이 생길 수 있다. 따라서 조세는 정상적인 자원의 흐름과 시장의 작동에 왜곡을 가져오지 않도록 중립적 설계가 필요하다.

③ **효율성**(Efficiency)

조세는 최소의 비용으로 최대의 세수를 확보할 수 있도록 설계되고 운영되어야 한다. 조세 행정이 복잡하고 비용이 많이 들면, 세금 징수 자체가 오히려 낭비가 된다. 산림청이나 지자체가 세금을 부과하려 할 때, 과세 대상(임야 면적, 벌채량 등)을 파악하고 징수하는 데 드는 비용이 너무 크다면 오히려 비효율적이다. 조세를 부과하는 데 드는 정부의 행정비용, 납세자가 지출해야 할 시간과 노력 등을 모두 줄이는 것이 이상적이다. 만약 산림을 보호할 목적으로 세금을 도입하고자 하나 전국 산림의 정보를 수집하고, 평가하고, 과세 자료를 정리하는 데 지나치게 많은 비용이 든다면 실효성이 떨어진다. 이와 같이 세수보다 비용이 더 커질 수 있으므로 세금 하나를 설계할 때 경제성과 행정 효율성도 함께 고려하여야 한다.

④ **확실성**(Certainty)

납세자는 어떤 세금을 얼마만큼, 언제, 어떻게 납부해야 하는지를 명확히 알 수 있어야 한다. 조세제도가 불명확하면 국민은 불안감을 느끼고 세무 당국에 대한 신뢰 역시 낮아진다. 예를 들어, 산지에 대한 재산세가 과세 기준이 모호하거나 매년 기준 없이 들쑥날쑥하면 납세자와 세무당국 간 분쟁이 생기게 된다. 따라서 법률과 제도를 통해 조세 기준, 절차, 세율, 납기일 등이 명확히 고지되고 일관되게 운영되어야 한다.

⑤ **편의성**(Convenience)

세금 제도는 복잡하지 않아야 하며 편리한 시기와 방식으로 낼 수 있어야 한다. 세금을 내는 일이 너무 번거롭거나 불편하면 납세 순응도가 낮아진다. 예를 들어, 산주가 벌채 후 정산한 수익에 대해 일정 시점에 맞춰 온라인으로 신고하고 납부할 수 있게 시스템이 구축된다면 편의성을 높일 수 있을 것이다. 또한 분할납부가 가능하게 하면 납세자의 부담도 덜어준다.

세율의 구조

세율 구조란 특정한 조세가 어떤 방식으로 부과되는지를 나타내는 체계를 의미하며, 과세 대상의 규모에 따라 세금이 어떻게 달라지는지를 설명해준다. 세율은 보통 과세 대상 금액에 대한 조세액의 비율로 계산되며, 세금의 공정성과 효율성을 평가하는 데 있어 핵심적인 기준이 된다. 세율 구조는 일반적으로 비례세, 누진세, 역진세의 세 가지 형태로 나눌 수 있다.

① **비례세**(Proportional Tax)

과세 대상의 크기에 관계없이 일정한 세율을 적용하는 방식이다. 예를 들어, 소득이 1,000만 원이든 1억 원이든 모든 소득에 동일하게 20%의 세율을 적용하는 경우가 이에 해당한다. 이러한 구조는 단순하고 예측 가능하며, 행정적으로 징수하기 쉽다는 장점이 있다. 하지만 절대적인 세금 액수는 소득이 많은 사람이 더 많이 낸다 하더라도 상대적으로 소득이 적은 사람이 소득의 더 많은 부분을 세금으로 내는 셈이 되기 때문에 형평성 측면에서는 비판을 받기도 한다. 예를 들어 현재 우리나라 부가가치세(VAT)는 10%의 고정인 정률세 방식으로 적용되는 비례세이다. 하지만 저소득층은 소득 대부분을 소비에 사용하므로, 소득의 큰 부분이 부가가치세 과세 대상이 된다. 반면, 고소득층은 소비보다 저축이나 투자 비중이 상대적으로 크기 때문에 전체 소득 중 실제로 지출하는 부가가치세의 비중이 낮아진다. 세율은 일정하지만 소득 대비 세 부담 비율은 저소득층에서 더 높게 나타나는 결과를 초래한다.

② **누진세**(Progressive Tax)

과세 대상의 금액이 클수록 점차 높은 세율이 적용되는 구조이다. 대표적인 예가 소득세와 상속세이며, 일정 금액까지는 낮은 세율을 적용하고, 그 이상부터는 점점 더 높은 세율을 적용하는 방식이다. 예를 들어 소득이 3,000만 원 이하일 때는 10%, 3,000만 원 초과분에는 20%, 6,000만 원을 넘는 부분에는 30%를 부과하는 형태이다. 이러한 누진세는 고소득자가 더 많은 세금을 부담하게 하여 소득 재분배기능을 수행하며, 사회적 형평성을 실현하는 데 유리하다는 평가를 받는다. 다만 세율이 지나치게 높아질 경우 노동 의욕이나 투자 의지를 저하시킬 수 있다는 비판도 존재한다.

③ **역진세**(Regressive Tax)

과세 대상의 금액이 커질수록 평균 세율이 낮아지는 구조이다. 정량적인 세율이 낮아지는 것도 물론 역진세이지만 부가가치세와 같이 모든 사람에게 동일한 세율을 적용하는 정률세 역시 역진세적인 효과가 나타난다. 이와 같은 세율 구조는 산림 관련 조세 제도를 설계할 때도 중요한 고려 요소가 된다. 예를 들어 산림 경영을 하는 단위 면적이 넓을수록 세제 혜택을 역진세 형태로 부가한다면 규모의 경제를 도모할 수 있을 것으로 기대된다.

조세의 분류

조세는 국가가 공공재정 확보와 사회 질서 유지를 위해 국민에게 부과하는 금전적 부담이며, 그 대상과 기준에 따라 몇 가지로 분류할 수 있다. 대표적으로는 국세와 지방세, 인세와 물세, 직접세와 간접세, 그리고 종가세와 종량세로 나눌 수 있으며, 각각의 기준은 조세의 성격과 작동 방식을 파악하는 데 중요한 틀을 제공한다. 이러한 분류는 단지 이론적 분류에 그치지 않고, 산림과 임업 분야의 세제 설계와 운영에서도 현실적인 의미와 활용 가능성을 지닌다.

① 국세와 지방세

조세는 부과 주체에 따라 국세와 지방세로 구분된다. 국세는 중앙정부가 걷는 세금으로, 국가 전체의 재정 운영에 활용된다. 산림과 관련해서는 목재나 단기소득임산물 매각에 의한 수익에 부과되는 소득세, 목재를 수입할 때 부과되는 관세, 또는 향후 도입이 예상되는 목적세의 기능을 가진 탄소세 등이 모두 국세에 해당한다.

반면 지방세는 각 지방자치단체가 지역 단위로 부과하는 세금으로 우리나라는 도세와 시·군세로 다시 구분한다. 임야에 부과되는 재산세는 시·군세에 속하며, 거래를 통해 발생하는 가치에 부과되는 취득세는 도세에 해당한다.

② 인세와 물세

인세는 납세자의 인적 사정(가족 수, 소득 수준, 생계여건 등)을 고려해서 과세하는 세금으로 소득세, 상속세, 증여세 등이 해당되며, 물세는 과세 대상 재산이나 거래 자체에 중점을 두고, 납세자의 인적 사정은 고려하지 않는 세금으로 법인세, 재산세, 부가가치세, 관세 등이 여기에 속한다.

인세의 주요 특징은 첫째, 조세부담의 분배적 형평성 제고에 유리하다. 능력에 따라 세율을 차등 적용하면 소득재분배 효과를 얻을 수 있다. 둘째, 납세자의 개인별 소득·재산을 정확히 파악해야 하므로 행정·정보 비용과 신고·감사 부담이 크다. 셋째, 세부담 귀착은 비교적 명확하여 최종 부담 주체가 개인 자신인 경우가 많다.

물세의 특징은 첫째, 과세·징수의 행정비용이 상대적으로 적고 조세행정이 단순하다. 둘째, 조세 부담의 귀착을 개인이 아닌 시장 거래를 통해 다른 주체로 전가할 수 있다. 예를 들어 소비세는 판매자가 세금을 납부하지만 사실상 소비자가 가격 상승을 통해 부담한다. 셋째, 물세는 대체로 정률적 성향의 비례세라 하더라도 역진적(regressive) 성향으로 나타나 저소득층이 소득 대비 더 큰 부담을 질 수 있다.

산림과 관련해서는 산지를 전용할 때 부과되는 대체산림자원조성비 같은 제도는 엄밀히 말하면 조세가 아니라 부담금이지만, 물세와 유사하게 특정 행위(산지전용)에 대해 정액 또는 정율로 부과된다는 점에서 물세적 성격을 가진다. 물세적 과세는 산림을 토지나 자원으로서 객관적으로 평가하여 공평한 세 부담을 부과할 수 있다. 인세적 과세는 산주의 담세력에 기반한 세금이며 임업후계자나 임업경영체에 속하면 세제 감면을 더 받을 수 있다.

③ 직접세와 간접세

세금이 실제 부담자에게 어떻게 작용하는지를 기준으로 나누면, 직접세와 간접세로 나뉜다. 직접세는 세금의 납부자와 실질적인 부담자가 같은 경우로 소득세, 상속세, 재산세가 이에 속한다. 이는 세부담이 전가되지 않고 투명하게 나타나기 때문에 납세자의 책임이 명확하다.

반면, 간접세는 세금을 처음 납부하는 사람과 실제 부담하는 사람이 다른 경우를 의미한다. 예를 들어, 가구 회사가 목재 제품을 판매하면서 부가가치세를 소비자에게 전가하는 경우, 세금은 판매자가 납부하지만 실질적인 세부담자는 소비자가 된다.

④ 종가세와 종량세

조세는 과세표준의 기준에 따라 종가세와 종량세로 구분된다. 종가세는 세금의 기준이 가격(가액)이다. 임야에 부과되는 재산세는 공시지가에 비례해 부과되며 목재를 수입할 때도 통관 가격을 기준으로 일정 비율의 관세를 부과한다. 종가세는 가격의 변동에 따라 세금이 민감하게 달라진다는 특징이 있다.

반면 종량세는 물건의 수량, 중량, 면적 등을 기준으로 세금을 매긴다. 만약 벌채량이 m^3 단위로 측정되어 일정 단가의 세금이 부과되는 벌채세가 존재한다면 종량세에 해당된다. 이는 벌채량 자체를 줄이거나 통제하는 수단으로 효과적이며 산림의 지속가능한 이용을 유도하는 데 활용 가능하다.

주요 산림 관련 조세

산림 또는 임업 활동에 의한 과세 대상은 소득과 토지 자산이며 일반적으로 산림 관련 조세는 일반적인 과세 기준에서 감면 대상으로 처리하는 경우가 많다. 임업과 관련한 주요 세목들에 따른 과세대상과 납세의무자는 그림 13－1에 나타내었다.

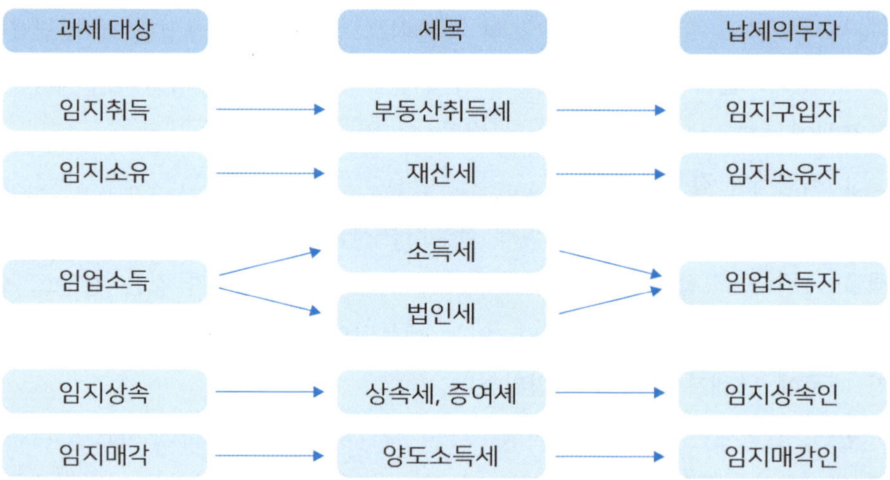

▶ **그림 13-1** 임업 관련 조세 구조

2) 공평한 조세의 원칙

조세의 요건 중에서 가장 중요한 것이 공평성이다. 공평성은 단순한 숫자의 계산을 넘어 사회적 정의와 형평성을 실현하기 위한 수단이기도 하다. 국가로부터 얻는 혜택(편익)이 많으면 세금을 더 많이 내야 하고, 재정적인 능력이 있는 사람일수록 세금을 더 많이 내야 한다는 것은 모두 맞는 말이다.

이를 해석하는 대표적인 두 축이 편익원칙(benefit principle)과 능력원칙(ability－to－pay principle)이다. 이 두 원칙은 누가 얼마나 세금을 내는 것이 정당한가에 대한 서로 다른 기준을 제시하지만 현실에서는 서로 다른 상황에서 보완적으로 적용되어야 한다.

편익원칙(benefit principle)

편익원칙은 국민이 국가로부터 얻는 '공공서비스의 이익'에 비례하여 세금을 부담해야 한다는 원칙이다. 즉, 공공재나 행정서비스로부터 더 많은 혜택을 받는 사람일수록 더 많이 세금을 내야 한다는 논리다. 이 원칙은 어떤 사람이 공공시설이나 공공재를 더 많이 이용하거나 혜택을 많이 누린다면, 그만큼 더 많은 세금을 내야 한다는 '사용자부담원칙'에 기반을 두고 있다. **"많이 누리면, 그만큼 더 내야 한다."**

이 원칙은 마치 시장에서 물건을 사고파는 것처럼 국가와 국민 사이에 일종의 '거래 개념'을 적용하는 것이다. 즉, 국민이 국가로부터 무엇인가 혜택을 받았다면, 그에 대한 대가를 세금이라는 형태로 되돌려야 한다는 것이다. 이 원칙의 장점은 조세 부담의 정당성을 느끼게 해주기 쉽고, 이용과 부담 사이의 대응관계를 명확히 할 수 있다는 점이다.

산림과 관련한 예로 세금이라기보다는 수수료나 부담금의 형태인 국립산림휴양림이나 숲속 야영장을 이용할 때 입장료나 사용료를 내는 것, 국유림에서 임산물을 채취할 때 허가를 받고 일정한 요금을 내는 것 등이 모두 편익원칙의 대표적인 예다. 즉, 산림자원을 더 많이 쓰는 사람일수록 그 사용에 대해 경제적 부담을 더 지도록 설계되는 것이다.

편익원칙은 완벽한 조세 기준이 되기는 어렵다. 그 이유는 공공서비스로 인한 편익이 누구가 얼마나 이익을 얻었는지 정확히 계산하기 어려운 경우가 많다. 또한 저소득층은 공공서비스를 이용할수록 오히려 부담이 커지게 되어 편익원칙만을 따를 경우 또 사회적 형평성 문제가 발생할 수 있다.

능력원칙(ability-to-pay principle)

능력원칙은 조세를 부과할 때 납세자의 담세능력에 따라 공평하게 부담해야 한다는 원칙이다. 즉, 소득이 많거나 재산이 많은 사람은 더 많은 세금을 내고, 상대적으로 덜 가진 사람은 덜 내야 한다는 생각이다. 이 원칙은 오늘날 대부분의 국가에서 조세제도를 설계할 때 중요하게 여기는 기본 철학 중 하나다.

능력원칙은 흔히 소득세, 재산세, 법인세 등 전통적인 조세에 적용된다. 예를 들어 소득세는 소득이 많을수록 세율이 높아지는 누진세 구조를 갖고 있다. 또한 부동산이나 임야 등 재산을 많이 보유하고 있는 사람일수록 더 많은 재산세를 낸다. 법인도 마찬가지로 이익을 많이 내는 기업일수록 더 높은 세금을 낸다.

산림·임업 분야에서는 산림을 보유하고 있지만 수익이 없거나 소득이 적은 경우에는 세금을 적게 내거나 경우에 따라 감면 혜택을 받는 반면, 대규모 산림을 소유한 산주가 매년 더 많은 재산세를 내고, 벌채 수익이 많은 경우에는 소득세도 더 많이 납부하는 구조가 능력원칙에 해당된다.

능력원칙의 가장 큰 장점은 사회적 형평성과 조세 정의 실현이다. 조세가 단지 돈을 걷는 수단이 아니라, 사회적 약자를 보호하고 양극화를 줄이는 역할을 한다는 의미다. 다만, 고소득층이나 고자산가에게 세금을 많이 부과하면 조세 회피나 탈세 시도가 생길 수 있고, 경제활동 의욕을 위축시킬 수도 있다는 지적도 있다. 그렇기 때문에 공평성과 경제효율성 사이의 균형을 잘 맞추는 것이 중요하다.

3) 조세의 귀착(incidence)

귀착의 개념

조세의 귀착이란 세금이 처음에는 누구에게 부과되었든지 간에 결국 누가 그 세금 부담을 실제로 지게 되는가를 분석하는 개념으로 세금의 '최종 부담자'가 누구인지 파악하는 것이다. 조세의 귀착은 경제학 이론과 연계하여 개념 설명이 가능할 뿐 아니라 시장 참여 주체들의 부담의 정도를 파악하는데 매우 중요한 정보이다. 정부는 조세를 기업인 생산자에게 부여할 때 그 부담 주체가 전부 지는 것이 아니라 시장의 가격 상승으로 인하여 일부 부담이 자연스럽게 소비자에게 전가하게 된다.[11)]

조세 귀착은 단순히 "누가 세금을 내냐?"를 넘어서 실제로 조세정책이 국민경제에 어떤 영향을 주는지를 분석하고 예측하는 도구다. 정부가 어떤 세금을 도입했을 때 그것이 실제로 기업, 근로자, 소비자 중 누구에게 영향을 미치는지를 알면

11) 전가의 방향이 생산물시장에서는 소비자에게 미치면 전방전가(forward shifting)라 하고, 만약 전가의 방향이 생산요소시장으로 작용하여 노동자의 고용에 영향을 미치면 후방전가(backward shifting)라고 구분한다

정책 설계의 방향, 세율 결정, 보완책 마련 등에 매우 중요한 기초 자료가 된다.

귀착의 주요 결정 요인

조세 귀착의 정도는 **시장 구조, 조세 전가 기간, 수요와 공급의 가격탄력성** 등에 따라 달라진다. 시장 구조 측면에서 독점시장에서는 공급자가 가격 결정력을 가지므로 세금 부담을 소비자에게 전가하기 쉽다. 반면 경쟁시장에서는 공급자의 가격 결정력이 낮아 세금 전가가 제한적이다. 조세 전가 기간과 관련해서는 세금 상승으로 기업의 세 부담이 증가하였다 하더라도 단기적으로는 가격을 조정하기 어렵기 때문에 소비자에게 세금 전가가 제한되지만, 장기적일수록 소비자의 세 부담이 커질 수 있다. 또한 수요와 공급의 가격탄력성도 조세 귀착에 영향을 미친다. 상품가격이 상승했을 때 수요가 비탄력적이거나 공급이 비탄력적일수록 세금 부담이 비탄력적인 경제주체에게 더 집중된다. 즉, 가격탄력성이 낮은 쪽이 세금 부담을 더 많이 지게 되는 것이다. 이러한 요인들이 함께 작용하여 실제 조세 부담이 생산자와 소비자에게 어떻게 귀착되는지가 결정된다(그림 13-2).

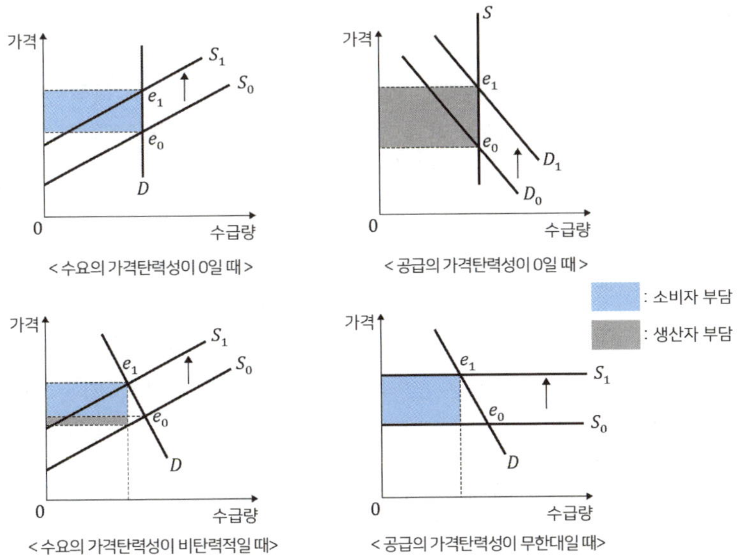

▶ **그림 13-2** 가격탄력성에 따른 조세의 귀착 정도

3 보조금

우리나라에서 운영되고 있는 임업 보조금 제도는 임업인과 산림관리자가 수행하는 다양한 산림사업에 대해 정부가 일부 비용을 지원함으로써 산림자원의 지속가능한 이용과 임업의 경쟁력을 높이기 위한 정책 수단이다. 이는 조림, 숲가꾸기, 병해충 방제, 임산물 생산시설 설치 등으로 세분화되어 있으며, 각각의 보조금은 그 목적과 적용 대상에 따라 구체적으로 설계되어 있다.

예를 들어, 조림 보조금은 산주나 조림사업자를 대상으로 하여 경제림 조성이나 황폐지 복구를 유도함으로써 산림자원의 확대와 산지의 생산성 회복을 도모한다. 숲가꾸기 보조금은 숲의 생태적 질을 높이고 산림경영을 활성화하기 위해 숲가꾸기 작업을 수행하는 사업자에게 지급된다. 임산물 생산시설 설치 지원은 온실이나 양묘시설와 같은 기반 시설 보조를 통해 경쟁력을 높이고, 임업의 부가가치를 확대하는 것을 목표로 한다. 산림병해충 방제사업 보조금은 병해충 확산을 사전에 방지함으로써 산림 피해를 줄이고 산림 생태계의 안정성을 유지하기 위해 산림관리자나 지자체에 지급된다.

표 13-2 임업 보조금의 유형에 따른 적용대상과 목적

유형	적용 대상	목적
조림	산주, 조림사업자	경제림 조성, 황폐지 복구 유도
숲가꾸기	숲가꾸기 참여 사업자	산림의 질적 개선, 산림경영 활성화
임산물 생산시설 설치	관련 임가, 유통 가공업자	임산물 산업 경쟁력 강화
산림병해충 방제사업	산림관리자, 지자체	병해충 예방을 위한 적극적 대응

이처럼 보조금 제도는 경제학적으로 볼 때 정부의 자금을 활용한 '시장 개입'의 일종으로 민간 경제주체가 자발적으로 수행하기 어려운 공익적 활동이나 장기적인 투자 활동을 유도하기 위해 사용된다. 특히 임업처럼 수익이 장기적이고 불확실성이 큰 분야에서는 민간의 단기 이익 동기만으로는 지속가능한 관리가 어렵기 때문에 정부의 보조금은 외부효과(externality)를 보정하는 유효한 수단으로 작용한다.[12)]

예를 들어, 조림이나 숲가꾸기는 장기적으로 탄소흡수, 수질 정화, 생물다양

12) 외부효과에 대한 설명은 제15장에 자세하게 설명한다.

성 유지 등의 공익적 효과를 창출하지만, 그 편익은 시장가격에 제대로 반영되지 못하고 있다. 이 때문에 임업인은 비용 부담을 이유로 해당 활동을 회피할 가능성이 높다. 정부가 보조금을 통해 일부 비용을 지원하면 이러한 양(+)의 외부효과가 실현될 수 있도록 민간의 행동을 유도할 수 있다. 이는 사회적 최적 수준의 산림 투입을 가능하게 만드는 정책적 장치로 볼 수 있다.

보조금 제도는 조세 제도와는 반대 방향의 기능을 수행한다. 조세는 어떤 활동에 대해 비용을 부과함으로써 과잉 활동을 억제하는 수단인데 반해, 보조금은 특정 활동을 장려하기 위해 정부가 자금을 지급하는 방식이다. 조세와 보조금은 모두 정부의 시장 개입이라는 점에서는 유사하지만 제도 도입의 원인과 돈의 흐름은 상반된다. 예컨대, 산림보전처럼 사회적으로 장려할 필요가 있는 활동은 보조금이 적절한 정책 수단이며 반대로 환경오염처럼 억제해야 할 활동은 조세가 더 효과적이다.

보조금 정책이 효과적이기 위해서는 대상과 금액을 적절히 설정하는 것이 핵심 과제다. 만약 보조금 수준이 지나치게 낮으면 민간 참여가 저조해 정책 효과가 떨어지고, 반대로 과도하면 재정 낭비 또는 비효율적인 자원 배분이 발생한다. 또한 대상자 선정 기준이 불명확하거나 보조금이 목적 외의 용도로 사용될 경우 도덕적 해이(moral hazard) 문제가 발생할 수 있다. 따라서 정책의 정교한 설계와 사후 평가 시스템 구축이 병행되어야 한다.

임업 보조금 제도는 산림의 공익적 가치 실현과 임업인의 지속 가능한 경영을 유도하는 데 있어 매우 중요한 정책 도구이며 시장 실패를 보정하고 사회적 효율성을 높이기 위한 정부 개입의 정당한 형태라고 할 수 있다. 특히, 임업과 같이 공공성과 지속성이 강조되는 분야에서 보조금 제도는 민간의 경제적 유인을 보완하면서 전체 사회의 후생을 증진시키는 역할을 한다.

4 직접지불금제도

현재 우리나라에서 시행되고 있는 임업 직접지불금제도(이하 직불제)는 '임업·산림 공익직접지불제'라는 이름으로 운영되고 있으며 이는 임업인들의 산림관리 활동을 지원하고 산림의 공익적 기능을 강화하기 위한 목적을 가지고 있다. 이 제도는 임업인, 임업후계자, 독림가, 지식임업인, 그리고 생산자단체 등을 대상으로 하며 지급 방식에 따라 크게 '임산물생산업 직불금'과 '육림업 직불금'으로 나뉜다.

임산물생산업 직불금은 산지에서 버섯, 산채, 약초 등과 같은 단기소득임산물을 생산하는 임업인에게 지급되는 것으로 비교적 수확 주기가 짧은 임산물 재배 활동에 대한 보상 개념이다. 반면에 육림업 직불금은 산림을 직접 가꾸는 육림 활동에 종사하는 임업인에게 주어지는 지원금으로, 본인이 소유한 산지 면적이 3헥타르(ha) 이상일 경우에만 해당된다. 이처럼 두 종류의 직불금은 임업인의 활동 행태에 따라 구분되며 각각의 활동에 대한 공익적 가치를 인정해 직접적인 현금 보상 형태로 지원된다.

하지만 직불금을 받기 위해서는 단순히 임업 활동에 참여하고 있다는 사실만으로는 부족하다. 종사일수, 임업 소득, 주소지 요건 등 일정한 기준을 충족해야 하며 설령 이러한 자격 요건을 갖추었더라도 정부가 정한 의무 준수 사항을 이행하지 않을 경우 직불금이 지급되지 않거나 감액되어 지급될 수 있다. 예를 들어, 산림을 훼손하거나 불법으로 용도를 변경한 경우, 정부의 점검과 지침을 따르지 않은 경우에는 감액 또는 지급 제외 처분을 받을 수 있다.

보조금 제도와 직불금 제도는 모두 정부가 생산자나 농가에게 재정지원을 통해 공익적 목표를 달성하려는 정책수단이지만, 지원의 방식과 목적에서 뚜렷한 차이가 있다. **보조금 제도**는 정부가 특정 산업이나 활동을 장려하기 위해 비용의 일부를 보전해주는 방식이다. 주로 사업 수행 여부나 생산활동과 같은 투입 기준에 따라 지급되며, 정부가 정한 목적사업을 수행해야 받을 수 있다. 따라서 보조금은 '사업을 하면 주는 지원금'에 가깝다. 예를 들어 조림사업이나 산불예방사업, 산림기계 구입 등에 정부가 일정 금액을 보조하는 형태가 이에 해당한다. 이러한 보조금은 산업 육성과 비용 경감을 통해 생산을 촉진하는 데 목적이 있다. 반면, **직불금 제도**는 생산활동 자체보다는 공익적 기능 수행이나 소득 안정을 목적으로 한다. 농가나 임가가 일정한 조건을 충족하면 생산량이나 사업 수행 여부와 관계없이 현금이 직접 지급된다. 즉, '무엇을 얼마나 생산했는가'가 아니라 '공익적 행위를 했는가'가 지급의 기준이 된다. 즉, 직불금은 활동 자체에 대한 사후적 보상이고, 보조금은 사업 비용에 대한 사전적 지원에 가깝다고 볼 수 있다.

결과적으로 임업직불금 제도는 산림의 지속가능한 관리와 환경 보전에 기여하는 임업인의 역할을 인정하고 산림의 공익적 기능 강화와 함께 안정적인 소득을 지원하기 위한 정책이다.

5 거래제

거래는 재화나 서비스의 소유권을 가능한 한 낮은 가격에 얻으려는 사람과 가능한 한 높은 가격에 넘기려는 사람 사이에서 이해가 일치할 때 이루어진다. 거래제도 중에 대표적인 것이 이산화탄소의 배출권 거래제이다. 이산화탄소 배출권 거래제는 온실가스 감축을 위한 정책 수단 가운데 시장 기능을 활용하는 대표적인 제도다. 기본적으로 거래의 요건은 사는자와 파는자가 존재해야 한다. 정부나 국제기구가 온실가스의 전체 배출량에 일정한 한도(총량)를 설정하고 이 배출 허용량을 기업들에게 일정 기준에 따라 나눠주는 방식으로 시작된다. 이렇게 할당된 배출권은 각 기업이 실제로 이산화탄소를 배출할 수 있는 '권리'가 되며, 이 권리를 초과하여 배출하고자 하는 기업은 다른 기업으로부터 배출권을 구매해야 한다. 반대로 배출량을 줄여 여분의 배출권을 가진 기업은 그것을 팔아 수익을 얻을 수 있다. 즉, 이산화탄소에 일종의 가격을 매기고 이를 사고팔 수 있는 시장을 통해 온실가스 감축을 유도하는 것이다.

이 제도는 시장실패 중 하나인 부정적인 외부효과인 외부불경제 문제를 해결하기 위해 사용하는 가장 시장 중심적인 방법이다. 평소에는 대기오염이나 온실가스 배출 같은 외부효과가 시장가격에 반영되지 않기 때문에 기업들이 오염을 줄일 유인이 없다. 하지만 각 기업마다 이산화탄소를 배출할 수 있는 양이 주어지고 그 가격이 매겨지면 기업 입장에서는 오염을 줄이는 것이 곧 비용 절감이자 수익 창출로 연결되므로 자발적인 저감 노력을 하게 된다.

이 제도에서 산림은 중요한 역할을 한다. 산림은 대기 중 이산화탄소를 흡수하는 천연 흡수원으로 실제로 나무가 자라는 동안 대량의 탄소를 저장하게 된다. 따라서 산림을 조성하거나 복원함으로써 이산화탄소흡수량을 늘리는 활동도 탄소배출을 줄이는 것과 같은 효과로 인정되며 이로 인해 산림의 '탄소흡수량'도 일종의 배출권으로 거래될 수 있다. 이처럼 산림의 공익적 기능이 시장에 반영되면 산림 보호와 기후변화 대응이 동시에 이루어질 수 있다.

거래제는 소유권이 분명하게 정해진 상태에서 시장의 수요와 공급에 의해 정해지는 방식으로 시장기능을 가장 존중하는 제도이다. 하지만 이 배출권 거래제가 현실에서 운영될 때는 몇 가지 문제들이 함께 나타난다. 첫 번째로, 배출권이 시장의 진입 장벽으로 작용할 수 있다는 점이다. 기존 시장에서 우위를 점하고 있는 일부 대기업들이 배출권을 독점하거나 담합하여 배출권을 외부로 판매하지 않는다면 새롭게 시장에 진입하려는 중소기업들은 배출권을 확보하지 못해 아예 생산 자체를 할 수 없게 된다. 이는 시장 경쟁을 제한하고, 자원의 효율적 배분을 저해하게 된다.

두 번째 문제는 재배치 효과다. 어떤 기업이 배출권을 저렴하게 확보하거나 초기에 무료로 배분받은 경우, 이 기업이 환경 규제가 느슨한 지역으로 공장을 옮기게 되면 전체적인 오염 총량은 줄어들 수 있으나 특정 지역에 오염이 집중될 수 있다. 특히 이러한 이전이 오로지 배출권 거래로 인한 불로소득을 노리는 경우에는 제도 운영의 형평성과 목적이 훼손될 수 있다.

세 번째로는 배출권의 유효기간 설정 문제다. 유효기간이 지나치게 짧으면 기업들은 단기적인 저감 노력에만 집중하고 장기적인 기술 혁신이나 설비 투자에는 소극적이게 된다. 반대로 유효기간이 지나치게 길면 정책 환경의 변화에 민감하게 대응하지 못하고 기존 방식에만 의존하려는 경향이 생겨 제도의 유연성이 떨어질 수 있다. 이처럼 유효기간 설정은 기업의 행동 유인과 직결되는 중요한 요소다.

결국 이산화탄소 배출권 거래제는 시장의 원리를 환경 문제에 적용하려는 시도이자 산림과 같은 자연자원이 경제적 가치로 평가받을 수 있는 구조를 만드는 장치다. 그러나 시장기능만으로는 모든 문제를 해결할 수 없기 때문에 제도의 설계와 운영에 있어 공정성, 정책 일관성, 그리고 규제적 보완 장치를 함께 마련하여 실질적으로 효과가 있도록 해야 한다.

연습문제

1. 명령과 통제 · 조세 · 보조금 · 직불제(PES) · 거래제(배출권)의 개념을 한 줄씩 요약하고, 시장개입 방식(직접/간접 유인)별 차이를 정리하시오.

2. 산림분야에서 명령 · 통제 정책(입산 · 채취 제한, 벌채 허가)의 강점과 한계를 집행비용 · 유연성 · 형평성 측면에서 평가하시오.

3. 조세의 원칙(공평성 · 중립성 · 효율성 · 확실성 · 편의성)을 간단히 정리하고, 임업 과세 설계 시 발생할 수 있는 정책 트레이드오프를 제시하시오.

4. 세율 구조(비례 · 누진 · 역진)와 세목 분류(국세/지방세, 인세/물세, 직접세/간접세, 종가세/종량세)를 정의하고, 임업 사례를 1개씩 제시하시오.

5. 조세 귀착(incidence)의 개념을 설명하고, 수요 · 공급 탄력성에 따른 세부담 분담 원리를 임산물 시장 예시로 논하시오.

6. 보조금과 직불제(PES)의 차이를 목표 · 지급 기준 · 성과관리 측면에서 비교하고, 산림공익기능 촉진에 적합한 활용 방안을 제시하시오.

7. 정책수단 조합(규제+보조금+PES+거래제)을 통해 목재 합법조달 · 불법벌채 억제 · 탄소흡수 확대라는 다중목표를 달성하는 설계 원칙을 제시하시오.

8. 정책 변화(탄소중립 목표 강화, 벌채 규제, 세제 개편)가 임산물 시장(가격 · 거래량)과 경영 의사결정(벌기 · 수종 · 투자)에 미치는 파급효과를 서술하시오.

참고문헌

국립산림과학원(2012), 『임업기술핸드북』, 국립산림과학원.

민경택 · 윤여창(2023), 『산림경제학: 생태학과 경제학의 만남』, 서울경제경영.

법제처, 『국가법령정보센터』, law.go.kr.

산림청(2024), 『임업직불제 "한눈에 보기"』, 산림청.

산림청(2025), 『2025년 산림사업종합자금 집행지침』, 산림청.

이준구 · 조명환(2016), 『재정학』, 문우사.

Mankiw N. G. (2005), 『맨큐의 경제학』, 김경환 · 김종석 옮김, 교보문고.

Wagner, J. E. (2023), *Forestry Economics*, Routledge.

산 림 경 제 학

산림의 공익기능과 가치평가

PART

05

산림의 공익기능은 산림에 관심이 있는 사람은 누구나 익숙한 단어일 것이다. 산림의 공익기능의 가치는 1987년 수원함양기능, 정수기능, 휴양기능 등의 6개 기능의 가치평가를 시작으로 약 3년 간격으로 최근 2020년 기준으로 발표한 자료에 따르면 12개 기능을 대상으로 가치를 평가하였다. 21세기 접어들면서 산림과 같은 자연환경들의 파괴에 대응하기 위해 전세계적으로 생태계서비스에 대한 관심이 높아지고 있다. 하지만 공익기능과 생태계서비스의 가치를 왜 평가해야 하는지에 대해서는 별 다른 고민이 없는 듯하다. 산림은 우리에게 목재와 비목재임산물만 제공하는 것이 아니고 우리 삶과 떨어질 수 없는 중요한 기능, 예를 들면, 휴양, 국토보전, 산소공급, 수질 정화 등의 다양한 기능을 수행하고 있다. 하지만 이러한 산림에서 제공하는 서비스는 풍부하여 누구나 제약 없이 이용해도 되는 자유재(free goods)로 인식되어 그 중요성이 경외시되어 왔다. 하지만 산림의 양적 및 질적인 가치에 대한 인식이 생기면서 산림의 특성으로 인해 야기되는 시장실패의 원인이라 할 수 있는 외부효과와 공공재적인 관점에서 산림을 해석하고 주요 가치평가 방법을 주제로 설명하고자 한다.*

* 본 장의 내용은 김동준 등(2023) 「산림경제학」 제10장과 제11장의 내용에 기반하여 작성하였다.

CHAPTER

14 산림의 기능과 생태계서비스

1 산림의 공익기능

1) 개요

산림의 공익기능은 단순히 목재나 임산물을 생산하는 경제적 기능에 국한되지 않고 사회·환경·문화적 측면에서 국민 전체가 향유할 수 있는 다양한 혜택을 포함한다. 이러한 기능은 시장에서 거래되지 않기 때문에 그 가치를 직접적으로 측정하기 어렵지만, 국토의 2/3를 차지하는 산림으로부터 받는 혜택은 그 누구도 부정할 수 없을 것이다. 이러한 혜택을 화폐 가치로 표현하고자 우리나라에서는 1987년을 시작으로 2~3년 주기로 산림의 공익적 가치평가가 이루어지고 있으며 2020년 기준 산림의 공익적 가치는 연간 약 259조 원으로 평가되었다.

산림의 공익기능 평가액은 꾸준하게 증가하는 추세로 나타나고 있다(그림 14－1)

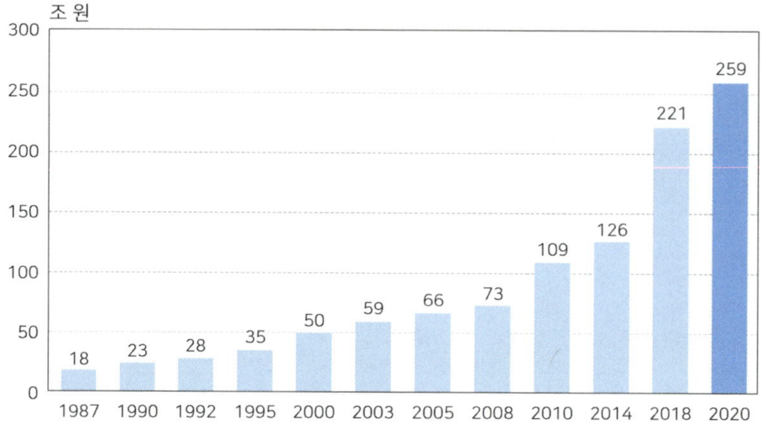

▶ **그림 14-1** 연도별 산림공익기능 평가액 추이

이 중 온실가스흡수·저장기능이 97.6조 원으로 전체 평가액 중에서 37.8%를 차지하였다(그림 14-2). 하지만 온실가스흡수·저장기능은 다른 기능들의 평가 기준과는 다르게 2018년 평가부터 유량(flow)이 아닌 저량(stock) 개념으로 평가가 이루어지고 있다.

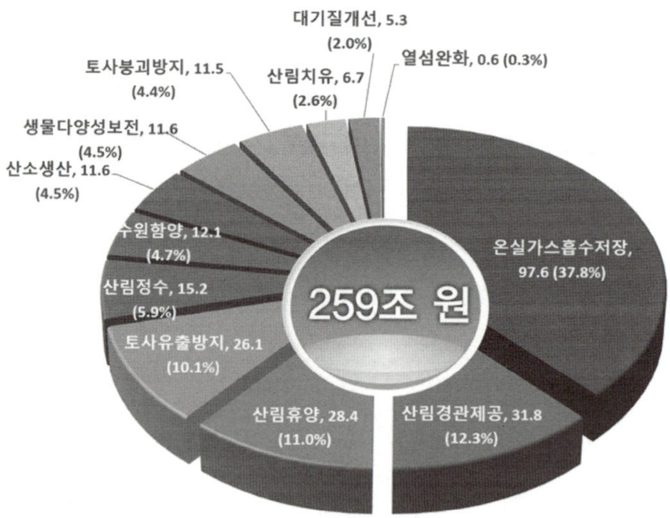

▶ **그림 14-2** 산림공익기능 평가액과 점유율(2020년 기준)

2) 평가 방법[1)]

산림의 공익기능에 대한 가치평가는 기능의 특성에 따라 다양한 방법으로 이루어지고 있다. 각 기능별 가치평가 방법에 대해 간단하게 살펴보자.

① **수원함양기능**

산림이 물을 저장하는 기능으로 임상별 임령 증가 및 숲가꾸기 사업에 따른 산림토양 내 조공극률 변화를 적용하여 물 저장량을 산출하고 최근 국내에 건설된 용수댐의 건설비용에 기초하여 내구연한 50년의 감가상각비와 감가상각비의 1%를 연간운영비로 계산하였다. 이때 사회적 이자율은 5%를 적용하였다.[2)]

② **산림정수기능**

산림이 비가 온 뒤 부유물질 배출을 감소시키는 기능으로 산림이 없는 지역에 비가 올 경우 유출되는 부유물질량과의 차이량을 정수하는 비용을 산림이 발휘하는 산림정수기능으로 가정하였다. 모두베기 지역의 단위 강수량에 따른 평균 부유물질량의 관계식을 도출하고 기준연도의 평균 강수량에 따른 부유물질량을 산정한 뒤 서울시 상수도 정수센터에서 부유물질을 제거하기 위해 투입되는 응집제 투입비, 슬러지 처리비 및 기타 정수비용 단가 등을 적용하여 평가하였다.

③ **토사유출방지기능**

산림이 토사의 침식 및 하류로의 유출을 방지하는 기능으로 농업용 저수지의 집수 유역면적에 산림이 포함되어 있는 전국 102개 저수지 자료를 이용하여 입목지의 모암군별, 임령별 토사유출량과 토양유실 예측공식을 적용하여 무립목지의 토양유출량을 산정한 뒤 무립목지 토사유출량에서 입목지 토사유출량을 차감하여 산림의 토사유출방지량을 산출하였다. 산출된 토사유출방지량에 산림청의 당해연도 사방댐 평균 건설비 단가를 적용하여 평가하였다.

④ **토사붕괴방지기능**

산림이 산사태를 방지하는 기능으로 산사태가 발생한 지역의 현황조사를 통해 ha당 임령에 따른 입목지와 무립목지의 붕괴 발생면적 및 붕괴량을 산출하였

1) 평가 방법은 산림과학원(2020)에서 제 공한 자료에 기반하여 정리하였다.
2) 현재 국가 사업 평가에 있어 한국개발연구원에서 적용하고 있는 할인율은 4.5%이다.

으며 무립목지 붕괴량에 입목지 붕괴량을 차감하여 산림의 토사붕괴방지량을 산출한다. 산출된 토사붕괴방지량에 산사태복구비를 적용하여 토사붕괴방지기능을 평가하였다.

⑤ **온실가스흡수 · 저장기능**

온실가스흡수 · 저장기능은 입목, 산림토양 및 목재제품이 온실가스 중 하나인 이산화탄소를 흡수하고 탄소를 저장하는 기능으로 임상별 임목 축적에 임상별 전환계수를 적용하여 산출하였다.[3] 산림토양의 온실가스저장기능은 임상별 산림면적에 단위 면적당 유기물과 토양의 탄소량을 적용하여 산출하며 목재제품의 탄소저장기능은 국산목재를 이용한 목재제품 생산량에 탄소전환계수 적용하여 산출하였다. 산출된 이산화탄소흡수 · 저장량에 한국거래소에서 거래되는 이산화탄소 가격을 적용하여 평가하였다.

⑥ **산소생산기능**

산림 내 입목의 광합성과 호흡으로 이산화탄소를 흡수하고 산소를 생산하는 기능으로 온실가스흡수 · 저장기능에서 설명한 입목의 이산화탄소흡수량에 이산화탄소량을 산소량으로 전환시키는 계수로 32/44를 적용하여 산출하며 국내 액체 산소가격을 적용하여 평가하였다.

⑦ **대기질개선기능**

산림이 SO_2, NO_2, O_3, PM_{10} 및 $PM_{2.5}$ 등을 흡착하여 대기질을 개선하는 기능으로 오염물질별 대기 중 연평균농도에 산림의 엽면적과 착엽률을 곱하여 대기오염물질 흡착량을 산정하고 대기오염물질별 처리비용을 곱하여 평가하였다.

⑧ **열섬완화기능**

생활권도시림으로 인한 여름철 기온 상승 억제 기능으로 생활권도시림면적에 산림면적당 전력소비저감량에 전력시장가격을 곱하여 평가하였다.

⑨ **산림경관제공기능**

산림경관제공기능은 만족가격기법으로 평가하였다. 산림경관제공기능은 산림이 제공하는 자연의 아름다운 풍경으로 아파트 및 주택가격에 산림경관의 가치

3) 전환계수로는 용적비중(침엽수 0.47, 활엽수 0.80), 바이오매스 확장계수(침엽수 1.6512, 활엽수 1,7202), 탄소계수(0.5)를 적용하였다.

가 포함되어 있다는 것을 전제로 하여 당해연도 아파트 및 단독주택 평균가격에 산림경관의 속성비율을 적용하여 평가하였다.

⑩ **산림휴양기능**

국민여가활동조사 연보에 나타난 1년 동안 국민이 여가활동을 위해 지출한 총비용에서 산림 관련 공간 즉, 국립공원, 도립공원 및 산림욕장 등에서 활용한 비율을 적용하여 평가하였다.

⑪ **산림치유기능**

1인 기준으로 국민의 등산 활동으로 인한 의료비 절감액, 치유의숲과 자연휴양림 이용으로 인한 의료비 절감액을 각각의 활동 인구수로 곱하고 이들 각 활동의 평가액의 합으로 산정하였다.

⑫ **생물다양성보전기능**

생물다양성을 유전자, 종, 생태계로 구분하여 평가하였다. 유전자보전기능은 바이오산업의 연구개발비 중에서 국내 산림생명자원의 활용 비율을 적용하였고, 종보전기능은 포유류, 조류, 식물의 생태계 상위종의 가치를 가구당 지불의사액으로 평가한 결과를 이용하여 가치를 산출하였다. 생태계보전기능은 조건부가치평가법을 이용하여 평가하였다(김정택 · 이관규 · 김준순, 2012).

이들 12개 기능을 대상으로 평가한 방법은 표 14－1에 나타내었다.

표 14-1 산림의 공익기능별 평가 방법

대기능	중기능	소기능	평가 방법
수원함양 · 정수	① 수원함양	수원함양	대체비용법
	② 산림정수	산림정수	대체비용법
산림재해방지	③ 토사유출방지	토사유출방지	대체비용법
	④ 토사붕괴방지	토사붕괴방지	대체비용법
생활환경보전	⑤ 온실가스흡수 · 저장	입목 탄소흡수 · 저장	대체비용법
		산림토양 탄소저장	대체비용법
		목재제품 탄소저장	대체비용법
	⑥ 산소생산	산소생산	대체비용법
	⑦ 대기질개선	대기질개선	대체비용법

	⑧ 열섬완화	열섬완화	대체비용법
	⑨ 산림경관제공	산림경관제공	헤도닉가격법
산림휴양 · 치유	⑩ 산림휴양	산림휴양	여행비용법
	⑪ 산림치유	산림치유	회피비용법
자연환경보전	⑫ 생물다양성보전	유전자보전	이용가치법
		종보전	편익이전법
		생태계보전	조건부가치평가법

출처: 김기동 등. 2020. 산림공익기능 평가결과와 시사점. 산림과학원.

2 생태계서비스

생태계서비스(ecosystem services)는 자연이 인간에게 제공하는 여러 혜택을 의미한다. 처음에는 다소 추상적으로 들릴 수 있지만, 본질적으로는 인간의 삶과 복지에 기여하는 자연의 다양한 기능과 이익을 말한다. 이 개념은 Westman(1977)에 의해 '자연의 서비스'라는 표현이 학문적으로 언급되면서 등장했고, 이후 생태계가 인간 사회에 어떤 도움을 주는지를 설명하는 틀로 발전했다.

1970~80년대에는 주로 생태학자들이 생물다양성과 인간 생활의 연관성을 탐구하면서 생태계의 역할을 강조했다. 1990년대에 들어서는 환경경제학자와 정책 연구자들이 이 개념을 경제적 가치의 관점에서 접근하기 시작했다. 그들은 자연이 제공하는 혜택을 경제적으로 평가해야만 정책 결정 과정에서 생태계의 중요성이 간과되지 않는다고 보았다.

표 14-2 생태계서비스 개념

저자	생태계비스 개념
Daily(1997)	인간생활 충족을 위해 요구되는 생물다양성과 재화의 생산을 유지하기 위한 자연생태계의 조건과 과정
Costanza et al.(1997)	인간이 생태계기능으로부터 직접 또는 간접적으로 이끌어내는 편익
de Groot et al.(2002)	인간이 생태계기능으로부터 직접 또는 간접적인간의 필요를 충족시키기 위한 자연적 과정과 요소의 생산능력으로 이끌어내는 편익
MA(2005)	인간이 생태계로부터 얻는 편익

출처: 안소은(2014)

생태계서비스의 개념은 1990년대 이후 여러 학자들에 의해 구체화되면서 점차 체계적인 틀을 갖추게 되었다. 특히 Costanza(1997)와 de Groot 등(2002)의 연구는 생태계가 인간 사회에 제공하는 다양한 혜택을 정량적·정성적으로 평가하려는 시도를 통해 개념의 정립에 중요한 기여를 했다(표 14-2).

2000년대에 들어서면서 생태계서비스는 전 세계적으로 본격적인 체계화 과정을 거쳤다. 그 중심에는 2005년에 발표된 『새천년생태계평가(Millennium Ecosystem Assessment: MA)』가 있었다. 이 평가는 95개국에서 1,300명 이상의 과학자가 참여한 대규모 국제 연구로, 생태계서비스를 공급, 조절, 문화, 지지의 네 가지 유형으로 구분하여 체계화하였다. 이 분류체계는 이후 연구와 정책의 기본 틀로 자리 잡아 현재까지 널리 활용되고 있다.

MA에서는 생태계서비스를 공급서비스(provisioning services), 조절서비스(regulating services), 문화서비스(cultural services), 지지서비스(supporting services) 네 가지로 구분하고 각 서비스마다 해당 내용들을 정리하였다. 공급서비스(provisioning services)는 식량, 목재, 섬유, 연료 등 인간이 직접적으로 이용하는 재화를 제공하는 기능을 말한다. 조절서비스(regulating services)는 기후 조절, 홍수 완화, 침식 방지 등과 같이 생태계 구성요소의 상호작용을 통해 환경의 균형을 유지하는 역할을 한다. 문화서비스(cultural

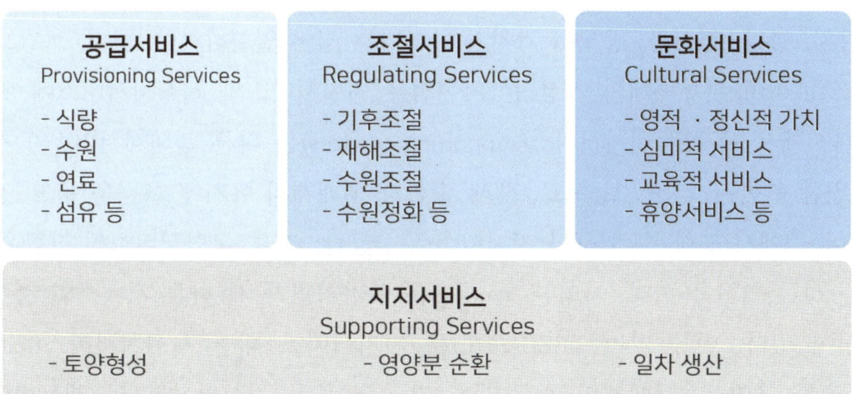

출처: MA(2005).

▶ **그림 14-3** MA(2005) 생태계서비스 유형

services)는 영적·정신적 가치, 교육, 휴양 등과 관련된 비물질적 혜택을 포함하며, 사회·경제·정치적 제도와도 밀접하게 연관되어 있다. 마지막으로 지지서비스(supporting services)는 공급·조절·문화 세 가지 서비스가 작동할 수 있도록 토양 형성, 영양분 순환, 일차생산 등 생태계의 기본적 기능을 뒷받침하는 역할을 한다.

MA 후속으로 조직된 생태계 및 생물다양성의 경제학(The Economics of Ecosystem and Biodiversity: TEEB, 2010)은 생태계서비스를 공급서비스(provisioning services), 조절서비스(regulating services), 서식처서비스(habitat services), 문화서비스(cultural and amenity services) 네 가지 범주로 구분하고, 이를 다시 22개의 세부 서비스로 정리하였다. TEEB(2010)는 MA(2005)에서 제시된 지지서비스(supporting services)를 서식처서비스로 대체함으로써 생물다양성의 역할을 보다 강조했다. 서식처서비스는 철새 종과 기타 유전자원을 유지할 수 있는 자연 서식지를 제공하는 생태계의 중요성을 강조하기 위해 설정되었다.

표 14-3은 MA(2005)와 TEEB(2010)의 생태계서비스 항목에 대해 대응하여 구성한 표이다. 두 분류체계는 공급서비스, 조절서비스, 문화서비스에서 서로 유사한 재화 및 서비스가 나타났다. 공급서비스에서는 개별 제공서비스가 거의 흡사했으며, 조절서비스는 토양 비옥도 유지 및 영양분 순환과 인간 질병 통제가 공통되지 않은 점 외에 나머지 부분에서 유사하였다. 문화서비스는 생태공간에 따른 미적가치, 영적·정신적·종교적 가치가 나타나는 점이 일치하였다. 한편, MA(2005)와 TEEB(2010) 분류체계의 가장 큰 차이점은 지지서비스와 서식처서비스에 있다. MA(2005)에서 제시된 지지서비스(supporting services)는 다른 생태계서비스가 생산되기 위한 기반이 되는 기능으로, 생태 순환과 생태계의 유지에 초점을 두고 있다. 그림 14-3에서도 볼 수 있듯이 지지서비스는 공급, 조절, 문화서비스의 작동을 가능하게 하는 역할을 하며, 이러한 특성 때문에 가치평가 시 다른 서비스와 중복될 가능성이 있다. 이에 따라 TEEB(2010)은 지지서비스 대신 서식처서비스(habitat services)를 도입해, 생태계의 순환기능보다 동식물의 서식처 제공과 생물다양성 보전에 더 초점을 맞추었다.

표 14-3 MA(2005)와 TEEB(2010) 생태계서비스 분류 시스템 비교

구분	MA(2005)	TEEB(2010)
공급 서비스	식량	식량
	신선한 물	물
	섬유, 목재	원자재
	유전자원	유전자원
	생화학물질 · 의약품	의료자원
	장식(ornamental) 자원	장식(ornamental) 자원
조절 서비스	대기질 조절	대기정화
	수질 정화 및 폐기물 처리	폐기물(정수) 처리
	수원조절	물 흐름 조절
	재해조절	재해방지
	침식조절	침식방지
	기후조절	기후조절
	-	토양 비옥도 유지 및 영양분 순환
	수분	수분
	해충 통제	생물학적 통제
	인간 질병의 통제	-
지지 서비스	토양 형성	-
	영양분 순환	
	광합성	
	물순환	
	일차적 생산	
서식처 서비스	-	이주성 종의 라이프사이클 유지
		유전다양성의 유지
문화 서비스	정신적, 종교적 가치	영적 경험
	미적 가치	경관미적 정보
	예술적 영감	문화, 예술, 디자인에 대한 영감
	레크레이션 및 생태관광	레크레이션 및 생태관광
	인지정보	인지 발달을 위한 정보
	공간적 안정감	-
	문화적 다양성	-
	사회적 관계	-
	문화유산 가치	-
	교육적 가치	-

출처: MA(2005), TEEB(2010)에서 저자가 재구성함.

TEEB(2010)은 생태계서비스의 가치 형성 과정을 생태계 영역과 인간의 웰빙(human well-being) 영역으로 구분하여 설명한다. 생태계의 생물적·물리적 구조에서 다양한 서비스가 생성되고, 이를 통해 인간 사회에서 가치가 형성되는 과정을 하나의 연속적인 흐름으로 도식화했다. 즉, 생태계의 구조와 기능이 어떻게 인간의 복지로 이어지는지를 단계적으로 보여주어, 생태계 보전이 단순한 환경적 목표를 넘어 인간의 삶의 질과 직결된다는 점을 명확히 제시하였다(그림 14-4).

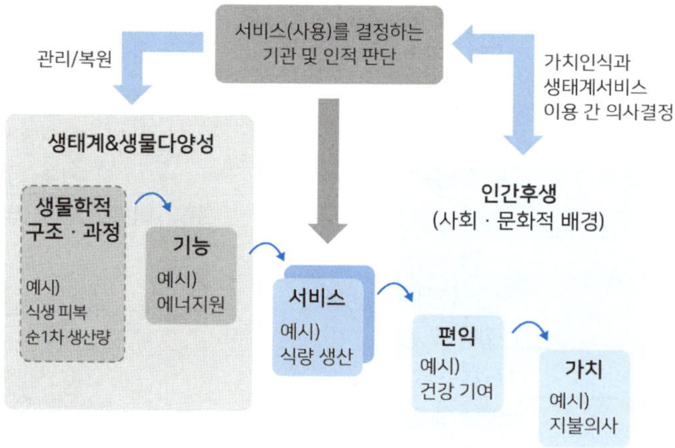

출처: TEEB(2010)에서 저자가 재구성함.

▶ **그림 14-4** 생태계서비스의 가치화 과정

또한 생태계서비스의 범주는 인간의 웰빙과 긴밀하게 연결되어 있으며, 이를 그림 14-5와 같이 도식적으로 표현할 수 있다. 생태계서비스는 인간 웰빙을 구성하는 핵심 요소인 안전, 삶의 질을 유지하기 위한 기본 자원, 건강, 양질의 사회적 관계와 상호작용한다. 이러한 웰빙의 구성요소들은 다시 인간이 누릴 수 있는 선택과 행위의 자유에 영향을 미치며, 궁극적으로 생태계와 인간 사회 간의 순환적 관계를 형성한다.

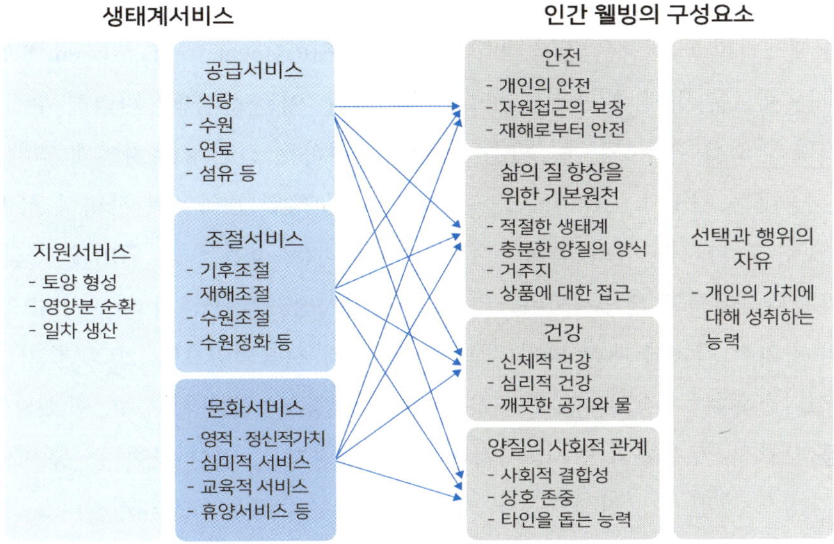

출처: MA(2005), Masiero et al(2019).

▶ **그림 14-5** 생태계서비스와 인간 웰빙의 구성요소 간 연결

2010년대에 들어서면서 생태계서비스는 국제 사회의 주요 의제로 부상했다. 지속가능발전목표(SDGs)와 생물다양성과 생태계서비스에 관한 정부 간 과학·정책 플랫폼(Intergovernmental Science–Policy Platform on Biodiversity and Ecosystem Services: IPBES) 등 글로벌 논의에서 핵심 개념으로 다뤄졌으며, 이를 계기로 각국 정부는 생태계서비스를 정책 설계와 실행 과정에 적극 반영하기 시작했다. 이러한 흐름은 생태계 보전이 단순한 환경 관리 차원을 넘어 경제·사회 발전 전략의 핵심 요소로 자리 잡는 계기가 되었다.

경제학에서는 생태계서비스가 특히 중요한 분석 대상이 된다. 생태계가 제공하는 다양한 서비스는 대부분 시장에서 직접 거래되지 않기 때문에 가격이 존재하지 않으며, 이로 인해 그 가치를 경제적으로 평가하는 방법이 발전해왔다. 예를 들어 숲이 홍수를 완화하거나 습지가 수질을 정화하는 기능처럼 눈에 보이지 않는 혜택은 실제로 막대한 비용 절감 효과를 지닌다. 이러한 비시장적 가치는 조건부가치평가법, 여행비용법, 회피비용법 등 다양한 경제학적 평가기법을 통해 화폐 단위로 환산된다. 이렇게 산정된 가치는 환경세 부과, 생태계 보전사업, 보조금

지급 등 정책적 의사결정을 하는데 근거 자료로 활용 가능하다.

생태계서비스 개념은 생태계서비스지불제도(Payment for Ecosystem Services: PES)라는 새로운 정책 수단의 발전으로 이어졌다. 이는 숲을 잘 관리해 수질을 개선하거나 탄소를 흡수하는 등 환경 보전에 기여하는 산림 소유자에게 경제적 보상을 제공하는 제도다. 이러한 접근은 환경 보전 행위를 하나의 사회적 서비스로 인정하고, 그 가치를 사회 전체가 함께 지불한다는 점에서 큰 의미를 가진다.

우리나라에서도 생태계서비스의 경제적 가치평가가 꾸준히 이루어지고 있다. 산림의 공익적 기능에 대한 평가는 1980년대부터 시작되었으며, 2020년 기준으로는 온실가스흡수·저장, 경관, 토사유출 방지, 휴양, 수원함양, 정수, 산소생산, 생물다양성 보전, 토사붕괴 방지, 대기질 개선, 산림치유, 열섬 완화 등 총 12개 기능을 대상으로 평가가 진행되었다. 이러한 평가는 TEEB의 생태계서비스 가치화 과정과 비교했을 때, '서비스(service)' 자체보다는 생태계가 지닌 기능(function)에 초점을 두고 이루어졌다는 점이 특징이다.

또한 생태계서비스는 공공재(public goods)의 성격을 지니고 있으며, 한 사람의 이용이 다른 사람의 이용을 제한하지 않는 비경합성과 비배제성을 가진다. 동시에 특정 경제 주체의 행위가 의도치 않게 다른 사람에게 긍정적 또는 부정적 영향을 미치는 외부효과(external effect)로도 나타난다. 이러한 공공재와 외부효과는 시장에서 적절한 가격이 형성되지 않아 효율적 자원 배분이 이루어지지 않는 시장실패(market failure)의 대표적인 원인이다. 시장실패는 자원이 사회 전체의 후생을 극대화하는 방향으로 배분되지 못한 상태를 의미하며, 주요 원인으로는 공공재, 외부효과 외에도 독과점 구조, 정보의 불완전성, 미래의 불확실성 등이 있다.

연습문제

1. '산림의 공익기능'과 '생태계서비스'의 개념적 차이와 공통점을 정리하고, 정책 설계 시 어느 틀을 쓰는 게 더 적합한지 근거를 들어 논하시오.

2. 우리나라 산림공익기능 평가가 1987년 시작되어 2020년에는 12개 기능으로 확대된 배경과 의의를 설명하시오. (예: 왜 가치화를 해야 하는가?)

3. 2020년 기준 산림공익기능 평가에서 온실가스흡수 · 저장기능의 비중이 큰 이유를 생태 · 경제 논리로 설명하시오.

4. MA(2005)와 TEEB(2010)의 생태계서비스 분류 체계를 비교하고(특히 '지지서비스 vs 서식처서비스'), 분류 차이가 정책평가에 주는 함의를 논하시오.

5. 표 14-1의 기능별 평가 방법(대체비용법, 헤도닉, 여행비용, 회피 · 이용가치 등)을 3개 골라, 각각 어떤 기능에 왜 적합한지 매칭 근거를 제시하시오.

6. 생태계서비스가 공공재 · 외부효과 특성을 가져 시장실패로 이어지는 경로를 설명하고, '가격이 없는 가치'가 정책에서 무시되지 않게 하는 장치를 제안하시오.

7. '생태계서비스 ↔ 인간 웰빙' 연결도(안전, 건강, 사회관계, 선택의 자유)를 활용해, 산림휴양 · 치유가 지역사회에 주는 다차원 편익을 서술하시오.

8. 국내 산림공익기능 평가는 기능(function) 중심이라는 지적이 있다. 서비스(service) 중심으로 재설계하려면 어떤 지표 · 데이터가 추가되어야 하는지 제안하시오.

9. 산림의 12개 공익기능 중 도시림 열섬완화와 대기질 개선을 선택해, 가치평가 시 주요 변수(면적 · 엽면적 · 착엽률 · 전력단가 · 처리비용 등)와 민감도 포인트를 정리하시오.

10. 생태계서비스 가치평가의 윤리 · 형평성 이슈(세대 간, 지역 간, 소득 계층 간)를 식별하고, 제도적 보완(직불제/PES, 지역 환원 메커니즘)을 제안하시오.

참고문헌

국립산림과학원 (2007), 『산림환경서비스 지불제 도입 기초연구』, 국립산림과학원.

김기동 · 배재수 · 임종수 · 한희 · 이선정 · 최형태 · 이창우 · 이정희 · 김래현 · 박찬열 · 최수민 · 장윤성 · 전철현 · 박수진(2020), 『산림공익기능 평가 결과와 시사점 -2018년 기준-』, 국립산림과학원.

김정택 · 이관규 · 김준순(2012), "산림생물다양성의 경제적 가치평가", 『농업생명과학연구』, 46(4)31-39.

법제처, 『국가법령정보센터』, law.go.kr.

산림청(2023), 『2020년 기준 산림의 공익기능 평가 결과』, 산림청.

안소은(2013), "의사결정지원을 위한 생태계서비스의 정의와 분류", 『환경정책연구』, 12(2)3-16.

Costanza, R., d'Arge, R., De Groot, R., Farber, S., Grasso, M., Hannon, B., and Van Den Belt, M. (1997), "The value of the world's ecosystem services and natural capital", *nature*, 387(6630)253-260.

Daily, G. C. (1997), *Nature's Services: Societal Dependence on Natural Ecosystems*, Island Press.

de Groot, R. S., M. A. Wilson, and R. M. Boumans (2002), "A typology for the classification, description and valuation of ecosystem functions, goods and services", *Ecological Economics*, 41(3)393-408.

Ehrlich, P., and Ehrlich, A. (1981), *Extinction: the causes and consequences of the disappearance of species*, Random House.

MA (2005), *Millennium Ecosystem Assessment: Ecosystems and Human Well-being: Synthesis*, Island Press.

Masiero, Mauro, Pettenella, Davide, Boscolo, M., Barua, Sepul, Animon, Illias and Matta, Rao. (2019), *Valuing forest ecosystem services - a training manual for planners and Project developers*, FAO.

Westman, W. E. (1977), "How Much Are Nature's Services Worth?" *Science*, 197(4307)960-964.

TEEB (2010), *The economics of ecosystems and biodiversity : A synthesis of the approach, conclusions and recommendations of TEEB*, Progress Press.

CHAPTER

15 산림의 공익기능

제14장에서 다룬 산림의 공익적 기능과 생태계서비스는 시장에서 수요와 공급에 의해 가격이 형성되지 않기 때문에 효율적으로 이용되지 못하는 경우가 많다. 이러한 현상을 경제학에서는 시장실패(market failure)라고 부른다.

본 장에서는 시장실패를 초래하는 주요 요인인 외부효과(external effect)와 공공재(public goods)의 개념을 살펴보고, 이러한 비효율성을 완화하거나 해결하기 위한 대표적인 경제학 이론인 피구세(Pigovian tax)와 코즈이론(Coase theorem)에 대해 살펴보고자 한다.

1 외부효과

외부효과(external effect)란 시장에서 이루어지는 소비자나 생산자의 경제활동이 직접적인 거래 관계에 있지 않은 제3자에게 영향을 미치지만, 그에 대한 보상이나 지불이 이루어지지 않는 현상을 의미한다. 즉, 어떤 경제주체의 행동이 의도하지 않게 다른 사람의 효용이나 생산에 영향을 주면서도, 그 효과가 시장가격에 반영되지 않는 상황을 의미한다. 이는 경제활동의 결과가 의도한 대상 외의 다른 경제주체에게까지 영향을 미치면서도 시장 체계 내에서 보상과 지불이 이루어지지 않는다는 점에서 주목된다.

외부효과는 긍정적인 방향으로 나타날 수도 있고, 부정적인 방향으로 나타날 수도 있다. 긍정적인 외부효과는 외부경제효과(external economy)라 하며 제3자에게 이익을 주지만 이에 대한 대가가 지급되지 않는 경우이다. 반면, 부정적인 외부효과는 외부불경제효과(external diseconomy)라고 하며 제3자에게 손해를 입히고도 그에 대한 피해 보상이 이루어지지 않는 경우이다. 또한 외부효과를 유발한 주체가 소비자인지 생산자인지에 따라 소비외부효과와 생산외부효과로 구분하기도 한다.

산림 분야에서도 이러한 외부효과는 다양하게 관찰된다. 예를 들어, 산림경영을 위해 원목을 벌채하는 과정에서 발생하는 소음, 먼지, 경관 훼손은 주변 주민에게 부정적인 영향을 미친다. 이 경우 제3자인 주민에게 피해를 주었으므로 '외부불경제효과'로 분류할 수 있다. 반대로, 벌채를 위해 개설된 임도가 시간이 지나면서 인근 주민들에게 산책로나 휴식 공간으로 활용된다면 이는 생산활동으로 인한 긍정적인 외부영향이므로 '생산외부효과'이자 '외부경제효과'로 볼 수 있다. 같은 활동이라도 어떤 환경, 지역, 시점에서 발생하느냐에 따라 외부효과의 방향이 달라질 수 있다.

이처럼 외부효과는 시장가격 메커니즘 안에 반영되지 않기 때문에 자원의 효율적인 배분을 저해하여 시장실패(market failure)를 야기하는 주요한 원인 중 하나로 작용한다. 경제 주체는 일반적으로 제3자에게 미치는 외부효과는 고려보다는 자신이 얻는 수입인 사적 편익(private benefit) 또는 지불해야 하는 사적 비용(private cost)을 기준으로 행동한다. 그 결과 자원은 사회 전체의 효율적 관점에서 볼 때 과잉 소비되거나 과소 생산되는 왜곡된 결과를 낳는다.

예를 들어 산림에서 원목을 생산하는 벌목업자는 자신이 얻을 수 있는 한계수입(marginal revenue)과 벌목에 소요되는 한계비용(marginal cost)이 일치하는 수준에서 생산량을 결정함으로써 개인의 이윤 극대화를 추구한다. 이때 외부효과가 존재하지 않는다면 해당 생산량은 사회적으로도 최적의 선택이다. 그러나 벌채로 인해 경관이 훼손되고 이로 인해 인근 주민이나 관광객이 피해를 입게 된다면 이는 최적의 선택이 아니게 된다. 사회 전체의 입장에서 보면 벌채에 따른 추가적인 사회적 피해비용이 존재한다. 이와 같은 경우 전체 사회적 입장에서는 벌목에 소요되는 한계비용뿐 아니라 경관 훼손으로 발생하는 사회적한계피해비용(Social Marginal Damage Cost: SMD)까지 더한 한계비용이 한계수입과 일치하는 수준이 사회적으로 바람직한 최적 생산량이 된다. 만약 벌목업자가 자신의 사적 비용만을 기준으로 생산량을 결정할 경우에는 사회적 관점에서는 과잉생산(overproduction)이 이루어지게 되며 이는 시장실패로 이어진다.

이러한 외부효과를 해결하기 위해 정부는 다양한 정책 수단을 활용한다. 예를 들어, 외부불경제효과를 줄이기 위한 환경세 도입, 또는 외부경제효과를 장려하기 위한 보조금 지급 등이 대표적이다. 산림 분야에서는 경관보전이나 생태계 보호와 같은 긍정적 외부효과를 창출하는 활동에 대해 직접지불제 형태로 보상을 제공하는 경우도 있으며, 이는 외부효과를 내부화하는 정책적 접근이라 할 수 있다.

벌목으로 인한 외부효과를 그림 15-1을 이용하여 설명하면, 원목 생산업자만의 입장에서는 사회적 한계피해비용를 고려하지 않은 E^0에서 시장균형이 달성되어 이윤극대화를 위한 최적 생산량은 사적 한계비용(Private Marginal Damage Cost: PMC)과 수요곡선(D)이 만나는 Q^0이다. 하지만 외부효과를 고려한다면 사적 한계비용에 사회적 한계피해비용을 더한 사회적 한계비용(Social Marginal Cost: SMC)을 공급곡선으로 고려하여야 한다. 사회적 관점에서는 한계피해비용까지 반영한 E^*가 사회적 균형을 이루는 상태이고 Q^*가 사회적으로 바람직한 최적생산량이다.

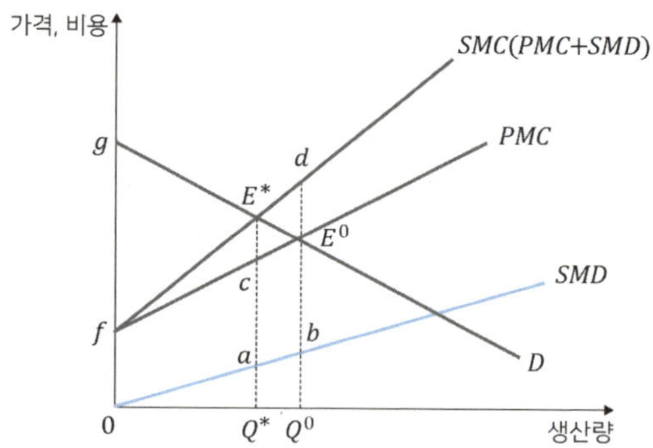

▶ **그림 15-1** 생산외부성이 존재할 때의 사회적 균형

사회적 피해비용 고려 유무에 따른 소비자잉여와 생산자잉여의 변화를 비교하면, 피해비용을 고려하기 전의 총잉여는 gfE^0에서 gfE^*로 감소하여 순잉여는 fE^0E^*만큼 감소하였다. 하지만 감소 잉여의 일부인 fcE^*은 사회적 피해비용인 $0Q^*a$로 사회적 관점에서는 잉여가 아닌 것을 제외한 것일뿐 순잉여의 감소는 아니다. 벌채량을 Q^0에서 Q^*로 축소함에 따라 경관훼손으로 인한 사회적 총피해비용은 사회적 한계피해비용의 적분값인 aQ^*Q^0b만큼 감소한다. 사회적 총피해비용 aQ^*Q^0b은 E^*cE^0d와 동일하다. 종합해 보면, 경관훼손이라는 사회적 비용을 고려하여 벌채량을 Q^0에서 Q^*수준으로 축소함에 따른 직접적인 잉여 감소분 cE^0E^*보다 경관훼손이 줄어듦에 의한 편익 E^*cE^0d이 더 크다. 결론적으로, 사회적 한계피해비용을 고려하여 벌채량을 축소한 것이 고려하지 않은 것보다 삼각형 E^*E^0d만큼의 추가적인 사회적 후생이 증가하게 된다. 이와 같이 사회적 비용이나 편익을 고려하여야 외부효과로 인한 시장실패를 막을 수 있다.

2 공공재

1) 공공재의 특성

공공재는 사회 전체의 이익을 위해 제공되는 재화나 서비스로 특정 개인이나 집단이 독점적으로 사용하는 것이 아니라 모든 구성원이 공동으로 향유하는 성격을 가진다. 일반적인 시장 재화와는 달리, 공공재는 누구나 자유롭게 이용할 수 있으며 한 사람의 사용이 다른 사람의 이용 가능성에 거의 영향을 미치지 않는다는 특성을 지닌다. 공공재의 가장 핵심적인 두 가지 특성은 '비배제성(non-excludability)'과 '비경합성(non-rivalry)'이다.

비배제성이란 특정한 개인이 어떤 공공재를 이용하지 못하도록 막는 것이 어렵거나 불가능하다는 의미이다. 예컨대, 적정 요금이나 세금을 지불하지 않더라도 공중파 방송이나 국방에 대한 혜택은 누구나 그 혜택을 누릴 수 있다. 배제를 하지 못하는 이유는 기술적으로 배제를 실현하기 어렵거나, 배제를 위한 행정비용이 지나치게 높기 때문이다. 이런 특성 때문에 무임승차자(free rider) 문제가 발생하게 되는데 이는 어떤 사람이 아무런 비용을 부담하지 않고도 공공재를 소비하는 현상을 의미한다. 무임승차자가 많아지면 공공재 제공에 필요한 비용 부담이 일부에게만 집중되어 자원의 배분이 왜곡되거나, 심한 경우 공공재의 공급 자체가 위축될 수도 있다. 우리나라는 현재 만 65세 이상 국민에게 수도권 지하철 요금을 면제함으로써 실질적인 무임승차 문제가 발생하고 있다. 이로 인해 과밀해진 승객들의 불편, 지불 승객에게로의 비용 전가, 그리고 만성적인 운영 적자 등의 부작용이 나타나고 있다. 그러나 이 제도는 노인 복지 확대라는 정책적 취지에서 도입된 것이므로, 일괄적인 폐지보다는 면제 연령을 상향하거나 적용 시간대를 조정하는 등 제도 개선 방향을 모색할 필요가 있다. 고속도로는 공공재이기는 하지만 요금 지불의 의무를 부과하여 요금 지불을 하지 않는 사람은 이용을 할 수 없게 배제를 하기도 한다. 점차 기술 발전이 되면서 공공재라 하더라도 큰 비용을 들이지 않고도 배제할 수 있는 기술들이 개발되고 있다.

다음으로 비경합성이란 한 사람이 공공재를 소비하더라도 다른 사람이 그 공공재를 이용하는 데 방해가 되지 않는 특성을 말한다. 예를 들어, 국방서비스는 국민 모두에게 동시에 제공되며, 어떤 국민이 그 혜택을 받는다고 해서 다른 국민이 받는 혜택의 질이 떨어지는 것은 아니다. 그러나 모든 공공재가 항상 완전한 비경합성을 가지는 것은 아니다. 예컨대 도심의 공원은 평상시에는 많은 사람이 함께 이용할 수 있지만, 주말이나 공휴일처럼 이용객이 몰릴 경우 공간이 포화 상태에 이르게 된다. 이처럼 과밀화로 인해 이용의 질이 저하되는 상황에서는 공공재의 경합성이 드러나며, 이는 공공재의 혼잡(congestion) 문제라고 할 수 있다.

이러한 혼잡 문제를 해결하거나 완화하기 위해 '적정 수용력(carrying capacity)'이라는 개념이 있다. 이는 특정 공공재가 수용할 수 있는 인원이나 이용 수준을 과학적으로 설정하여 그 한계를 넘지 않도록 관리함으로써 공공재의 질적 유지와 지속 가능성을 확보하는 방식이다. 적정 수용력의 개념은 1920년대부터 생태학자들에 의해 개념이 정립되었다.

공공재는 이론적으로는 완전한 비배제성과 비경합성을 모두 갖춘 '순수공공재(pure public goods)'가 있는가 하면, 실제 현실에서는 이 두 특성이 부분적으로만 나타나는 경우가 많다. 예컨대 우리나라 고속도로는 통행료를 부과하기도 하지만 차량이 많아질수록 이동 속도가 떨어지는 등 경합성이 나타나기도 한다. 이처럼 성격에 따라 불완전공공재(impure public goods) 또는 '준공공재(quasi-public goods)'로 분류되기도 한다.

공공재와 유사하지만 성격은 사적재와 공공재의 중간 영역이라 할 수 있는 '공유재(common goods)'가 있다. 공유재는 비배제성은 유지되지만 경합성은 존재하는 자원을 의미한다. 예를 들어 마을 앞의 갯벌에서 조개를 채취하는 경우 누구나 접근은 가능하지만 남이 많이 캐가면 내가 얻을 수 있는 양은 줄어들게 된다. 산림의 공익적 기능의 하나인 이산화탄소흡수기능은 순수한 공공재적인 특성이 있는 반면, 휴양기능은 누구나 접근과 사용이 가능하지만 혼잡으로 인한 질적 저하가 나타날 수 있는 공유재(common goods)의 특성을 지닌다. 미국의 생물학자 하딘(G. Hardin)은 1968년 사이언스(Science)지에 '공유자원은 강제적 규칙이 없다면 무임승차의 문제로 파멸할 것이다'라며 공유지의 비극(Tragedy of the commons) 이론을 제시하였다.

산림의 대표적인 공익기능인 수질정화, 탄소흡수, 경관 제공 등은 대표적인 순수공공재적 특성을 갖고 있는 반면, 공유재적인 특성을 지닌 산림휴양은 과잉 이용으로 인한 환경 훼손의 문제가 심각해질 수 있기 때문에 산림의 공익기능적인 특성을 이해하고 적절한 관리가 필요하다.

표 15-1 재화의 특성에 따른 구분

	배제성	비배제성
경합성	사적재 (일반 소비재)	불완전공공재, 공유재 (산림휴양, 일반도로)
비경합성	요금재 (유료 TV, 고속도로)	순수공공재 (지상파 방송, 국방)

사적재의 경우 시장에서의 균형 조건은 동일한 시장가격에 서로 다른 수요자 1과 수요자 2는 각기 다른 양을 소비하고 시장에서는 동일한 시장가격에 각 수요자별 수요곡선의 수평합으로 나타나는 반면(그림 15-2), 공공재의 경우 시장

에서 공급되는 재화량이 동일하나 각 사람마다 한계편익이 서로 상이하다. 이에 공공재의 시장 수요곡선은 동일한 재화량에 각 수요자별 수요곡선의 수직합으로 나타난다(그림 15–3).

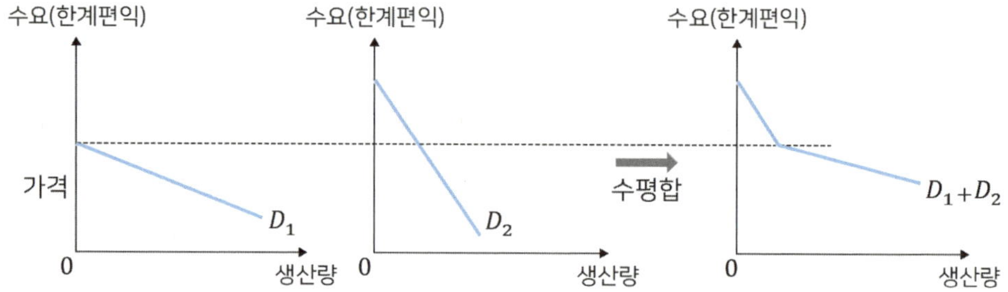

▶ **그림 15-2** 사적재의 시장수요곡선

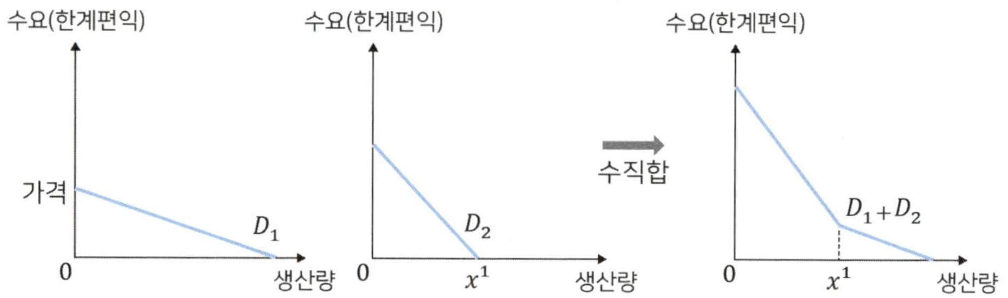

▶ **그림 15-3** 공공재의 시장수요곡선

사적재의 경우, 개인 간의 선호가 다르더라도 시장에서의 가격은 동일하게 적용된다. 따라서 각 개인의 한계편익과 시장 전체의 한계편익은 일치한다. 공급곡선은 해당 재화를 생산하는 데 드는 한계비용을 나타내며, 한계편익과 한계비용이 일치하는 지점이 최적 생산 수준을 의미한다.

반면, 공공재는 사용의 비경합성과 비배제성 때문에 사적재와는 다른 특성을 지닌다. 공공재의 경우 모든 소비자가 동일한 양을 소비하지만, 개인마다 느끼는 한계편익은 서로 다르다. 따라서 공공재의 최적 배분은 각 개인의 한계편익을 세로로 합한 수요곡선과 한계비용이 일치할 때 달성된다. 즉, 시장가격에 대해 동일한 효용을 느끼는 사적재와 달리, 공공재는 사회 전체의 편익을 고려한 집합적 판단이 필요하다.

사적재: A의 한계편익 = B의 한계편익 = 한계비용
공공재: A의 한계편익 + B의 한계편익 = 한계비용

2) 게임이론으로 해석한 무임승차자의 문제

제5장에서 설명한 용의자의 딜레마를 개인의 딜레마라 한다면 무임승차자의 문제는 사회적 딜레마 관점에서 해석이 가능하다. 용의자의 딜레마는 게임 참여자 두 사람 상호 간의 양자적 해석이었다면, 사회적 딜레마에서는 게임 참여자를 당사자와 당사자를 제외한 이해당사자 전체로 설정한다.

한 예로, 서울에 교통혼잡과 대기오염을 줄이기 위해 승용차 3백만대를 대상으로 5부제 운행을 권고한다고 가정하자. 그로 인해 모든 승용차 보유자는 일주일에 한 번 승용차를 이용하지 못하는 불편함을 감수해야 한다. 개인이 5부제 운행을 하지 않았을 때의 승용차 이용에 따른 개인 편익을 b_i라고 하고 5부제에 참여함에 따른 교통혼잡과 대기오염에 기여하는 사회적 편익(z_i)은 βb_i이라고 하자. 이때 개인이 사회에 미치는 편익은 미미할 것이므로 β의 크기는 매우 작은 값일 것이다.

z_i: i라는 경제주체가 개인편익 b_i를 포기함에 따라 얻는 사회적 편익

$$\Rightarrow z_i = \beta b_i, \qquad 0 < \beta \ll 1$$

사회적 총편익은 나를 포함한 모든 승용차가 5부제에 참여하였을 경우의 사회적 총편익(Z)으로 표현된다 : $Z = \beta \sum_{i=1}^{n} b_i$

사회적 딜레마 게임을 설명하기 위해 표 15−2에는 당사자인 개인 A의 순편익 정보만을 제공한다.

표 15-2 사회적 딜레마 게임

개인 A의 순편익		A 이외의 사회구성원 전체			
		차량 5부제 참여		차량 5부제 불참	
A	차량 5부제 참여	$Z-b_i$	❶	$\beta b-b_i$	❸
	차량 5부제 불참	$Z-\beta b_i$	❷	0 - 0	❹

당사자 A가 생각할 수 있는 상황은 네 가지이다. A 입장에서는 나 이외의 모든 사회 구성원이 5부제에 참여한다는 전제에서 ❶은 A 역시 5부제에 참여하여 얻을 수 있는 A의 순편익은 사회구성원 전체가 참여하였을 경우의 편익 Z에서 A가 5부제에 참여함으로 인해 포기한 편익 b_i를 차감한 값이다. ❷는 A를 제외한 모든 사회구성원이 5부제에 참여하게 되면 A가 기여할 수 있는 사회적 편익(βb_i) 만을 제외한 편익인 $Z-\beta b_i$이 A가 얻을 수 있는 순편익이 된다. 다른 사회구성원이 참여한다는 전제에서 A가 선택 가능한 ❶ 또는 ❷ 중에 A에게 더 높은 순편익을 주는 선택은 5부제에 불참하는 ❷이다. 이번에는 A를 제외한 모든 구성원이 5부제에 불참한다는 전제에서 ❸은 A를 제외한 모든 사회구성원이 5부제에 불참하는 가운데 A만 5부제에 참여하여 얻은 사회적 편익은 βb_i에서 A가 5부제에 참여함으로 인해 포기한 개인 편익 b_i를 차감한 값이다. β값의 크기가 매우 작으므로 βb_i-b_i의 값은 음수가 될 것이다. ❹는 A를 포함한 모든 사회구성원이 5부제에 불참하므로 순편익은 얻은 것도 없고 잃은 것도 없는 0이다. 다른 사회구성원이 불참한다는 전제에서 A가 선택할 수 있는 ❸ 또는 ❹ 중에 A에게 더 높은 순편익을 주는 선택 역시 5부제에 불참하는 ❹이다. 어떠한 상황에서도 A는 5부제에 불참하는 것이 최선의 선택(우월전략)이 된다. 만약 ❶에서 사회적 편익인 Z가 b_i보다 작을 경우에는 5부제는 철회되어야 할 제도이지만 사회구성원의 수가 많아 Z가 b_i보다 확실하게 크면 사회적으로 바람직한 제도이다. 그럼에도 불구하고 참여도가 낮은 이유는 게임의 참여자가 많고 개인이 사회적 편익에 기여하는 정도가 미미하기 때문이다. 한 마디로 모든 참여자들은 각자 "나 하나쯤이야!"하는 생각을 자연스럽게 하게 된다. 이러한 사회적 딜레마 상황으로 인한 시장실패를 막기 위해 다양한 정책들을 도입할 수 있다.

3 피구세와 코즈이론

1) 피구세(Pigouvian tax)

외부불경제란 어떤 경제 주체의 생산이나 소비 활동이 제3자에게 비의도적으로 피해나 비용을 발생시키지만, 그 피해에 대한 보상이 시장에서 이루어지지 않는 현상을 의미한다. 공장 굴뚝에서 배출되는 대기오염, 하천으로 흘러드는 산업 폐수, 무분별한 산림 훼손 등이 모두 외부불경제에 해당한다. 이러한 외부효과가 시장을 통해 교정되지 않으면 자원의 배분은 비효율적으로 이루어지고 사회 전체의 후생은 감소하게 된다.

이 문제에 대응하기 위해 영국의 경제학자 피구(Pigou, A. C.)는 1920년에 출간한 저서 『후생경제학(*The Economics of Welfare*)』에서 외부효과(externalities)의 문제를 설명하면서 사회적 비용을 시장가격에 반영하기 위한 방법으로 세금을 부과해야 한다고 주장했다. 이렇게 외부효과를 조정하기 위해 정부가 부과하는 세금을 피구세(Pigouvian Tax)라고 한다. 피구세는 오염이나 자원 훼손 등 외부비용을 발생시키는 행위에 대해 그 사회적 피해만큼의 세금을 부과함으로써 경제 주체가 사적 비용뿐만 아니라 사회적 비용까지 고려하여 의사결정을 하도록 유도한다.

피구세는 실제로 다양한 형태로 적용되어 왔으며 대표적인 예가 1991년부터 유럽 북부 국가인 스웨덴과 노르웨이에서 도입된 탄소세이다. 탄소세는 온실가스를 배출하는 제품이나 산업 활동에 세금을 부과하여 기후변화 대응을 유도하는 대표적인 환경세다. 이러한 방식은 기업이 오염 배출을 줄이는 것이 세금을 내는 것보다 비용이 적게 들 경우에는 자발적으로 오염 감축을 선택하게 만든다. 이는 강제 규제가 아닌 유인 기반의 간접 규제 방식이다.

피구세에서의 최적 세율은 해당 행위로 인해 발생하는 한계사회적 피해액이어야 한다. 즉, 산출량이 단위 하나 증가할 때 사회에 추가로 발생하는 피해의 가치만큼 세금을 부과해야 이상적인 자원 배분이 이루어지게 된다는 것이다.

한 예로 그림 15−4에서와 같이 사회적 피해비용을 반영하지 않았을 때의 시장균형점은 E^0에서 가격과 생산량 Q^0가 결정된다. 하지만 사회적으로는 외부효과까지 반영하여야 시장실패가 안 생기므로 사회적 한계피해비용(Social Marginal

Damage Cost: SMD)을 사적 한계비용(Private Marginal Cost: PMC)에 추가한 사회적 한계비용(Social Marginal Cost: SMC)이 진정한 한계비용이라 할 수 있다. 정부는 피해비용을 반영한 사회적 한계비용에 준한 최적 생산량 Q^*를 실현하기 위해서 정부는 단위 생산량에 사회적 한계피해비용인 $\overline{aQ^*}$ 만큼의 환경세를 부과한다. 생산자 입장에서는 환경세 이전의 공급곡선인 PMC^0에서 환경세 부과로 PMC_t인 새로운 공급곡선이 만들어진다. 생산자 역시 이윤극대화를 위해 자연스럽게 생산량을 Q^0에서 Q^*로 축소할 것이다. 환경세의 부과 이전의 소비자잉여와 생산자잉여의 합인 fhE^0에서 $\overline{aQ^*}$ 만큼의 세금 부과로 소비자잉여와 생산자잉여의 합은 fgE^*로 감소하였다. 환경세 부과로 인해 fhE^0에서 fgE^*를 차감한 ghE^0E^*만큼의 잉여가 감소하였지만 이는 소비자와 생산자 입장에서의 감소일 뿐, 이 중 일부인 $ghcE^*$만큼은 정부의 조세 수입이 발생하였다. 아직도 cE^0E^*만큼의 사회적 손실이 발생한 듯 보이지만 이는 생산량 축소로 인한 사회적 피해비용이 E^*cE^0d감소한 것을 고려한다면 세금 부과로 인하여 사회적 후생은 오히려 E^*E^0d만큼 증가함을 알 수 있다.

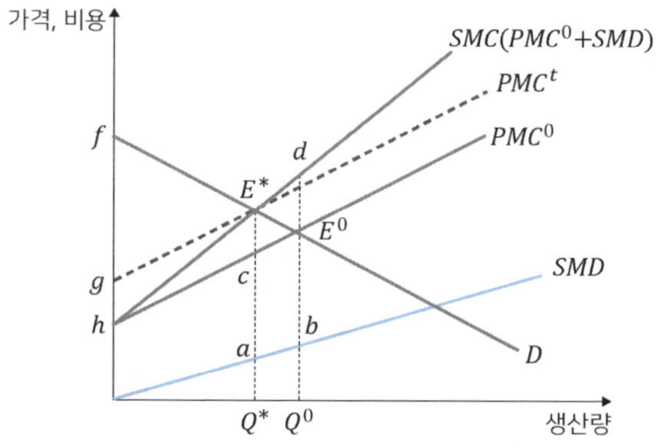

▶ **그림 15-4** 사회적 한계비용을 고려한 균형점의 변화

하지만 현실에서는 한계피해액을 정확하게 산정하는 것이 쉽지 않다. 한계피해액을 산출할 수 있다 하더라도 피해 규모, 범위, 지속 기간 등 다양한 요소를 고려해야 하며 이에 따른 정보 수집과 분석에는 많은 시간과 행정비용이 수반된다. 이런 현실적인 어려움 때문에 실제 적용하기에는 많은 어려움이 따른다.

또한 피구세는 일반적으로 오염을 발생시키는 생산자나 기업에 부과되지만 세금 부과로 인해 생산 비용이 증가하면 그 부담은 최종 제품가격에 반영되어 소비자에게 일부 전가되기도 한다.[4] 이로 인해 제품가격의 상승이나 소비자의 소비 패턴에 영향을 줄 수도 있다. 만약 해당 제품이 생필품에 해당하거나 대체재가 없는 경우라면 저소득층에 더 큰 부담이 가해질 수 있어 형평성 문제도 제기될 수도 있다.

하지만 산림 분야에서는 피구세적 접근은 매우 유효하게 활용될 수 있다. 불법 벌채나 무분별한 산지 개발은 산림의 생태적 기능을 훼손하고, 토양 유실, 수자원 악화, 생물다양성 감소 등 다양한 외부비용을 초래한다. 이러한 행위에 대한 적정한 세금이나 부담금 징수는 산림훼손으로 인한 외부불경제 효과를 완화시키는 중요한 도구가 될 수도 있을 것이다. 예를 들어, 산림을 개발하여 전답이나 건축물로 전용할 경우, 이전에 그 지역에서의 수원함양기능이나 탄소흡수기능, 경관가치 등이 상실된다. 이에 대해 적정한 세금 부과를 통해 그나마 개발을 억제하는 효과가 얻을 수 있다.

산림의 탄소흡수기능을 고려하여 산림을 훼손하거나 고사시키는 행위에 탄소세 성격의 조세를 부과하는 것도 피구세의 적용 사례가 될 수 있다. 피구세의 효과적인 시행을 위해서는 외부효과에 대한 정량적 평가체계의 마련, 현실적인 세율 설정, 소비자 부담 완화를 위한 보완 정책 등이 함께 강구되어야 한다. 그렇지 않으면, 조세가 자원 보호의 수단이 아니라 단순한 정부재정 수입으로만 작동할 위험도 존재한다.

2) 코즈이론(Coase Theorem)

외부효과를 내부화하지 못하는 원인 중 하나는 소유권의 불명확하기 때문이다. 이는 특히 공유재의 경우에서 두드러진다. 공유재는 누구나 접근할 수 있지만 그 이용이 경쟁적이기 때문에 과도하게 이용될 경우 자원의 고갈이나 훼손으로 이어질 수 있다. 이러한 자원 남용으로 인한 문제를 하딘(Hardin, 1968)은 「공유지의 비극(tragedy of the commons)」이라는 개념으로 설명하였다. 공유지는 누구나

4) 조세 부담의 전가와 관련해서는 제13장 '조세의 귀착'을 참조하기 바란다.

자유롭게 사용할 수 있는 자원이지만, 사용에 따른 책임이나 비용은 분산되기 때문에 개별 이용자는 최대한 이익을 추구하려고 하고 이로 인해 자원이 과잉소비되며 결국 모두가 손해를 보는 상황에 이르게 된다.

이러한 현상은 우리나라 산림에서 과거에 자주 나타났었다. 한국에서는 산이 오랜 시간 동안 공유재처럼 인식되어 왔고, 실제로 많은 사람들이 개인 소유 산림에도 아무런 제재 없이 출입하거나 산나물, 약초 등을 채취하는 경우가 흔하였다. 이러한 행위들이 절도나 권리 침해로 강하게 인식되지 않아 실제로 사유재산권을 훼손하고, 자원 소유자에게 경제적 손실을 발생시키기도 하며, 결국에는 산림자원의 지속가능한 관리와 보호를 어렵게 하는 요인이 되기도 하였었다.

이와 같은 문제 상황에 대해 코즈(Coase, 1960)는 시장 실패의 한 원인으로 외부효과를 지적하며, 이러한 외부효과를 해결하기 위해서는 명확한 소유권(property right)의 설정이 필수적이라고 주장하였다. 자원의 권리 귀속이 명확하면, 해당 자원의 소유자와 외부효과로 영향을 받는 이해관계자 간에 '자발적 협상(voluntary bargaining)'이 이루어질 수 있고, 이를 통해 효율적인 자원 배분이 가능하다는 것이 코즈이론의 핵심이다.

예를 들어, 산림 소유권이 명확하게 법적으로 보장되고 사회적으로도 인정된다면, 외부인이 산림 자원을 채취하거나 활용하고자 할 때 소유자와 보상 또는 대가를 전제로 협상이 가능해진다. 이를 통해 자원의 이용이 무질서하지 않게 통제되고, 동시에 자원의 가치도 적절히 반영될 수 있다. 즉, 외부효과의 내부화가 가능한 것이다.

하지만 코즈이론이 현실에 그대로 적용되기에는 여러 가지 제약과 한계가 존재한다. 무엇보다도, 협상이 이루어지기 위해서는 다음과 같은 전제 조건이 충족되어야 한다:

① 소유권이 명확히 규정되어 있어야 한다.

② 협상비용(거래비용)이 거의 없거나 매우 낮아야 한다.

③ 이해관계자가 소수여야 한다.

하지만 현실에서는 이 조건들이 충족되기 어렵다. 특히 산림과 같이 공공성과 외부효과가 넓게 퍼져 있는 자원의 경우, 소유권은 법적으로 명시되어 있더라도 사회적으로 명확히 인식되지 않거나 존중받지 못하는 경우가 많다. 특히 우리나라의 경우는 부재산주로 인하여 관리를 제대로 못하는 산지가 많은 것도 주요 원인 중에 하나이다. 또한 산림의 혜택이 광범위한 이용자에게 미치는 경우, 누가 '수혜자'이고 누가 '가해자'인지 명확히 구분하기 어려워진다. 나아가 외부효과의 범위가 광범위하고 복잡하기 때문에 협상의 상대방이 누구인지조차 불분명한 경우도 많다. 거래비용도 결코 무시할 수 없다. 협상을 위한 정보 획득, 법적 절차, 행정적 비용 등은 현실에서 상당한 장벽으로 작용한다.

따라서 코즈이론은 현실에서 외부효과 문제를 시장 기반으로 해결할 수 있는 가능성을 보여주는 이론적 토대이기는 하지만, 모든 상황에 적용 가능한 만능 해법은 아니다. 특히 산림처럼 공공성과 사적 권리가 혼재된 복합적 자원의 경우, 소유권만으로 문제를 해결하기보다는 공공 규제, 감시 체계, 지역사회의 협력 등의 병행된 접근이 필요하다.

연습문제

1. 산림 분야의 생산외부효과와 소비외부효과 각각의 대표 사례를 들고, 사회적 한계비용/편익 관점에서 왜곡을 설명하시오.

2. 생산외부성이 존재할 때 사적 균형과 사회적 균형의 차이를 도식(수요 · PMC · SMC)으로 해석하고, 후생 변화의 핵심 논점을 정리하시오.

3. 공공재의 비배제성 · 비경합성이 산림휴양에서 어떻게 '혼잡'과 연결되는지, 수요곡선(수직합)과 비교해 설명하시오.

4. '사적재 수요의 수평합' vs '공공재 수요의 수직합' 차이를 산림 경관 조성 사업 사례로 풀어 설명하시오.

5. 무임승차 문제를 사회적 딜레마 게임으로 해석하고 정책적 해결책을 두 가지 이상 제시하시오.

6. 피구세의 설계 원리를 산림 훼손 · 오염 사례에 적용해, 최적세율 산정의 정보 · 형평성 한계를 비판적으로 서술하시오.

7. 코즈이론의 전제(명확한 소유권 · 낮은 거래비용 · 소수 이해관계자)를 산림 현실에 대입했을 때의 한계와, 보완적 제도(감시 · 지역협약 · 규제)의 필요성을 논하시오.

8. 공유지의 비극이 산림에서 나타나는 메커니즘(접근 개방 · 책임 분산 · 과잉채취)을 설명하고, '접근권 관리' 기반의 해결책을 제시하시오.

9. '규제 vs. 세금 vs. 보조금 vs. 직불제(PES)' 중 산림 외부효과 교정에 행정비용 · 유연성 · 목표적합성 측면 최적 조합을 설계하시오.

10. 산림경영의 긍정적 외부효과(수원함양 · 탄소흡수)를 내부화하기 위한 지역 기반 PES 설계 시 필수 요소(대상 · 측정 · 지급 · 검증)를 설계하시오.

참고문헌

권오상(2020), 『환경경제학』, 박영사.

Coase, R. H. (1960), "The Problem of Social Cost", *Journal of Law and Economics*, 3(0)1-44.

Hardin, G. (1968), "The tragedy of the commons: the population problem has no technical solution; it requires a fundamental extension in morality", *Science*, 162(3859): 1243-1248.

Johansson, P. O. (1987), *The economic theory and measurement of environmental benefits*, Cambridge University Press.

Kim, J. S. (1997), Zur monetären Bewertung der Erholungsfunktion des Waldes: Eine mikroökonomische und mikroökonometrische Analyse, Universität Göttingen.

Pigou. A. C. (1920), *The Economics of Welfare*, Macmillan.

CHAPTER

16 가치평가 이론과 방법

1 가치평가의 이론

1) 가치의 범위

가치라는 개념은 단순히 시장에서 형성되는 경제적 의미에 한정되지 않는다. 그것은 인간이 어떤 대상이나 현상에 대해 느끼는 중요성과 유용성에 따라 주관적으로 부여되는 속성을 말한다. 일반적으로 가치는 화폐 단위로 수치화되지만, 경우에 따라 지수나 정성적 평가를 통해 표현되기도 한다.

환경자원의 경우, 그 특성상 가치평가의 범위가 명확히 규정되기 어려운 경우가 많다. 따라서 평가를 수행하기 전에 어떤 범위를 대상으로 할 것인지를 구체적으로 설정하는 것이 중요하다. 환경자원의 가치는 크게 실제로 이용함으로써 얻는 사용가치와, 직접 이용하지 않더라도 존재 자체에서 의미를 두는 비사용가치로 구분된다(그림 16-1).

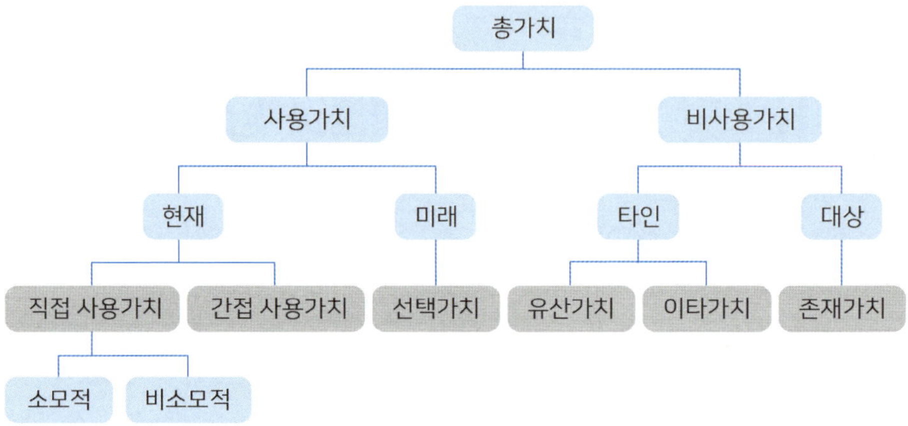

▶ **그림 16-1** 가치의 유형 구분

좀 더 구체적으로 살펴보면, **사용가치**는 개인이 재화나 서비스를 실제로 이용하면서 얻는 효용적 가치를 의미한다. 사용가치는 다시 직접 사용가치와 간접 사용가치로 구분된다.

직접 사용가치는 자원을 사용하는 방식에 따라 두 가지로 나눌 수 있다. 먼저, 목재를 벌채하거나 산나물을 채취하는 것처럼 자원을 소비하여 얻는 가치는 소모적 사용가치라 한다. 반면 숲을 산책하거나 경관을 감상하며 휴식과 치유 효과를 얻는 것처럼 자원을 소모하지 않고 이용하는 경우는 비소모적 사용가치에 해당한다. 이러한 구분은 새천년생태계평가(Millennium Ecosystem Assessment: MA)에서 제시한 생태계서비스의 기능 구분과도 연결된다. 즉, 소모적 사용가치는 공급기능(provisioning services), 비소모적 사용가치는 '문화기능(cultural services)'과 밀접한 관련이 있다.

한편, 간접 사용가치는 인간이 직접적으로 이용하지 않더라도 생태계가 자연스럽게 제공하는 기능적 혜택에서 발생한다. 예를 들어, 숲이 토양 유실을 막거나 하천의 수질을 개선하는 과정은 인간 활동에 간접적으로 기여하지만 분명한 경제적 가치를 가진다. 이처럼 간접 사용가치는 생태계의 '조절기능(regulating services)'과 대응된다고 볼 수 있다.

선택가치는 현재 사용하지 않더라도 미래에 활용할 수 있는 가능성을 염두에 두고 부여하는 가치다. 일종의 '미래 사용권'을 확보하기 위한 것으로, 지금은 사용하지 않더라도 미래 필요할 때 사용을 보장받고자 하는 가치이다. **이타가치**는 자신이 직접 사용하지 않더라도 타인이 누리는 편익을 통해 대리 만족의 가치를 의미하며, 유산가치는 미래 세대가 해당 자원을 사용할 수 있다는 사실에서 오는 대리 만족의 가치를 의미한다. **존재가치**는 현재로써는 자신도, 타인도, 후세대까지 이용 가능성이 없더라도 단지 그 자원이 존재한다는 사실만으로 의미를 두는 가치다. 이는 도덕적·철학적 차원에서 자연의 존재 자체에 부여되는 존중과 연관된다.

이처럼 다양한 환경자원의 가치는 그 활용 여부와 방식에 따라 평가되어야 하며 가능하다면 실제 편익을 바탕으로 분석하는 것이 바람직하다. 그러나 때로는 자료 수집이 어렵거나 신뢰할 수 없는 경우도 있기 때문에 현실적으로는 시장가격이나 생산 비용을 기준으로 대체비용을 가치로 산정하기도 한다. 다만 이러한 방식은 편의적인 추정일 뿐, 자원의 본질적 가치를 온전히 반영한다고 보기는 어렵다.

2) 가치의 적용

가) 편익 차원에서의 가치

환경자원은 그 자체로 공급자 역할을 하며 인간은 환경자원의 혜택을 받는 수요자 입장에서 그 가치를 평가한다. 일반적으로 환경자원의 가치는 수요함수에 기초하여 평가가 이루어지며, 현존시장에서 얻어진 정보에 기초한 마샬(Marshall)적 또는 일반수요함수와 실제로 시장이 존재하지는 않으나 가상시장을 상정하여 도출한 힉스(Hicks)적 또는 보상수요함수로 구분한다.[5)]

한 예로 재해방지기능을 X라는 방지량으로 표현하고 재해방지기능은 방지시설의 가격(P)과 산림면적(F)에 의해 결정된다고 가정할 때, 다음과 같은 수요함수를 상정할 수 있다.

5) 힉스적 수요함수는 조건부가치평가법에서 이론적 개념에 대해 설명하였다.

$$X = f(P, F)$$

이러한 관계를 그림 16-2와 같이 재해방지 수요곡선으로 표현하면, 산림이 존재할 때의 수요곡선은 CX_0, 산림이 존재하지 않을 때의 수요곡선은 DX_1이다. 산림이 존재하는 상태에서 재해방지량이 X_0이면 총편익은 $0CX_0$이고 산림이 존재하지 않을 경우의 재해방지량이 X_1이면 총편익은 $0CX_1$이다. 이때 산림이 존재함으로 인한 재해방지편익은 CDX_1X_0가 된다.

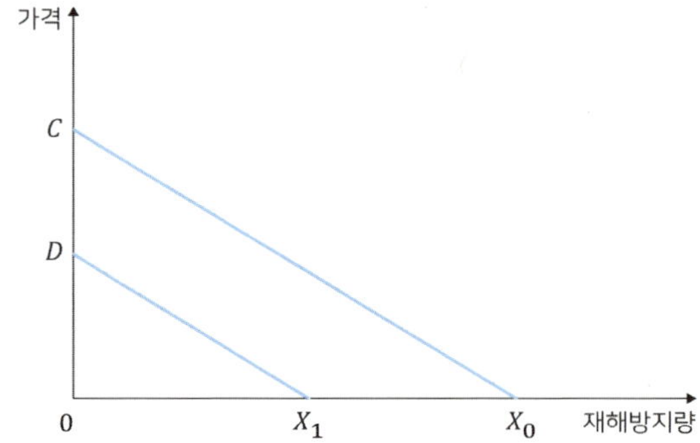

▶ **그림 16-2** 산림의 재해방지기능으로 인한 편익

재해방지를 위한 육림작업으로 인해 산림의 재해방지기능이 증진된다면 수요곡선은 우측으로 이동하여 총편익은 보다 더 커질 것으로 기대할 수 있다.

나) 비용 차원에서의 가치

자원이 제공하는 재화나 서비스의 가치는 공급자의 관점에서 볼 때, 그 자원을 제공하기 위해 투입되는 비용을 토대로 평가할 수 있다. 즉, 공급자는 자원의 생산이나 관리, 유지에 필요한 비용함수(cost function)를 통해 해당 자원의 가치를 산정하게 된다.

예를 들어 그림 16-3와 같은 상수도 시장을 가정하면, 수요되는 상수도의 양이 일정하다고 가정하면 수요곡선은 D^0처럼 수직으로 표시되며, 이는 소비자가 일정 수량의 상수도를 소비한다는 점을 의미한다. 한편, 일정한 수질 수준을 유지하며 상수도를 공급하기 위해 정수장에서 발생하는 한계정수비용(marginal purification cost)이 바로 공급곡선을 형성한다. 결국 이 공급곡선은 수질을 높이기 위해 추가적으로 투입해야 하는 비용의 변화를 보여주며, 이러한 관계를 통해 자원이 제공하는 서비스의 경제적 가치를 분석할 수 있다.

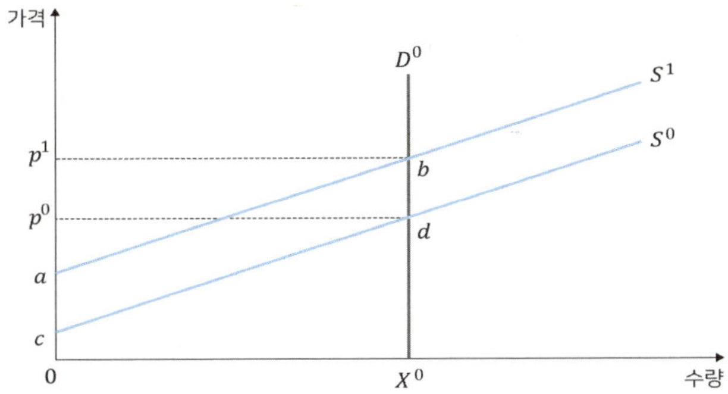

▶ **그림 16-3** 산림의 수질개선효과로 인한 편익

산림이 존재하는 경우, 빗물이나 지표수가 산림토양을 통과하면서 자연적인 정수 과정을 거치기 때문에 정수장으로 유입되는 물의 탁도가 낮아진다. 이로 인해 정수시설에서의 처리비용이 줄어들게 된다. 이러한 상황에서는 한계정수비용선(공급선)이 cS^0로 표시된다. 반면, 산림이 존재하지 않을 경우에는 이러한 자연 정수기능이 사라져, 탁도가 높은 물이 정수장으로 유입된다. 따라서 동일한 수질 수준을 확보하기 위해서는 더 많은 정수 과정을 거쳐야 하며 그만큼 비용이 증가한다. 이때 한계정수비용선은 aS^1로 이동한다. 만약 공급되는 상수도 양이 X^0으로 일정하다고 가정하면, 산림이 존재함으로써 절감된 정수비용은 두 공급선 사이의 면적인 $acdb$로 표현된다. 이는 산림이 제공하는 자연 정수기능에 의해 발생한 경제적 절감 효과를 의미하며, 곧 산림이 존재함으로써 발생하는 편익으로 평가할 수 있다.

그러나 여기서 나타나는 $acdb$ 영역은 정수 과정에서 절감된 비용의 크기를 의미할 뿐, 실제로 상수도를 이용하는 수혜자가 체감하는 편익의 크기를 직접적으로 나타내는 것은 아니다. 즉, 이는 산림의 존재로 인해 공급자가 지출하지 않아도 되는 비용을 보여주는 것이지, 이용자가 얻는 효용이나 만족을 나타내는 가치는 아니다. 그럼에도 불구하고 실무나 연구에서는 이러한 비용절감액을 '가치의 대용치(proxy value)'로 사용하는 경우가 많다. 이는 환경자원의 실제 가치를 정밀하게 측정하기 어렵기 때문이다. 따라서 비용절감액을 편익으로 간주하는 것은 편의적인 접근이기는 하나 편익과는 무관하다.

다) 편익과 비용의 균형

편익과 비용이 동시에 존재하는 상황, 즉 개발(development)과 보존(preservation) 간의 갈등이 발생할 때는 두 요소 간의 균형점을 찾아 최적환경 수준을 도출할 필요가 있다. 여기서 '최적(optimization)'이라는 개념은 정량적으로 해석하면 어떤 함수가 극대값 또는 극소값을 갖는 상태를 의미한다. 이 관점에서 사회적 최적환경 수준(Social Optimal Environmental Level)은 사회 전체가 얻는 총편익(Social Benefit: SB)과 사회가 부담하는 총비용(Social Cost: SC)의 차이인 사회적 순편익(Social Net Benefit: SNB)이 가장 커지는 수준으로 정의된다. 다시 말해, 환경의 질을 높이는 데 따른 이익이 추가적인 비용보다 더 이상 크지 않게 되는 지점, 즉 SNB가 극대화되는 수준이 사회적으로 가장 바람직한 환경수준이라고 할 수 있다.

사회적 순편익 = 사회적 총편익 − 사회적 총비용
= (내적 편익 + 외적 편익) − (내적 비용 + 외적 비용)

사회적 총편익(Social Benefit: SB)과 사회적 총비용(Social Cost: SC)은 두 가지 요소로 구성된다. 하나는 시장 거래를 통해 드러나는 **시장 내적 요인**, 즉 실제 수입이나 지출 형태로 확인되는 부분이고, 다른 하나는 시장에서 직접적으로 거래되지 않지만 개인이나 사회의 선택, 즉 경제활동에 영향을 미치는 **시장 외적 요인**인, 비시장적 요인이다. 이러한 시장 외적인 편익과 비용까지 함께 고려하여야 사회 전체의 총편익과 총비용을 정확히 평가할 수 있다.

따라서 사회적 순편익(Social Net Benefit: SNB)이 최대가 되는 상태는 '한계

사회적 편익(Marginal Social Benefit: MSB)'이 '한계 사회적 비용(Marginal Social Cost: MSC)'과 일치하는 지점이다. 이 지점에서 사회는 더 이상의 환경개선이나 개발을 통해 추가적인 순이익을 얻을 수 없는 최적의 환경 수준을 의미한다.

최적환경 수준은 일반적으로 기업의 생산활동이 외부불경제를 유발할 때, 사회 전체의 관점에서 바람직한 오염 저감 수준을 결정하기 위해 활용된다. 예를 들어, 한 기업이 생산 과정에서 오염물질을 배출하여 인근 주민의 생활 환경을 악화시키는 상황을 생각해볼 수 있다. 이때 주민의 피해를 줄이기 위해 기업은 정화시설을 설치하거나 생산공정을 개선해야 한다. 그러나 이러한 조치는 기업에 추가적인 비용을 발생시키기 때문에 사회 전체의 입장에서 어느 정도의 오염 저감이 가장 효율적인가를 판단하는 것이 중요하다.

그림 16-4에서 오염물질 배출에 아무런 규제가 없을 경우의 오염 수준을 X^0이라 하자. 이 상태는 기업의 오염을 줄이기 위한 비용이 0인 상태이다. 기업이 오염물질 배출량을 줄이기 시작하면서 오염 저감을 위해 '저감비용(Abatement Cost)'이 발생한다. 오염을 줄이기 위한 비용은 그 정도가 강화될수록 기하급수적으로 증가하여 '한계저감비용(Marginal Abatement Cost: MAC)'은 좌상향하는 형태를 띤다. 한편, 오염이 심화될수록 주민의 피해 정도 역시 기하급수적으로 증가하는 형태로 나타나므로 '한계피해비용(Marginal Damage Cost)' 또는 '한계제거편익(Marginal Abatement Benefit)'은 우상향하는 모양으로 표현된다(그림 16-4).

결국 사회적 최적환경 수준 X^*은 기업의 한계저감비용(MAC)과 주민의 한계피해비용(Marginal Damage Cost)이 일치하는 지점에서 결정된다. 이때 오염 저감 수준이 X^*에 도달하면, 주민의 피해비용과 기업의 저감비용의 합이 최소가 되어 사회 전체적으로 효율적인 상태, 즉 사회적 총비용이 최소인 최적상태가 실현된다.

최적환경 수준은 일반적으로 기업이 외부불경제효과의 원인을 제공할 때 사회적으로 바람직한 수준을 도출하고자 할 때 활용된다. 예를 들어, 생산 과정에서 오염물질이 배출되어 그 주변 주민들의 생활 여건이 악화되었을 때, 이러한 주민 피해를 저감하기 위하여 기업은 정화시설을 설치해야 한다. 기업과 주민을 함께 고려할 때 어느 정도의 정화 수준이 사회적으로 최적 수준인지를 평가하고자 할 때 사용된다. 만약 오염물질 배출에 아무런 규제가 없는 상태에서의 오염 수준을

그림 16-4의 X^0이라고 가정하자. 하지만 오염물질 배출을 줄여야 한다면 기업 입장에서는 오염물질 배출 저감을 위한 비용이 소요된다. 따라서 사회적 최적환경 수준의 결정조건은 기업의 한계저감비용과 주민들의 한계피해비용(한계제거편익)이 일치되는 수준인 X^*에서 주민의 피해비용과 기업의 저감비용의 합이 가장 낮게 되는 최적의 상태이다(그림 16-4).

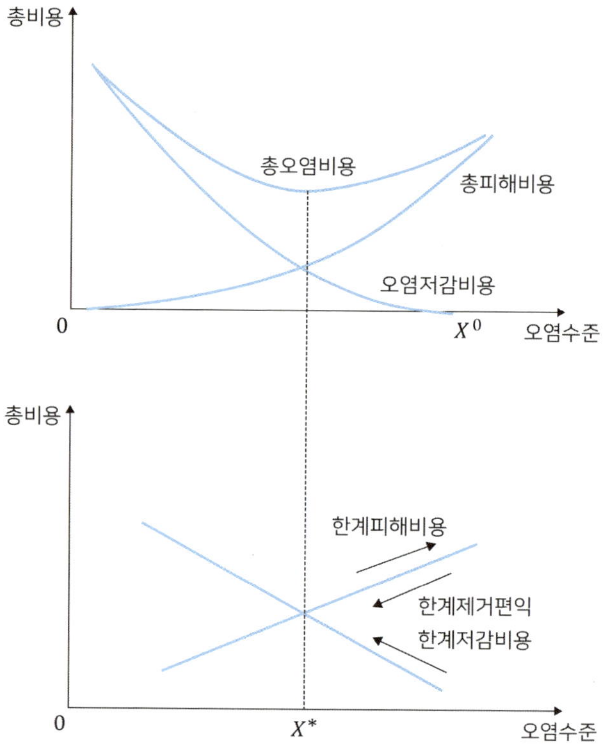

▶ **그림 16-4** 최적오염 수준의 도출

또 다른 예로 산림의 재해방지기능을 고려해볼 수 있다. 산림은 토사 유출, 산사태, 홍수 등 다양한 자연재해를 완화하는 역할을 하지만 그 기능을 유지하거나 강화하기 위해서는 일정한 방지비용(prevention cost)이 필요하다. 따라서 재해 발생으로 인한 피해비용(damage cost)과 이를 줄이기 위한 방지비용을 함께 고려하여 두 비용의 합이 최소가 되는 지점을 찾는 방식으로 비용 측면에서의 최적화

분석이 가능하다.

즉, 사회적으로 바람직한 산림관리 수준은 피해비용과 방지비용의 합이 가장 작아지는 수준이며, 수학적으로는 두 비용곡선의 기울기(미분값)가 같을 때, 즉 한계피해비용(Marginal Damage Cost)과 한계방지비용(Marginal Prevention Cost)이 일치할 때가 최적 상태이다. 예를 들면, 그림 16－5에서 X^0는 산림이 존재하는 현재의 재해 규모를, X^1은 산림이 존재하지 않을 경우 발생하는 재해 규모를 나타낸다. 산림이 없을 때 발생하는 피해비용은 산림이 존재하는 경우보다 ABX^1X^0만큼 크다. 반면, 산림을 조성하거나 관리하여 재해를 X^0 수준으로 줄이기 위해 투입되는 총방지비용은 CDX^1X^0로 표시된다.

따라서 두 면적을 비교했을 때, ABX^1X^0이 CDX^1X^0보다 크다면 재해방지를 위해 산림의 조성 및 관리를 하는 것이 사회적으로 타당한 투자라 할 수 있다.

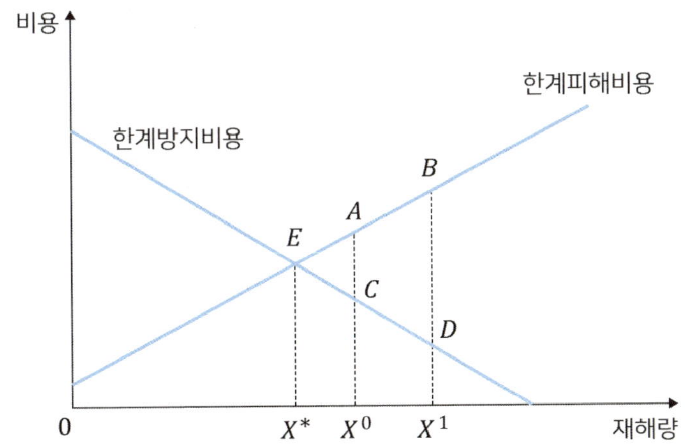

▶ **그림 16-5** 사회적으로 바람직한 산림면적

산림이 존재함으로써 발생하는 피해 방지편익은 그림 16－5에서 ABX^1X^0의 면적으로 나타낼 수 있다.[6] 그림 16－5의 현재의 재해 규모 X^0가 사회적 균형점

6) 산림의 공익기능에 대한 가치평가 방법론들 중 휴양기능과 야생동식물 보호기능에 대한 평가방법을 제외하고는 대체비용법을 사용하는 대부분 방법들은 그림 16－5의 ABX^1X^0가 아닌

X^*보다 오른쪽에 위치할 경우, 재해로 인한 한계피해비용이 한계방지편익보다 크다. 이는 현재의 산림관리 수준이 부족하다는 뜻으로, 재해를 줄이기 위한 추가적인 방지 노력이 필요함을 시사한다. 반대로, 재해량이 점차 줄어 X^0가 균형점 X^*의 왼쪽으로 이동하면, 재해를 줄이기 위해 투입되는 한계방지비용(Marginal Prevention Cost)이 한계피해비용보다 더 커진다. 즉, 방지 활동에 과도한 자원이 투입되고 있는 상태다. 따라서 재해 대응에 있어 한계방지비용과 한계피해비용이 일치하는 균형점 E, 즉 재해량이 X^*가 되는 수준이 사회적으로 가장 효율적인 상태이며, 이 지점이 바로 산림재해방지에 관한 최적균형점이라 할 수 있다.

3) 보상수요함수에 기반한 가치

경제학적 가치(value)는 인간이 특정 재화를 필요로 하거나 선호로 인한 효용의 화폐적 표현이며 이는 개인의 선호와 지불의사에 따라 결정되는 주관적 개념이다. 가치의 변화는 재화 및 서비스를 대상으로 장기적으로는 선호의 변화에 의해서도 올 수 있지만 단기적으로는 가격·소득 또는 양·질의 변화로 인하여 발생한다.

시장에서 가격이 형성되고, 그 가격과 개인의 소득이 수요량에 어떤 영향을 미치는지를 함수 형태로 나타낸 것을 일반수요함수(ordinary demand function) 또는 마샬적 수요함수(Marshallian demand function)라고 한다. 소비자는 어떤 재화에 대해 실제 시장가격보다 더 높은 금액을 지불할 의사가 있을 수 있지만, 시장에서는 그보다 낮은 가격으로 구입하게 된다. 이때 소비자가 느끼는 '가격 대비 만족의 잉여'를 소비자잉여(consumer surplus)라고 하며, 일반적으로 후생(welfare)을 측정하는 지표로 활용된다.

현실 시장가격 정보를 이용한 일반(마샬적)수요함수에 기반한 소비자잉여는 개인의 후생 변화를 완전히 반영한다고 보기는 어렵다. 그 이유는 가격이 변할 때 소비자의 수요량이 변하는 과정에서 대체효과(substitution effect)와 소득효과(income effect)가 동시에 발생하기 때문이다. 즉, 단순히 가격 변화로 인한 '순수한 효용 변화'만을 구분하기 어렵다. 또한 계산상으로도 화폐 단위를 효용 단위로 바꾸는 과정에서 가격 변화에 따라 효용 대비 소득의 비율이 변하기 때문에 효용

CDX^1X^0방지비용적인 측면에서 평가가 이루어지고 있다.

(혹은 후생)의 변화를 정확하게 반영하기 힘들다.[7)]

이러한 한계를 보완하기 위해 수요함수에서 소득을 변수로 쓰는 대신 효용 수준을 일정하게 유지한 채로 가격에 따른 수요량 변화를 표현한 보상수요함수(compensated demand function) 또는 힉스적 수요함수(Hicksian demand function)를 사용한다. 이 함수는 가격 변화에 따른 순수한 효용 변화를 분리해 볼 수 있게 해주기 때문에 후생경제학적 분석에서 보다 정교한 도구로 사용된다.[8)]

x_1의 일반수요함수 : $x_1 = f(p_1, p_2, m)$

x_1의 보상수요함수 : $x_1 = f(p_1, p_2, u)$

m: 소득, u: 효용

일반수요함수와 보상수요함수의 가장 큰 차이는 후생 변화를 화폐 단위로 표현할 때 어떤 변수를 일정하게 유지하느냐에 있다. 일반수요함수는 소득(m) 을 일정하게 둔 상태에서 가격 변화에 따른 수요량과 후생 변화를 분석한다. 반면, 보상수요함수는 효용(u)을 일정하게 유지하면서 가격 변화가 있을 때 동일한 효용 수준을 유지하기 위해 필요한 소득의 변화를 계산한다. 즉, 일반수요함수는 실제 시장에서의 소비자 행동을 반영한 '소득 고정 모형'이고, 보상수요함수는 이론적으로 후생 변화를 순수하게 파악하기 위한 '효용 고정 모형'이라 할 수 있다.

가) 가격의 변화(보상변이와 동등변이)

가격이 변할 때 소비자의 효용이 어떻게 달라지는지를 보상수요함수를 통해 분석할 수 있다. 이때 후생 변화는 가격 변화 전후의 소비자균형점에 대응하는 두 효용 수준 중 하나를 기준으로, 효용 수준을 일정하게 유지한 상태에서 나타나는 소비자잉여의 변화를 의미한다. 이는 소득효과를 배제하고 대체효과만을 반영한 후생 변화를 측정하는 방법이다.

---

7) 수치해석적으로는 화폐액에서 효용으로의 전환 과정에서 가격 변화에 따라 효용의 크기 역시 함께 변동함으로 인하여 효용의 변화를 제대로 반영할 수 없다.

8) 뒤에 설명하는 진술선호법은 보상수요함수에 기반하고 있다.

그림 16-6은 가격 변화 이전의 소비자균형 상태 E_0에서의 효용 수준 u^0인 무차별곡선에서 재화 2의 가격이 p^0에서 p^1으로 상승함에 따라 새로운 예산선에 접하는 새로운 효용 수준 u^1인 무차별곡선에서 새로운 소비자균형 E_1이 달성된다.

이해를 돕기 위하여 두 가지 재화 중에 하나는 가격이 1단위인 가치척도재로 가정한다. 또 다른 재화를 대상으로 한 소비자균형의 궤적을 수요량과 가격 좌표에 궤적으로 나타낸 것이 그림 16-6 하단의 직선 ad인 일반수요곡선이다. 일반수요곡선은 앞서 언급한 것처럼 가격이 변하면 효용 수준도 함께 달라지므로 가격 변화에 따른 소비자균형이 효용의 변화를 정확하게 반영하지 못한다. 이러한 문제를 해결하기 위한 대안으로 도입된 보상수요함수는 가격 변화 이전과 이후의 두 효용 수준 중에 선택된 하나의 효용 수준을 유지한다는 전제 하에 가격 변화에 따른 화폐액의 변화를 도출하는 방법이다. 도출되는 화폐액은 가격 변화 이전

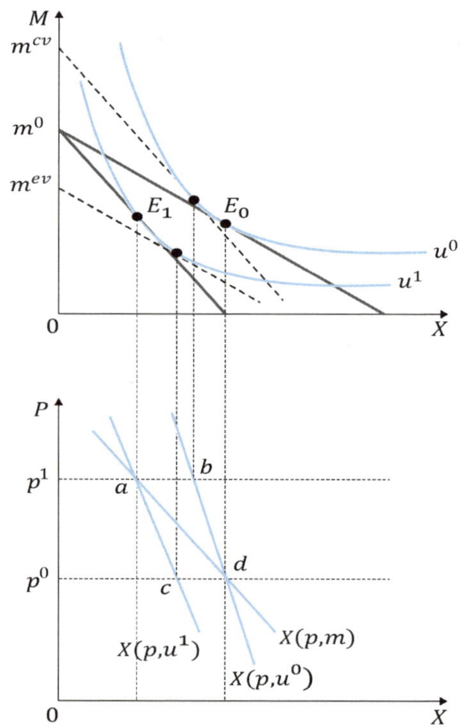

▶ **그림 16-6** 가격 상승에 따른 후생 변화(CV, EV)

인 현재의 효용 수준인 u^0를 고정한 상태에서 도출하면 **보상변이**(compensating variation: CV), 가격 변화 이후인 새로운 효용 수준인 u^1을 고정한 상태에서 도출하면 **동등변이**(equivalent variation: EV)라 한다.9)

일반적으로 재화량으로 표현된 (직접)효용함수 $U = U(X, M)$를 가격과 소득으로 변환한 형태인 간접효용함수 $V = V(P, M)$로 표현한다면, 보상변이(CV)는 다음과 같다.10)

$$v(p^0, m^0) = v(p^1, m^0 + CV) = u^0$$

위 식의 보상변이(CV)를 지출함수 형태로 표현 가능하다.

$$CV = e(p^1, m^{cv}, u^0) - m^0 = e(p^1, m^{cv}, u^0) - e(p^0, m^0, u^0)$$

그림 16-6에서 재화 X의 가격이 p^0에서 p^1으로 상승하였을 때, 일반수요함수에 근거한 소비자잉여는 p^0p^1ad이다. 한편, 보상수요함수에 근거한 소비자잉여는 선택된 효용 수준에 따라 두 가지로 구분된다. 가격 변화 이전의 효용 수준 U^0에서의 지출액인 보상변이는 p^0p^1bd이고, 가격 변화 이후의 효용 수준 U^1에서의 지출액인 동등변이는 p^0p^1ac이다.

간접효용함수에 기반하여 동등변이(EV)를 표현하면 다음과 같다.

$$v(p^1, m^0) = v(p^0, m^0 - EV) = u^1$$

위의 식의 동등변이(EV)를 지출함수 형태로 표현 가능하다.

$$EV = m^0 - e(p^0, m^{ev}, u^1) = e(p^1, m^0, u^1) - e(p^0, m^{ev}, u^1)$$

만약 가격이 하락한다면, 반대로 p^0p^1ac는 보상변이가 되고, p^0p^1bd는 동등변이로 뒤바뀌게 된다. 왜냐하면 보상(compensating)은 변화 이전의 효용수준에서

9) 혹자는 '변이'를 '변화'라고도 부르기도 하지만 변화라는 단어는 일상적인 용어로 너무 익숙하여 본고에서는 '변이'라는 용어를 사용한다.

10) 직접효용함수에서 M이라는 표현은 가치척도재라는 것을 전제로 하였기 때문이다.

의 소비자잉여의 변화이고, 동등(equivalent)은 변화 이후의 효용 수준에서의 소비자잉여의 변화를 의미하기 때문이다.[11]

이러한 후생의 변화를 소유권 여부를 기준으로 낮은 효용 수준에서의 후생 변화는 최대 지불의사액(willingness to pay: WTP), 높은 효용 수준에서의 후생 변화는 최소 수용의사액(willingness to accept: WTA)으로 구분된다. 예를 들어 가격이 상승함에도 불구하고 가격 상승 이전의 높은 효용 수준을 유지하기 위한 최소한의 보상액(WTA)은 보상변이고, 가격 상승으로 인하여 낮은 효용 수준을 감수해야 하는 상황에서 가격 변화를 하지 않고 개인이 지불할 수 있는 최대 지불의사액(WTP)은 동등변이를 의미한다. 역으로 가격이 하락하는 경우, 더 높은 효용 수준을 누릴 권리가 있는 상황에서 가격 하락 대신 보상액으로 가격 하락한 것과 동일한 효용 수준을 누리게 해주는 최소 수용의사액(WTA)은 동등변이, 가격이 하락한 상태를 유지하는 것을 전제로 최대 가격 변화 이전의 효용 수준까지의 지불의사액(WTP)은 보상변이라 한다.

표 16-1 가격 변화에 따른 후생 변화

	WTP	WTA
가격 상승	동등변이	보상변이
가격 하락	보상변이	동등변이

나) 양·질의 변화(보상잉여와 동등잉여)

산림의 기능과 같은 환경재는 일반적으로 시장에서 명확한 가격이 형성되어 있지 않거나, 그 양과 질이 외생적으로 주어지는 경우가 많다. 따라서 환경재의 소비와 관련된 소비자균형은 일반재처럼 예산제약선과 무차별곡선이 접하는 점에서 결정되지 않는다. 대신 그림 16−7에서 보듯이, 주어진 환경질 수준 q^0에서의 예산선 m^0이 교차하는 효용 u^0이 현재의 상태(E^0)이다. 만약 환경질이 q^1으로 저하되었을 때의 m^0의 수준의 수평한 예산선과 q^1의 교점에서 새로운 효용 u^1을 얻는다.

11) 이론상으로는 만약 재화 2가 가격 변화에서 소득효과가 없다면 보상변이와 동등변이는 동일해야 할 뿐만 아니라 일반수요곡선에서 얻은 소비자잉여와도 동일해야 한다.

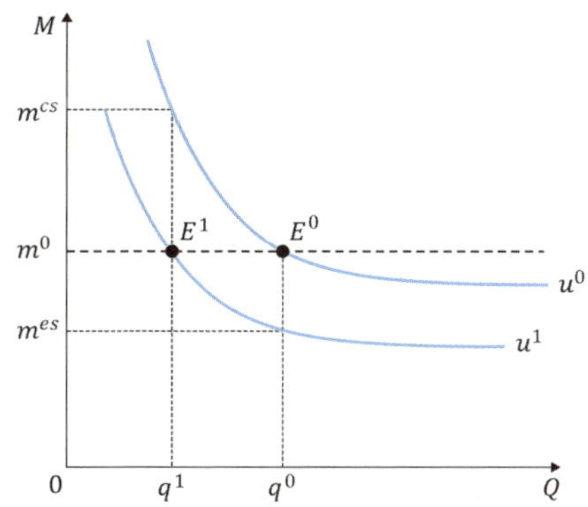

▶ **그림 16-7** 양·질의 변화에 따른 후생변화(CS, ES)

앞에서 가격 변화로 인한 후생 변화를 '변이(variation)'라고 한 것처럼, 환경재의 양이나 질이 변할 때 나타나는 후생 변화는 '잉여(surplus)'라는 용어로 표현한다. 이때 보상(compensating)과 동등(equivalent)의 구분은 가격 변화의 경우와 같은 원리를 따른다. 환경재의 양이나 질의 변화 이전의 효용 수준을 기준으로 한 후생 변화는 **보상잉여**(Compensating Surplus: CS)라 하고, 변화 이후의 새로운 효용 수준을 기준으로 한 후생 변화는 **동등잉여**(Equivalent Surplus: ES)라 한다.

양·질의 변화 역시 간접효용함수로 표현 가능하며 외생변수에 환경질이 추가된 $V = V(P, M, Q)$로 표현된다. 보상잉여와 동등잉여는 다음과 같다.

$$v(P, m^0, q^0) = v(P, m^0 + CS, q^1) = u^0$$
$$v(P, m^0, q^1) = v(P, m^0 - ES, q^0) = u^1$$

이를 역시 지출함수 형태로 표현 가능하다.

$$CS = e(P, m^{cs}, q^1, u^0) - m^0 = e(P, m^{cs}, q^1, u^0) - e(P, m^0, q^0, u^0)$$
$$ES = m^0 - e(P, m^{es}, q^0, u^1) = e(P, m^0, q^1, u^1) - e(P, m^{es}, q^0, u^1)$$

환경재의 양 또는 질의 변화 역시 두 효용 중에 보다 큰 효용 수준을 유지하는 것을 전제로 후생 변화를 평가하였다면 최소 보상의사액(WTA), 보다 작은 효용수준을 유지하는 것을 전제로 평가하였다면 최대 지불의사액(WTP)을 의미한다.

표 16-2 양·질의 변화에 따른 후생변화

	WTP	WTA
양 · 질 상승	보상잉여	동등잉여
양 · 질 하락	동등잉여	보상잉여

2 주요 가치평가 방법

환경재의 가치를 평가하는 방식은 정보 획득의 방식에 따라 몇 가지 유형으로 구분된다. 일반적으로 시장에서 얻을 수 있는 실제 가격 정보를 활용하는 방법인 시장가치접근법(Market Valuation Approach), 개인의 행동을 통해 간접적으로 선호를 파악하는 방법인 현시선호접근법(Revealed Preference Approach), 그리고 직접적인 질문을 통해 선호를 조사하는 방식인 진술선호접근법(Stated Preference Approach)으로 구분하고 있다(Kumar, 2010).[12)]

시장가치접근법은 시장에서 거래되는 가격이나 수량 정보를 이용하여 가치를 추정하는 방식이다. 생산에 들어가는 비용, 매출 규모, 소비자 지출 등 실제 거래 정보가 주요 자료가 된다. 이 방법은 객관적인 데이터에 기반하기 때문에 비교적 명확한 추정이 가능하다는 장점이 있지만, 개인 기업인 경우에는 활용할 수 있는 정보를 얻는 것이 쉽지 않다. 특히, 환경 가치의 평가는 시장에서 관찰하기 어려운 특성을 지니고 있다.

현시선호접근법은 시장 가격만으로는 포착하기 어려운 가치를 개인의 실제 행동을 분석해 간접적으로 평가하는 방식이다. 사람들이 특정 자원을 이용하기 위해 얼마만큼의 시간과 비용을 지불하는지를 살펴보는 여행비용법이나, 주거 환

12) 구분의 기준에 따라 저자마다 다양하다(권오상, 2013; Asafu-Adjaye, 2005).

경의 차이에 따라 부동산 가격에 반영된 가치를 분석하는 만족가격법이 여기에 포함된다. 시장가치접근법은 넓은 의미에서 현시선호접근법에 포함된다고 보는 시각도 있다(Asafu-Adjaye, 2005). 이는 시장에서 형성된 가격이 실제 소비자의 선택을 반영하므로 사람들의 현시적 행동을 기반으로 후생을 평가한다는 점에서 현시선호접근과 맥락을 같이 한다는 의미이다.

진술선호접근법은 개인에게 직접 질문을 던져 선호를 파악하고 이를 토대로 가치를 추정하는 방식이다. 대표적인 예로는 조건부가치평가법과 선택실험법이 있다. 조건부가치평가법은 특정 자원이나 서비스에 대해 지불의사를 직접 물어보는 방식이며, 선택실험법은 여러 조건을 조합한 시나리오 중에서 응답자가 어떤 대안을 선택하는지를 통해 선호를 분석한다. 이 방법은 실제 시장에서 드러나지 않는 다양한 가치를 평가하는데 유용하다. 특히, 비사용가치를 평가할 수 있다는 점에서 널리 사용되고 있다. 예를 들어, 존재 자체에 의미가 있는 가치인 존재가치는 시장에서는 전혀 포착되지 않지만 직접 질문을 통해 평가 가능하다.

표 16-3 환경자원의 가치평가 방법

접근법		방법	평가 가치
시장가치	가격 기준	시장가격법	직·간접 사용가치
	비용 기준	회피비용법	직·간접 사용가치
		대체비용법	직·간접 사용가치
		완화/복구비용법	직·간접 사용가치
	생산 기준	생산함수법	간접 사용가치
		요소수입법	간접 사용가치
현시선호		여행비용법	직접(간접) 사용가치
		만족가격법	직·간접 사용가치
진술선호		조건부가치평가법	사용가치와 비사용가치
		선택모델링/컨조인트분석법	사용가치와 비사용가치
		가상순위법	사용가치와 비사용가치
		심층그룹가치법	사용가치와 비사용가치

출처: Kumar, 2010.

1) 여행비용법

여행비용법(Travel Cost Method: TCM)은 휴양가치를 산출하기 위해 사용하는 모형 중에 하나로 일정기간 동안 특정한 지역을 방문하는 횟수와 여행비용을 일반수요함수에 기초하여 분석하는 방법으로 현시적 접근법에 해당된다. 이 방법은 Hotelling(1947)에 의해 제시되었고 Clawson과 Knetsch(1966)에 의해 정립되었다.

본 방법에 의해 도출된 가치는 '휴양가치'만을 의미하며, 경제주체에 따라서 두 가지 방법으로 구분된다. 개인을 대상으로 분석하면 개인여행비용법이라 하고, 방문객을 거주지별로 나누어 각 지역을 경제주체의 단위로 분석하는 방법을 지역여행비용법이라고 한다.

개인여행비용법에서 평가의 대상이 되는 종속변수는 일정기간 동안 개인이 해당 지역을 방문한 횟수이다. 독립변수로는 개인의 1회 방문에 따른 여행비용(p), 소득(m), 방문 지역의 특징(q), 개인의 성향(c) 등 여러 요인이 포함된다. 이러한 변수들을 활용하여 회귀분석을 이용하여 가치평가가 이루어진다.

개인여행비용법에 의한 수요함수: $v = f(p, m, q, c)$

개인여행비용법의 경우, 근린공원처럼 대부분 인근 주민들이 이용하는 지역을 대상으로 적용하면 개인에 따라 다양한 방문빈도를 얻을 수 있으나 여행비용을 산출하기에 어려움이 따른다. 한편, 국립공원과 같이 전국 각지에서 방문하는 지명도가 높은 지역을 대상으로 분석할 경우에는 여행비용은 다양하게 산출되나 개인의 방문빈도는 처음 방문이거나 몇 년 만에 방문이 일반적이다. 이와 같이 여행비용 또는 방문빈도가 편중되게 분포되어 있는 경우에는 개인여행비용법을 적용하면 유의미한 결과를 얻기가 어렵다. 이러한 경우에는 지역여행비용법으로 적용해야 한다.

지역여행비용법에서는 거주지역을 경제주체 단위로 분석하며, 종속변수(v)로는 각 거주지역 주민들의 방문횟수를 사용한다. 다만, 지역마다 인구수가 다르기 때문에 단순 방문횟수만으로는 비교가 어렵다. 이를 보완하기 위해서는 각 지역의 인구 규모를 동일하게 조정해주어야 하며 이를 위해 먼저 각 지역주민들의 총 방문횟수를 거주지역 인구수(n)로 나눈 방문율을 적용하였다. 독립변수는 해당 지역으로부터의 1회 방문에 따른 여행비용(p), 지역소득(m), 방문지역의 특징(q), 거주지의 특징(c) 등으로 선정하고 회귀분석을 수행한다. 회귀분석 후, 지역의 인구수를 우변으로 이항하면 각 지역마다의 수요곡선이 도출된다.

지역여행비용법에 의한 방문율 회귀모형: $v/n = f(p, m, q, c)$

방문율 회귀모형에 기반하여 각 지역마다의 수요곡선을 도출하고 이들 수요곡선의 수평합이 방문지의 수요곡선이 된다. 이를 기반으로 방문지의 휴양가치를 구할 수 있다.

이와 같이 여행비용법에 의한 가치는 일반수요함수에 기반하여 일정기간 동안의 여행비용과 방문횟수 관계에서 분석할 수 있다. 유의미한 결과를 얻기 위해서는 여행비용과 방문횟수가 잘 분포한 자료를 수집하는 것이 바람직하다. 평가하고자 하는 대상지의 방문 특성을 고려하여 개인여행비용법 또는 지역여행비용법을 적용해야 한다. 개인여행비용법은 일반수요함수와 동일한 방법으로 도출하므로 자세한 설명을 생략하고 지역여행비용법의 도출 과정을 설명하고자 한다.

지역여행비용법에서 첫 번째 단계는 지역을 구분하는 것이다. 지역마다의 특성을 통계자료에서 구분하기 위해서는 행정구역을 중심으로 지역을 구분하는 것이 일반적이지만 직관적인 이해를 돕기 위해 그림 16-8과 같이 지역을 방사형 원형으로 세 지역으로 구분하였다.

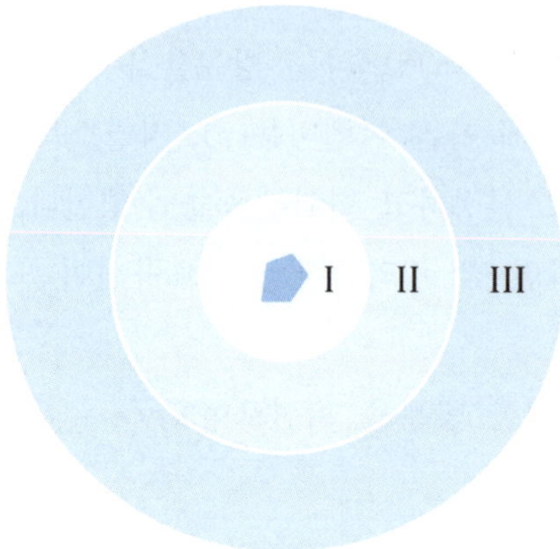

▶ **그림 16-8** 지역여행비용법 분석을 위해 방사형으로 지역 구분

각기 다른 세 지역별로 여행비용, 방문횟수, 인구수 자료는 표 16-4와 같다.

표 16-4 지역여행비용법 분석을 위한 기본 자료

주거지역(i)	한 번 방문할 때의 비용(P_i) (단위: 만원)	방문횟수(V_i)	인구수(N_i) (단위: 1,000명)	방문율(V_i/N_i)
I	1	500	1,000	500
II	3	1,200	4,000	300
III	5	1,000	10,000	100

※ 이때 방문율은 100만 명을 기준으로 하였을 때의 방문자수를 의미한다.

지역여행비용법의 종속변수는 거주인구의 차이를 고려하여 방문횟수 대신 방문율을 이용한다. 독립변수는 방문지 여행비용, 대체지 여행비용, 소득으로 선정하고, 회귀분석한 결과는 다음과 같다.13)

$$방문율(V_i/N_i) = f(P_i,\ P_j,\ M) \Rightarrow 600 - 100 \times P_i$$

위의 추정계수를 이용하여 각 지역의 수요함수는 아래와 같이 도출한다.

13) 설명의 단순화를 위해 결정계수가 1인 시나리오를 설정하였다.

$$V_i = f(P_i, P_j, M) \times N_i$$

$$\text{I 지역 수요함수: } V_i = (600 - 100 \times P_i) \times 1 = 600 - 100 \times P_i$$

$$\text{II 지역 수요함수: } V_i = (600 - 100 \times P_i) \times 4 = 2400 - 400 \times P_i$$

$$\text{III 지역 수요함수: } V_i = (600 - 100 \times P_i) \times 10 = 6000 - 1000 \times P_i$$

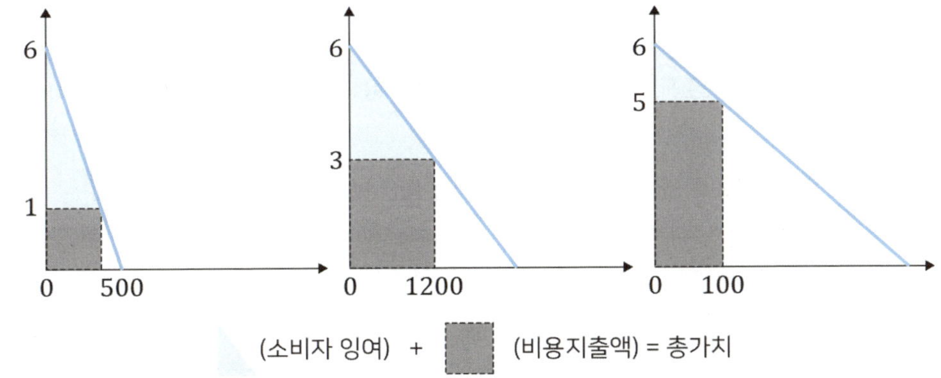

▶ **그림 16-9** 총수요곡선 도출

이때, 총수요곡선은 각 지역의 수요곡선을 횡으로 더하면 얻을 수 있고 이는 방문지에 대한 수요곡선이 된다.

표 16-5 지역여행비용법 분석 결과

단위: 만 원

지역	소비자잉여	총여행비용 지출액	계
I	1,250	500	1,750
II	1,800	3,600	5,400
III	500	5,000	5,500
합계	3,550	9,100	12,650

실제로 방문율에 의해 얻어진 계수를 이용하여 지역 수요곡선을 도출할 경우에는 여행비용과 추정된 방문횟수에 근거하여 소비자잉여를 산출해야 한다.

지역여행비용법에서 그림 16-8과 같이 방문지를 중심으로 일정한 거리로 지역을 구분할 경우, 지역 간 거리가 넓을수록 회귀분석에서의 결정계수(R^2) 값은 높아지는 경향이 있다(김준순, 1998). 따라서 지역을 구분할 때는 연구자의 주관적 개입을 최소화하는 것이 바람직하다. 이 밖에도 시간비용, 방문대체지의 위치, 여행비용 등도 휴양가치에 영향을 미치는 요소들이다(김준순, 1998).

지역여행비용법의 적용 절차

1. 경제주체 단위인 지역의 구분
2. 방문객들의 정보(거주지, 방문횟수, 교통수단, 여행비용 등) 표본 조사
3. 일정기간 동안의 방문지의 총방문객수 파악
4. 거주지역의 평균소득, 인구수, 기타 사회·경제적 특성 조사
5. 방문율 회귀분석
6. 총수요곡선 도출
7. 방문지의 휴양가치평가

2) 만족가격법

만족가격법(Hedonic Price Method: HPM)은 시장에 존재하는 재화의 가격이 그 재화를 구성하는 여러 특성의 가치로 이루어져 있다는 생각에 기반한 평가 방법으로 현시선호적 접근법에 속한다. 이 방법은 주로 주택이나 토지의 가격에 영향을 미치는 인자들을 회귀분석을 통해 분석하고 그 정도를 파악하는 방법이다. 주택과 같은 부동산가격은 주택구조, 교육시설, 편의시설, 공원시설, 교통 여건과 함께 소음, 대기질, 조망 등 다양한 인자들에 의해 결정된다. 만족가격법은 이렇듯 가격에 반영된 개별 속성들의 기여도 분석을 통해 환경적 요인의 가치를 추정하는데 활용한다. 최근에는 부동산 정보에 대한 자료 수집이 수월해지고 방대한 양의 자료도 분석이 가능해짐에 따라 재조명을 받고 있는 분석 방법이다.

개인은 주택을 구매할 때, 주변의 특성을 파악하고 주어진 예산에서 최고의

만족(효용)을 느낄 수 있는 최적의 주택을 선택할 것이다. 이때 주택가격(P)을 종속변수로 하고 이에 영향을 미칠 수 있는 주택 구조(S), 문화(C), 교통(T), 교육(E), 녹지(G) 등을 독립변수로 하여 회귀분석모형을 설정한다.[14)]

$$P = f(S, C, T, E, G)$$

회귀분석을 통해 얻은 계수를 이용하여 독립변수 한 단위 변화에 따른 주택가격의 변화 정도인 한계편익을 파악할 수 있을 뿐 아니라 특정 독립변수로 인하여 상승한 주택가격의 총합은 해당 독립변수의 총가치로 평가 가능하다. 예를 들어 도시숲과 주택가격 간의 관계를 회귀분석 결과로 나타내면, 도시숲과의 접근성이 높을수록 주택가격이 상승하는 경향을 보인다. 이를 그래프로 표현하면 도시숲 접근성과 주택가격이 함께 증가하는 형태의 우상향 곡선으로 나타난다(그림 16−10(a)).

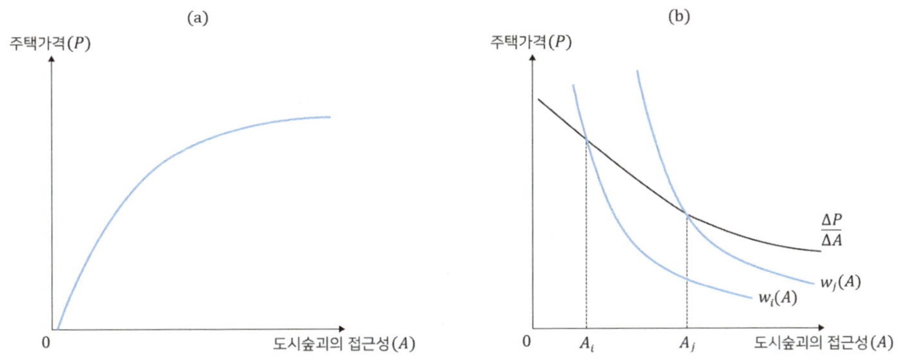

▶ **그림 16-10** 도시숲과의 접근성에 따른 주택가격

이때 X축의 좌표로 사용된 도시숲과의 접근성은 주거지로부터의 이격거리의 반대 개념으로 측정된다. 일반적으로 주거지와 도시숲 사이의 거리가 가까울수록

14) 우리나라 부동산 시장가격은 주변의 환경적인 인자보다 정책적인 인자들의 영향에 의해 크게 영향을 받는 것이 현실이다.

접근성이 높다고 볼 수 있으므로, 접근성과 이격거리는 서로 반비례하는 관계에 있다고 가정한다. 즉, 도시숲까지의 거리가 짧을수록 접근성이 향상되어 주택가격 상승 요인으로 작용한다. 하지만 그 증가하는 정도는 접근성이 향상됨에 따라 점차 감소하는 경향을 나타내므로 접근성을 주택가격으로 미분하면 한계주택가격($\Delta P/\Delta A$)은 우하향하는 그림 16−10(b)의 모양을 갖는다. 개인 I가 도시숲 A_i 접근성이 있는 곳의 주택을 구매하였다면 A_i 지점에서 이 사람의 한계지불의사액 $w_i(A)$는 한계주택가격($\Delta P/\Delta A$) 곡선을 위에서 아래로 교차한다. 도시숲과의 접근성에 따른 가치는 한계지불의사액을 적분하여 얻어야 하지만 현실에서 파악할 수 있는 정보는 개인이 시장에서 개별 환경질 수준을 고려하여 선택하는 한계주택가격이다. 이론상으로 주택시장에서의 거래는 개인의 지불의사액과 한계주택가격이 일치하는 지점에서 성사되어야 한다. 한계지불의사액과 한계주택가격의 교점 왼편은 개인의 한계지불의사액이 한계주택가격보다 큼에 따라 보다 좋은 접근성을 위해 더 지불할 용의가 있는 상태이고, 교점을 지난 오른편에서는 개인이 지불하고자 하는 한계지불의사액보다 시장에서 형성된 한계주택가격이 비싸므로 구매를 포기하는 수준이다. 만족가격법은 한계주택가격 정보만 활용하여 평가가 이루어지므로 가치라기보다는 가격에 기반을 둔 평가이다. 만족가격법으로 산출된 가치는 소비자잉여를 포함한 총가치가 아니라, 실제 시장에서 지불된 금액을 기준으로 평가된 금액이다. 따라서 이 방법으로 추정된 환경편익은 소비자가 체감하는 전체 편익보다 작게 나타날 수밖에 없다. 다시 말해, 만족가격법은 현실적인 지불액을 반영하기 때문에 실제 후생 변화의 전부를 포착하지 못한다는 한계를 가진다.

만족가격법의 적용 절차

1. 주택가격에 영향을 주는 인자 선정
2. 주택가격을 종속변수로 한 회귀분석
3. 외생변수에 대한 한계편익 도출
4. 고려된 모든 주택에 대해 경제적 총편익 도출

3) 조건부가치평가법

조건부가치평가법(Contingent Valuation Method: CVM)은 개인의 실제 행동을 분석하는 현시선호법과 달리, 특정 대상(환경재)에 대한 가치를 직접 묻는 진술선호 접근법에 속한다. 이 방법은 산림경관, 습지, 대기, 수질처럼 시장에서 거래되지 않는 재화나 서비스의 가치를 평가할 때 주로 사용된다. 가상의 상황을 설정하고, 그 안에서 개인이 지불하거나 수용할 의사가 있는 금액을 직접 질문하여 가치를 추정하는 방식이다. 시장가치접근법이나 현시선호접근법이 실제 시장 정보를 바탕으로 가치를 평가한다면, 진술선호접근법은 응답자의 의사나 선호를 통해 가치를 추정한다는 점에서 차이가 있다. 이러한 접근은 시장에서 가격이 존재하지 않아 평가가 어려운 비사용가치(non-use value)까지 포함할 수 있다는 장점이 있다. 또한 조건부가치평가법은 보상수요함수에 기초하여 후생 변화를 화폐 단위로 측정하기 때문에 일반수요함수를 기반으로 한 평가에서 나타날 수 있는 한계를 보완할 수 있다.

보상수요함수에 기반해 도출되는 가치는 평가 상황에 따라 최소보상의사액(Willingness To Accept: WTA) 또는 최대지불의사액(Willingness To Pay: WTP)으로 구분된다. 일반적으로 대상에 대한 소유권이 있는 경우에는 응답자에게 손실을 보상받기 위해 필요한 최소 금액인 WTA를 묻고, 소유권이 없는 경우에는 대상을 확보하기 위해 지불할 의사가 있는 최대 금액인 WTP를 묻는다. 이론적으로는 소득효과가 존재하지 않는다면 두 값은 동일해야 한다. 하지만 실제 연구에서는 소유권으로 인한 권리 프리미엄(endowment effect) 때문에 WTA가 WTP보다 과도하게 높게 나타나는 경향이 있다. 이는 사람들이 이미 보유한 재화의 가치를 더 높게 평가하는 심리적 요인 때문으로 해석된다. 따라서 현실적인 가치평가에서는 이러한 편차를 줄이기 위해 최대지불의사액(WTP)을 기준으로 가치를 추정하는 것이 일반적이다.

가) 편의의 발생과 종류

조건부가치평가법은 설문조사를 통해 정보를 수집하는 방식이기 때문에 설문 문항의 구성이나 내용, 그리고 정보 제공 과정에서 의사 전달의 오류나 왜곡된 응답 등 여러 형태의 편의(bias)가 발생할 수 있다.15) 편의의 유형은 매우 다양하지만, 이 중 대표적인 몇 가지만 살펴본다.

① **가설 편의**(hypothetical bias)

가설 편의(hypothetical bias)는 응답자가 실제 상황이 아닌 가상의 조건에서 지불의사액을 제시할 때, 현실과 가상 사이의 인식 차이로 인해 가치가 왜곡되는 현상을 말한다. 이는 조건부가치평가법(CVM)의 대표적인 한계로 지적된다. 응답자가 환경 개선을 위해 일정 금액을 지불하겠다고 응답하더라도 실제로 그 금액을 지불해야 하는 법적·경제적 의무가 없기 때문에 동일한 상황이 현실에서 발생했을 때 응답한 금액만큼 지불할 것이라 단정하기 어렵다.

이러한 현상은 응답자가 설문 상황을 실제 소비나 지출 상황처럼 인식하지 못하기 때문에 발생한다. 이러한 가설 편의 문제를 완화하기 위해 실제로 화폐가 거래되는 것과 유사한 모의시장(simulated market)을 만들어 현실 시장과의 간극을 줄이려는 노력을 하기도 한다.

② **설계 편의**(design bias)

설계 편의(design bias)는 설문지를 작성하는 과정에서 문항의 순서나 분량 등으로 인해 발생하는 오류를 말한다. 설문지에 제시된 가상 상황이 응답자에게 제대로 전달되지 못하면 이를 정보 편의라고 부르기도 하지만, 넓은 의미에서는 이 역시 설계 편의의 한 유형으로 볼 수 있다.

예를 들어, 일반인을 대상으로 하는 설문 초반에 학력이나 소득 등 사회경제적 정보를 묻는 문항이 포함되면 응답자가 거부감을 느껴 답변을 왜곡할 가능성이 있다. 반면 전문가 집단을 대상으로 한 델파이(Delphi) 기법에서는 이러한 사회경제적 정보를 초반에 묻는 것이 응답자에게 책임감을 부여하는 데 도움이 되기도 한다. 따라서 설계 편의를 최소화하기 위해서는 설문 문항의 논리적 흐름과 응답자의 인지 과정을 고려해 작성해야 한다. 구체적으로는 응답자의 주의를 특정 방향으로 유도할 수 있는 감정적 표현을 피하고, 문항 순서를 무작위로 제시하거나 사전 테스트(pre-test)를 통해 순서효과를 검증하며, 제공 정보의 양과 난이

15) Mitchell and Carson(1989)에서는 50개 이상의 발생 가능한 편의를 제시하였다.

도를 응답자 수준에 맞게 조정하는 것이 중요하다.

이러한 노력은 설문조사의 신뢰성과 타당성을 높이는 기본 조건이며 특히 조건부가치평가법(CVM)과 같이 응답자의 주관적 판단에 크게 의존하는 연구에서는 설계단계의 세심한 검토가 결과의 왜곡을 줄이는 핵심적인 요인이 된다.

③ **지불수단 편의**(payment vehicle bias)

지불수단 편의는 설문에서 사용되는 지불수단이 적절하지 않아 응답자의 지불의사액이 왜곡되는 오류를 의미한다. 조건부가치평가법(CVM)에서는 가상의 상황에서 환경재나 공공재의 가치를 평가하기 위해 입장료, 세금, 기부금 등 다양한 지불수단을 설정할 수 있다. 지불수단에 따라 피설문자의 지불의사에 차이가 발생할 수 있는데, 특히 세금과 같이 강제성을 띠는 지불수단은 응답자에게 거부감을 유발하여 지불의사액이 낮게 나타나거나 응답 자체를 회피하게 되는 경향이 있다. 반대로 자발적인 기부금 형태를 사용하면 응답자는 대상 재화의 질적 향상이나 사회적 기여를 기대하면서 과대응답할 가능성이 있다.

따라서 지불수단 편의를 최소화하기 위해서는 현실에서 지불하는 주체, 지불수단의 강제성과 자발성, 그리고 응답자의 심리적 반응 등을 충분히 고려해야 한다. 설문 설계 시에는 현실과 유사한 지불수단을 선택하고, 필요하다면 사전 테스트(pre-test)를 통해 지불수단이 응답자의 인식과 행동에 미치는 영향을 검증하는 것이 바람직하다.

④ **기간 편의**(period bias)

기간 편의는 지불의사액 관련 질문에서 시간의 범위를 설정해야 하는 경우에 발생한다. 단순히 방문빈도 파악과 같은 1차적인 정보 수집은 편의가 발생할 문제가 없으나 연간 방문횟수처럼 기간을 고려한다면 설정값에 따라 결과가 달라질 수 있다. 예를 들어 응답자가 대상지에 처음 방문한 상황을 연간 방문횟수로 환산할 때 3년에 1번으로 설정할 것인지, 5년에 1번으로 설정할 것인지 등의 문제가 이에 해당된다. 또한 지불의사액을 관리비와 같이 매달 지불할지, 또는 1년에 두 번이나 매년 지불할지에 따라 가치평가액의 차이가 발생한다. 따라서 기간 편의를 최소화하려면, 설문 설계 단계에서 평가대상 재화의 특성과 현실적 지불빈도를 고려하여 시간 범위를 적절히 설정하는 것이 중요하다(김준순, 1999a).

⑤ **전략적 편의**(strategic bias)

전략적 편의(strategic bias)는 설문 작성자, 조사자, 응답자 모두에게 나타날 수 있는 편의이다. 설문 작성자의 전략적 편의는 자신이 원하는 결과가 나타나도록 문항 구성이나 설문 설계에 영향을 미칠 때 발생한다. 예를 들어, 특정 정책이나 환경재의 가치를 높게 평가하도록 유도하는 문항을 배치하는 경우가 이에 해당한다. 조사자의 전략적 편의는 면대면 또는 전화 조사 과정에서 나타난다. 조사자가 특정 응답을 얻고자 일부 문구를 강조하거나 설명을 편향되게 전달하면 응답자의 판단에 영향을 주어 자료가 왜곡될 수 있다. 응답자의 전략적 편의는 설문 결과가 자신에게 실제로 영향을 미칠 것이라고 예상할 때 나타난다. 응답자가 진실된 의견을 제공하지 않고, 자신에게 유리하게 보일 것으로 판단되는 답변을 선택하는 경우가 여기에 해당한다. 예를 들어, 세금 부과와 관련된 설문에서 응답자가 지불을 회피하려고 실제보다 낮은 지불의사액을 제시할 수 있다.

즉, 전략적 편의는 설문 참여의 동기와 관련된 행위로 인해 발생하며, 설문 설계 및 자료 수집 과정에서 주의 깊게 관리하지 않으면 CVM 등의 가치평가 결과를 왜곡시킬 수 있다.

나) 설문조사 방법

설문조사 방법은 상대적으로 경제학보다 경영학의 마케팅조사에서 많이 사용한다. 이전에는 면담조사, 전화조사, 우편조사를 주로 이용하였으나, 정보화시대에 접어들어 인터넷 이용자가 급속도로 확산되면서 인터넷조사가 보편화되었다. 면담조사는 직접 만나 1:1로 하는 것이 일반적이나 상황에 따라 그룹으로 모아 조사자 한 명이 설문내용을 설명하고 다수가 응답하는 방식도 있다. 면담조사는 설문 과정에서도 궁금한 점을 직접 질문할 수 있는 장점이 있는 반면, 조사자의 정보 전달 과정에서 전략적인 편의가 발생할 수 있고 조사비용이 다른 방법에 비해 많이 소요되는 단점이 있다. 전화조사는 면담조사보다 비용이 적게 들고, 우편조사보다 응답률이 더 높은 장점이 있지만 그림이나 사진과 같은 시각적 효과를 이용하여 설문을 진행할 수 없다는 단점이 있다. 특히 최근에는 홍보용 전화로 인해 낯선 번호에 대한 수신거부가 일반적이기 때문에 사전에 양해를 구하지 않고 수행하기 어렵다. 우편조사는 설문지를 반송봉투와 함께 배송하여 응답자가 직접 설문지를 읽고 응답한 후 반송하도록 하는 방법이다. 전화조사나 우편조사는 적은 비용으로 수행할 수 있으나 최근에는 무응답률이 높아 선호도나 지지율과 같이 단순한 질문을 하는 용도 외에는 거의 사용하지 않는다. 한편, 과거 인터넷조사는 이메일을 통해 설문과 응답을 주고받는 형식이었으나 최근에는 인터넷 링크를 통해 응답하는 방식을 많이 활용하고 있다. 인터넷조사는 면담조사만큼의 관리는 어렵지만 전화조사나 우편조사에 비해 소요경비가 적고 많은 잠재 응답자에게 요청이 가능한 장점이 있다. 또한, 플랫폼을 통해 설문을 작성할 뿐만 아니라 기초적인 통계 분석까지도 수행을 지원해주고 있어 많이 활용하고 있다.

다) 지불의사액 조사 방법

조건부가치평가법에서 사용하는 설문 내용의 핵심은 지불의사를 파악하기 위한 질문이다. 가상적 가치를 도출하기 위해 다양한 종류의 질문방식이 사용될 수 있다. 크게는 응답자가 지불액과 관련하여 참고할 만한 정보 없이 가치를 직접 표현하는 개방형(open-ended format)과 참고할 만한 지불액 정보의 도움을 받아 의사를 표명하는 폐쇄형(closed-ended format)이 있다. 폐쇄형 질문방식에서는 입찰게임형, 지불카드형, 양분선택형으로 구분된다(김준순, 1999b; 김준순 2003).

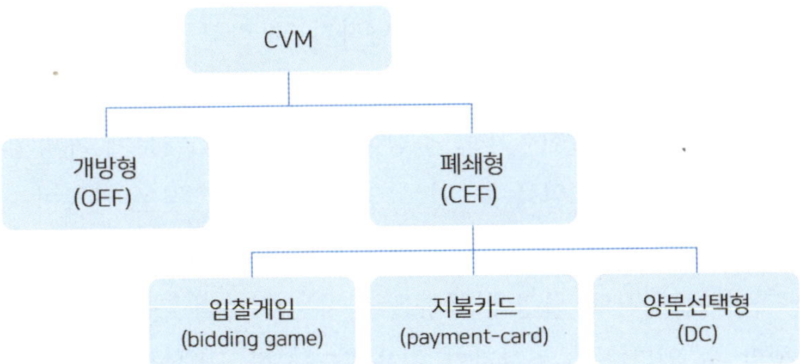

▶ **그림 16-11** CVM의 질문유도 방법

개방형 질문은 조사자가 어떠한 금액도 제시하지 않고 환경질 개선에 대해 지불할 용의가 있는 금액, 즉 지불의사액을 응답자가 직접 제시하도록 하는 방식이다. 이러한 질문 방식은 금액의 범위가 막연하여 응답자별 지불의사액의 편차가 크게 나타날 가능성이 높고, 이로 인해 신뢰성이 낮아질 수 있다. 그러므로 개방형 질문은 응답자가 재화나 서비스의 특성과 가치를 충분히 이해하고 있다고 판단될 때 사용하는 것이 적합하다.

【개방형 질문 예시】

귀하께서 북한산 국립공원에서 느끼시는 휴양가치를 만약 입장료라는 수단으로 지불을 하신다면 최대 얼마까지 지불하실 용의가 있으십니까?

(________________)원

폐쇄형 질문 중 하나인 입찰게임(bidding game)은 응답자가 지불할 의사가 있는 금액을 반복적으로 확인하며 지불의사액을 추정하는 방법이다. 조사자는 응답자에게 특정 금액을 지불할 의사가 있는지를 먼저 묻는다. 응답자가 '예'라고 하면 그 다음 제시 금액을 높이고, '아니오'라고 하면 금액을 낮추는 식으로 반복 질문을 진행한다. 이를 통해 응답자의 지불의사액이 점차 특정 값에 수렴하도록 유도한다. 입찰게임을 사용할 경우 각 응답자가 '예'라고 응답한 제시금액 가운데 최고의 금액이 바로 응답자의 환경질 개선에 대한 지불의사이다. 이 방법은 응답자가 자신의 지불의사를 점진적으로 조정하며 제시하기 때문에 개방형 질문보다 더 안정적인 지불의사액을 얻을 수 있는 장점이 있지만 질문 과정이 반복되므로 시간이 오래 걸리는 단점이 있다. 또한 조사자에 의해 최초에 제시된 금액이 응답자의 최종 최대지불의사액 결정에 영향을 미치는 시작점 편의(starting point bias) 문제가 발생할 수 있다. 즉, 조사자가 처음에 제시한 금액이 높으면 응답자는 높은 지불의사금액을 답할 것이고, 낮으면 낮은 지불의사금액을 답할 가능성이 높다는 것이다. 이러한 편의를 방지하기 위해 처음과 두 번째의 제시 금액 간 차이를 크게 하거나 사전조사를 통해 지불의사액의 범위를 설정하는 방법을 사용하기도 한다.

【입찰게임형 질문 예시】

귀하께서 북한산 국립공원에서 느끼시는 휴양가치를 만약 입장료라는 수단으로 지불하신다면 최대 ***원을 내실 용의가 있으십니까?

① 예 ---> 그렇다면 ***원 ×2배를 내실 용의가 있으십니까?

② 아니오 ---> 그렇다면 ***원 ×1/2배를 내실 용의는 있으십니까?

※ 계속 반복하여 수렴된 금액을 직접 기입 또한 몇 배의 결정은 상황에 따라 탄력적으로 조사자가 제시할 수도 있음

지불카드(payment card) 질문은 개방형 질문에서 나타나는 지불의사액 편차 문제와 입찰게임 방식에서 발생할 수 있는 시작점 편의(starting point bias)를 보완할 수 있는 방식이다. 지불카드에는 응답자가 선택할 수 있는 여러 금액이 제시되는데 단순히 금액만 나열할 수도 있고, 각 금액마다 비교될 수 있는 상황 정보, 그림, 사진 등 보조자료를 함께 제공하기도 한다. 이러한 보조 자료는 응답자가 지불의사액을 결정하는 데 도움을 주며 보다 안정적이고 현실감 있는 응답을 유도할 수 있다.

【지불카드형 질문 예시】

귀하께서 북한산 국립공원에서 느끼시는 휴양가치를 만약 입장료라는 수단으로 지불하신다면 최대 얼마까지 내실 용의가 있으십니까?

다음 중 선택하시거나 직접 기입바랍니다.

2천원 ― 5천원 ― 1만원 ― 1만 5천원 ― 2만원 ― 3만원 ― 5만원 ― 10만원 ― 20만원

(________________)원

앞에서 소개한 질문 방식에서는 지불의사액을 직접 표현하는 방식인데 반하여 양분선택형(dichotomous－choice format) 방식은 주어진 액수에 대해 수용할지에 대한 의사만 표출하는 방식으로 Bishop and Heberlein(1979)에 의해 처음 고안된 질문 방법이다. 이 방법은 개방형 질문과 입찰형 질문 방식에서의 단점을 보완하는 진일보한 방식으로 조사자에 의해 어떤 금액이 제시되었을 때 그 금액을 지불할 의사가 있는지를 "예"와 "아니오"로 대답하는 것은 상대적으로 쉬울 것이라는 점에 착안하여 개발되었다.

【양분선택형 질문 예시】

귀하께서 북한산 국립공원에서 느끼시는 휴양가치를 만약 입장료라는 수단으로 지불하신다면 최대 ***원을 내실 용의가 있으십니까?

① 예

② 아니오

※ 피설문자에게 제시하는 ***금액은 사전조사를 통해 객관적인 제시금액의 범위를 설정하여 질문하는 것이 바람직하다.

일반적으로 소비자는 시장에서 형성된 가격을 보고 재화의 구매 여부를 결정하는데, 양분선택형 질문 역시 이와 유사하다. 그러므로 지불의사에 대해 응답자로부터 '예'와 '아니오'의 직관적인 반응에 의한 솔직한 답변을 받을 수 있어 전략적 편의를 줄일 수 있는 장점이 있다. 그러나 이 질문방식은 일반 회귀분석에서 행하는 최소자승법(Ordinary Least Square Method)이 아닌 확률모형인 로짓이나 프로빗모형을 이용하여 최우추정법(Maximum Likelihood Method)을 이용하여 분석한다(김준순, 1999a). 일반적으로 활용하는 이분형 확률분포모형은 표준정규분포모형인 프로빗(probit) 모형보다는 비교적 수학적 계산이 복잡하지 않고 정규분포모형과 유사한 형태인 로짓(logit) 모형을 사용한다.

4) 선택실험법

선택실험법(Choice Experiment: CE)은 몇 개의 주요 속성(attribute)을 대상으로 응답자가 서로 다른 속성 조합 중 가장 선호하는 조합을 선택하도록 유도하는 방법이다. 이 방법은 조건부가치평가법(CVM)의 한계를 보완하면서 환경재나 공공재의 가치를 분석할 수 있는 여러 장점을 가진다. 첫째, 선택실험법은 두 개 이상의 속성과 수준(level)을 조합하여 설문을 구성하기 때문에, 환경 질 개선 등 대상 재화의 속성별로 나타나는 편익을 개별적으로 추정할 수 있다. 즉, 각 속성의 가치평가가 가능하다. 둘째, 가상 상황에서 대상 재화의 수준별 차이를 선택하도록 유도함으로써 현시선호법에서는 파악하기 어려운 기능 수준별 가치를 분석할 수 있다. 셋째, 연구자가 설계한 속성과 수준을 통제(control)할 수 있어 각 개별 속성의 기여도를 분리하여 평가할 수 있다. 넷째, 응답자가 대안의 조합을 선택하도록 함으로써 한 번의 응답으로 다양한 정보를 수집할 수 있어 통계적 효율성이 높다.

선택실험법에서는 평가대상의 환경질 특성을 다양한 조합으로 나타낸다. 먼저 평가대상의 주요 특성을 선정하여 그 수준을 정의하고, 한계지불의사(Marginal Willingness To Pay: MWTP)를 추정하기 위하여 대상의 속성에 입장료, 세금, 기부금 등의 비용변수를 선택 조합 중에 하나의 인자로 추가한다. 이들 대상의 특성과 수준의 값을 조합하여 응답자가 선택할 수 있도록 실험설계(experiment design)를 해야 한다. 그 특성과 수준이 다양해질수록 선택할 수 있는 대안의 수가 증가하기 때문에 대상의 특성 차이를 가장 효과적으로 드러내는 조합을 설정해야 한다. 예를 들어, 산림습원과 관련하여 표 16-6과 같이 6개의 속성과 속성별 3개의 수준의 조합을 고려하면 729개(3^6)이며, 이를 두 개씩 재조합할 경우 265,356개($_{729}C_2$)가 나타난다.

표 16-6 선택실험법을 위한 속성과 수준 사례

속성		수준 0	수준 1	수준 2	예상 부호
① 식생 구성 (층구조)	3	단순	보통	다양	+
		초본층(풀)만 있습니다	초본층(풀)과 관목(작은키나무)가 같이 있습니다	초본층(풀), 관목(작은키나무), 교목(큰키나무)가 같이 있습니다	
② 종다양성 (출현 종 수)	3	나쁨	보통	좋음	+
		0-25종	26-65종	66-100종	
③ 수질 (총 유기탄소량: TOC)	3	나쁨	보통	좋음	+
		6~8	5	2~4	
④ 인문사회 경관 수준 (주변경관 요소)	3	나쁨	보통	좋음	+
		주변에 나지와 경작지만 있습니다	주변에 산림도 있습니다	주변에 산림이 있고, 계곡도 있습니다	
⑤ 인위적 교란 정도 (인공시설물 위치)	3	많음	보통	적음	+
		인공시설물이 습지를 관통합니다	바깥 100m 이내에 인공시설물이 있습니다	바깥 100m 이내에 인공시설물이 없습니다	
⑥ 자발적 기금	3	없음 0원/월	5,000원/월	10,000원/월	-

출처: 김준순(2020).

이들 모든 수 많은 조합을 설문지에 반영하는데 현실적인 어려움이 있기 때문에, 직교설계(orthogonal design)를 통해 적절한 조합을 추출한다(그림 16-12).

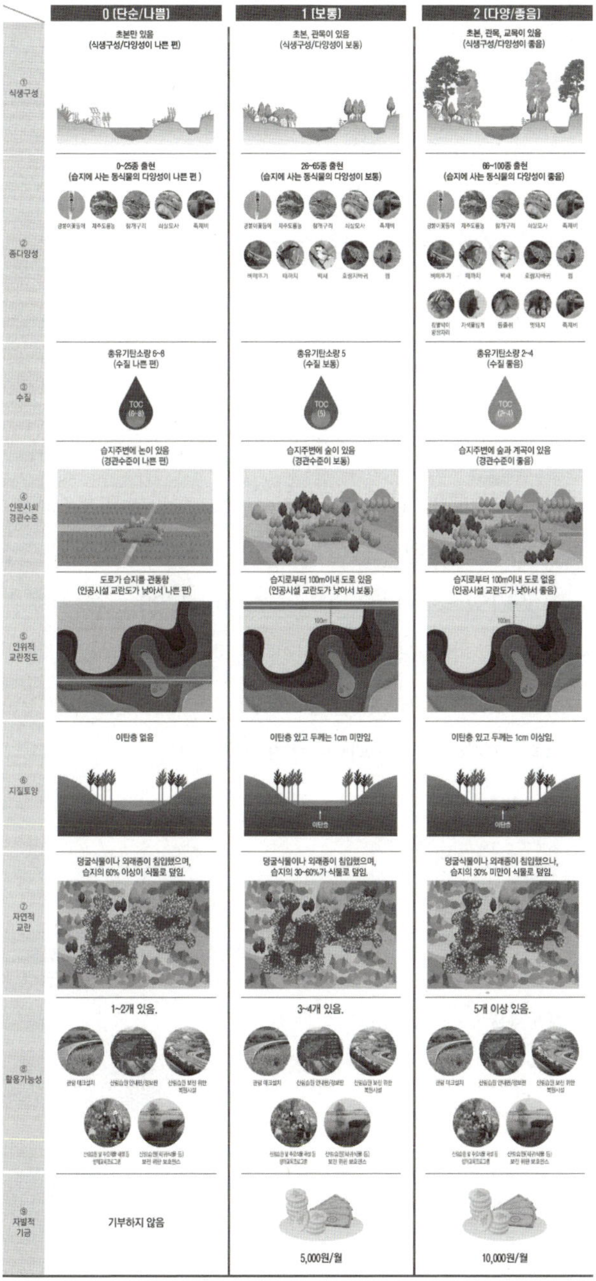

▶ **그림 16-12** 선택실험법을 위한 설문 예시

응답자는 설문지에서 제시된 대안 중 하나를 선택함에 따라 대상의 특성 변수에 대한 자신의 선호를 반영한다. 이를 아래 식에 대입하면, 특정 속성이 한 단위 변화할 때 지불의사의 변화량인 한계지불의사를 도출할 수 있다.

$$MWTP_i = -\frac{\beta_i}{\beta_{fee}}$$

β_i: i번째 속성의 추정계수
β_{fee}: 비용변수의 추정계수

5) 편익이전

편익이전법(benefit transfer)은 이전에 수행된 다수의 가치추정 연구로부터 획득한 정보를 평가할 대상에 대입하여 가치를 산출하는 방법이다(김준순, 2017). 편익이전법 도입 초기에는 한정된 시간과 비용의 제약으로 자료수집이 불가능할 때 유용한 방법으로 이용되었으나(Desvousges et al., 1998), 점차 유사한 연구 결과들이 많아지면서 이를 종합하여 신뢰성 있는 결과를 확보하고 관련 정책에 반영하기 위한 목적이 가장 크다. 이 방법은 크게 가치이전(value transfer), 함수이전(function transfer) 두 가지로 구분된다(그림 16-13).

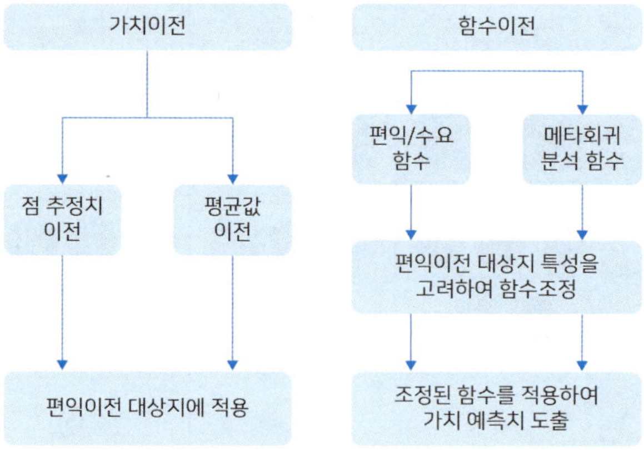

출처: Rosenberger and Loomis(2001)에서 저자가 재구성함.

▶ **그림 16-13** 편익이전 기법 유형

가치이전(value transfer)은 점 추정치 이전과 평균값 이전으로 구분된다. 점 추정치 이전은 평가할 대상지와 유사한 장소에 대해 수행된 연구결과로부터 하나의 추정치를 이전하는 방법이며, 평균값 이전은 평가대상지와 유사한 다수 대상지의 연구결과로부터 하나 이상의 추정치를 추출하여 중앙 대푯값을 이전하는 방법이다(안소은·노백호, 2007). 예를 들어 A지역을 대상으로 추정한 도시숲의 열섬완화기능에 대한 가치를 B지역에 적용하려고 할 경우 A지역에서 도출된 열섬완화기능에 대한 1인당 지불의사액 정보와 A지역과 B지역 간의 1인당 평균소득, 도시숲 규모 등의 차이를 고려하여 B지역의 1인당 지불의사액을 유추한다.

함수이전(function transfer)은 특정 환경재에 대해 추정된 수요함수를 이전하는 편익/수요함수이전(demand function transfer) 방법과 개별 연구들을 대상으로 메타분석을 수행하여 도출한 함수를 이전하는 메타회귀함수이전(meta–regression analysis function transfer)으로 구분된다. 함수이전은 기존 자료를 이용해 추정한 함수를 평가할 대상에 적용하여 가치를 추정하는 방법이다. 수요함수이전은 가치이전과 달리 지불의사액 또는 수용의사액과 같은 값의 활용 대신 함수를 이용한다. 메타회귀함수이전(meta–regression function transfer)은 이미 수행된 여러 평가연구의 결과를 활용하여 메타회귀분석(meta–regression analysis)을 수행하고, 이를 통해 도출된 함수를 연구 대상지에 적용하는 방법이다. 이 방법의 장점은 많은 선행 연구 결과를 종합하여 분석하기 때문에, 개별 연구 간 편익 척도를 비교적 표준화된 값으로 도출할 수 있다는 점이다. 이를 통해 평가대상지에 대한 보다 신뢰성 있는 가치 추정이 가능하며, 단일 연구에 의존할 때 발생할 수 있는 편향을 줄일 수 있다.

6) 기타 평가 방법

앞의 평가 방법 외에는 다양한 평가 방법들이 있으나 산림의 공익기능 가치평가에 있어 활용하는 시장가격법, 회피비용법, 대체비용법에 대해 소개하고자 한다. 다만 이들 방법은 재화나 서비스의 가치를 직접적으로 측정한다기보다는 실제 지출이나 비용에 근거하여 산출되는 방법이라는 점에서 엄밀히 말하면 '가치'라기보다는 평가액이라고 보는 것이 정확하다. 즉, 산출된 금액은 실제 재화의 편익을 모두 반영하지 못하며 이들 방법으로 얻은 평가액보다 실제 가치가 더 높을 가능성이 크다. 따라서 시장가격법, 회피비용법, 대체비용법은 산림 공익기능을 평가할 때 보조적 자료나 하한선 추정으로 활용하는 것이 바람직하다.

가) 시장가격법

시장가격법은 평가대상 자산이나 유사한 재화·서비스가 실제로 시장에서 거래되는 가격을 기준으로 가치를 추정하는 방법이다. 즉, 시장에서 형성된 실거래가격이 해당 자산의 경제적 가치를 가장 잘 반영한다고 보는 원리에 근거한다. 이 방법은 비교 가능한 거래사례가 존재할 때 유용하며, 부동산이나 차량, 중고기계, 주식처럼 거래가 활발하고 시장 정보가 충분히 존재하는 자산에 주로 적용된다.

시장가격법의 절차는 먼저 평가대상과 유사한 자산의 거래사례를 수집하는 데서 시작된다. 수집된 거래사례는 거래 시점, 위치, 규모, 품질, 이용 조건 등 여러 측면에서 평가대상과 비교된다. 이후 두 자산 간의 차이를 반영하기 위해 보정이 이루어지는데, 예를 들어 거래 시점이 다를 경우에는 물가나 시세 변동을 반영하고, 품질이나 상태가 다를 경우 그 차이에 해당하는 금액을 조정한다. 이러한 보정 과정을 거쳐 여러 거래사례의 조정가격을 종합해 평가대상의 가치를 산출한다.

이 방법의 가장 큰 장점은 시장의 실제 거래가격을 직접 반영한다는 점이다. 시장가격법은 현실의 거래 자료를 토대로 하기 때문에 복잡한 이론이나 추정 모델이 필요하지 않고, 평가 결과를 이해관계자에게 명확히 설명하기도 쉽다. 따라서 실제 시장의 흐름을 그대로 담아낼 수 있고, 데이터의 신뢰성이 높을수록 평가 결과의 현실성도 높아진다.

하지만 이 방법은 시장정보가 충분하지 않거나 거래가 드문 자산에는 적용이 어렵다는 한계가 있다. 비교 가능한 거래사례를 확보하지 못하면 신뢰성 있는 평가가 불가능하고, 사례 간의 차이를 보정하는 과정에서 평가자의 주관이 개입될 여지도 있다. 또한 시장이 일시적으로 왜곡되어 있을 경우, 실제 가치가 과대 혹은 과소평가될 위험도 존재한다.

나) 회피비용법

회피비용법은 환경이나 자원과 같은 비시장재의 가치를 평가할 때 사용하는 간접적 가치평가 방법 중 하나다. 이 방법은 어떤 환경서비스가 손실되거나 훼손될 경우, 그로 인해 발생하는 피해를 막기 위해 사람들이 실제로 지출하거나 지출할 의사가 있는 비용을 근거로 가치를 추정한다는 점에서 출발한다. 다시 말해, 회피비용법은 특정 환경이 제공하는 기능을 상실하지 않기 위해 '얼마나 비용을 들여 그 피해를 피하려 하는가'를 통해 그 환경의 가치를 추정하는 방식이다.

예를 들어 공기가 오염되어 호흡기 질환이 증가할 것으로 예상된다면, 사람들은 공기청정기를 구입하거나 정화시설을 설치해 피해를 줄이려 한다. 이때 공기청정기를 구매하거나 정화시설을 설치하는 데 드는 비용이 바로 오염으로 인한 피해를 회피하기 위한 지출이며, 회피비용법은 이러한 지출 규모를 근거로 깨끗한 공기의 경제적 가치를 추정한다. 마찬가지로 하천의 수질이 나빠지면 정수시설을 강화하거나 대체 수자원을 확보하기 위한 비용이 발생하는데, 이 역시 수질 개선의 회피비용으로 볼 수 있다.

이 방법의 핵심 가정은 사람들이 실제로 회피 행동을 취하고 그 행동에 드는 비용이 피해를 회피하기 위한 경제적 가치와 일치한다는 것이다. 즉, 오염이나 훼손으로 인한 손실을 막기 위해 지출된 비용이 바로 해당 환경서비스의 최소한의 가치로 간주된다. 이 때문에 회피비용법은 '피해방지비용법' 또는 '손실회피비용법'이라고도 불린다.

회피비용법은 현실적이고 자료 수집이 비교적 용이하다는 장점이 있다. 실제로 정부나 기업, 개인이 오염이나 재해를 방지하기 위해 지출한 비용은 회계자료나 예산자료로 파악할 수 있기 때문이다. 따라서 객관적인 수치로 평가가 가능하며, 결과를 설명하기도 쉽다. 그러나 몇 가지 한계도 존재한다.

첫째, 회피비용은 실제로 발생한 피해의 전부를 반영하지 못할 수 있다. 사람마다 피해를 인식하는 정도나 회피 행동을 취할 여력이 다르기 때문에, 실제로 지출된 회피비용이 해당 환경의 '총가치'를 과소평가할 가능성이 있다. 둘째, 회피 행동이 환경 변화와 직접적인 인과관계를 갖지 않을 수도 있다. 예를 들어 어떤 사람이 단순히 생활 편의를 위해 공기청정기를 산 경우, 그것을 오염 회피비용으로 보기 어렵다. 이러한 구분이 명확하지 않으면 추정된 가치가 왜곡될 수 있다. 셋째, 이 방법은 환경이 제공하는 비금전적 효용, 예를 들어 심리적 안정감이나 미적 만족과 같은 비물질적 가치를 충분히 반영하지 못한다는 한계가 있다.

다) 대체비용법

대체비용법은 어떤 자산이나 환경이 손상되거나 사라졌을 때, 그와 동일하거나 유사한 기능을 회복하기 위해 필요한 비용을 기준으로 가치를 산정하는 방법이다. 즉, “이 자산이 없어졌다면 그것을 대신하기 위해 얼마를 지출해야 하는가”라는 질문에 답함으로써 가치를 추정하는 방식이다.

이 방법은 환경재나 공공재처럼 시장에서 직접 거래되지 않는 자원의 가치를 평가할 때 자주 사용된다. 예를 들어 한 습지가 훼손되었다면, 그 습지가 수행하던 홍수조절이나 수질정화기능을 다른 인공시설로 대체하기 위해 들어가는 비용이 그 습지의 대체비용이 된다. 다시 말해, 대체비용법은 자연환경이 제공하는 서비스를 인공적인 수단으로 대신했을 때의 비용을 근거로 그 경제적 가치를 추정하는 것이다.

대체비용법의 기본 가정은 인공적인 대체수단이 원래 자원의 기능을 동일하게 수행할 수 있으며, 그 대체에 드는 비용이 곧 자원의 최소한의 경제적 가치와 일치한다는 점이다. 예를 들어 하천의 정화능력을 잃었을 때 인공정수시설을 설치하는 비용이 10억 원이라면, 하천이 제공하던 수질정화기능의 경제적 가치는 적어도 10억 원이라고 평가할 수 있다. 이처럼 대체비용은 자원의 ‘복원이나 대체를 위해 지출해야 하는 최소비용’을 의미한다.

이 방법의 장점은 실제 지출 가능한 비용을 기준으로 평가하기 때문에 계산이 비교적 명확하고 현실적이라는 점이다. 또한 정부나 공공기관이 환경 복원 사업이나 인공 대체시설을 계획할 때 비용 추정이 이미 이루어져 있는 경우가 많아, 평가를 위한 자료 확보가 용이하다. 따라서 정책적 의사결정 과정에서 환경의 가치를 경제적 단위로 제시할 때 활용할 수 있다.

그러나 대체비용법에는 몇 가지 한계도 있다. 우선 인공적인 대체수단이 자연환경의 기능을 완전히 동일하게 재현할 수 없다는 점이다. 자연의 생태적·미적·문화적 가치는 단순히 인공구조물로 대체하기 어렵기 때문에, 대체비용은 실제 가치보다 과소평가될 가능성이 있다.

이렇듯 대체비용법은 시장에서 직접 거래되지 않는 자원의 경제적 가치를 현실적인 비용 개념으로 환산하기 위한 방법이다. 환경이 손실될 경우 그 기능을 인공적으로 되살리기 위해 드는 최소한의 비용을 계산함으로써 해당 환경의 가치 수준을 추정한다는 점에서 정책평가나 환경보전 계획 수립에 유용하게 활용될 수 있다. 하지만 이 방법이 실제 환경의 복합적 가치를 모두 반영하는 것은 아니라는 점을 인식하고 다른 평가 방법과 함께 보완적으로 사용하는 것이 바람직하다.

연습문제

1. 가치의 범위(총가치) 체계를 사용 · 비사용(선택 · 이타 · 유산 · 존재)으로 정리하고, 산림 사례를 각각 1개씩 매칭하시오.

2. 편익(수요 기반) vs 비용(공급/비용 기반) 접근의 차이를 설명하고, 동일 대상(예: 수질개선)에서 두 접근으로 얻는 결과 해석 차이를 비교하시오.

3. 최적 오염/재해 저감 수준의 결정 조건(MSB=MSC 또는 MAC=피해 한계)을 도식적으로 설명하고, 산림재해방지 노력의 정책 시사점을 도출하시오.

4. 힉스적(보상) 수요함수의 아이디어를 요약하고, 가격 변화 시 보상변이(CV) vs. 동등변이(EV)의 의미 차이를 간단히 서술하시오.

5. 환경질의 양 · 질 변화에 따른 보상잉여(CS) vs. 동등잉여(ES) 개념을 정리하고, 각각이 WTP/WTA와 어떻게 연결되는지 설명하시오.

6. 여행비용법(TCM)의 개인/지역 접근의 차이(종속변수, 자료 수집, 적용 대상)를 정리하고, 적용 한계 및 편의 요인을 제시하시오.

7. 만족가격법(Hedonic)의 한계('가격' 기반 → 총가치 과소추정)를 설명하고, 산림경관 · 도시숲 접근성 사례로 한계편익 해석을 제시하시오.

8. CVM(조건부가치평가)의 주요 편의(가설 · 설계 · 지불수단 · 기간 · 전략)를 세 가지 이상 설명하고, 설계 · 분석 측면의 완화 방안을 제안하시오.

9. 선택실험법(CE)의 장점(속성별 가치, 통계 효율 등)과 실험설계 핵심(속성 · 수준 · 직교설계 · 비용변수 포함)을 정리하시오.

10. 편익이전(benefit transfer)의 가치이전 vs 함수이전(수요함수 · 메타회귀) 방법을 비교하고, 산림 열섬완화 가치를 타지역에 이전할 때 유의할 점을 서술하시오.

참고문헌

권오상(2013), 『환경경제학』, 박영사.

김동준 · 김준순 · 민경택 · 박주원 · 안기완 · 이요한 · 조장환 · 최수임(2023), 『산림경제학』, 향문사.

김준순(1998), "여행비용법에서 고려되는 요소들이 모형추정에 미치는 영향", 『산림경제연구』 6(2)38-47.

김준순(1999a), "가상가치평가법에서 시간범위에 따른 휴양가치의 차이 분석", 『한국임학회지』 88(1)117-123.

김준순(1999b), "휴양자원가치 평가를 위한 CVM 질문형 비교", 『한국임학회지』 88(3)400-407.

김준순(2003), "CVM 질문형에 따른 지불의사액 비교분석", 『한국임학회지』 92(3)270-275.

김준순(2017), "산림 생태계서비스 가치 적용을 위한 기준 설정에 관한 연구", 『한국산림경제학회지』 24(1)35-43.

김준순(2020), 『산림습원의 경제적 가치평가 및 활용연구』, 국립수목원

안소은 · 노백호(2007), 편익이전 기법을 이용한 습지 가치추정 —메타회귀분석을 중심으로, 한국환경정책 · 평가연구원(KEI).

Asafu-Adjaye, J. (2005), Environmental Economics: An Introduction for the Non-Economist: Tools and Policies for Sustainable Development. World Scientific Publishing.

Bishop, R. and T. Heberlein (1979), "Measuring Values of Extra-Market Goods: Are Indirect Measures Biased?", *American Journal of Agricultural Economics 6*, 926-930.

Clawson, M. and Knetsch, J. L. (1966), Economics of Outdoor Recreation. Baltimore, MD: Johns Hopkins University Press.

Desvousges, W. H., Johnson, F. R., and Banzhaf, H. S. (1998), *Environmental Policy Analysis with Limited Information: Principles and Applications of the Transfer Method. Cheltenham*, Edward Elgar.

Hotelling, H. (1947), "Letter to the Editor: 'Economic Aspects of Exhaustible Resources'," Journal of Political Economy, 39(2), 137–175.

Kumar, P. (ed.). (2010), The Economics of Ecosystems and Biodiversity: Ecological and Economic Foundations, London & Washington, D.C.: Earthscan.

Millennium Ecosystem Assessment (2005), *Ecosystems and Human Well-being:*

Synthesis, Island Press.

Mitchell, R. C. and R. T. Carson (1989), *Using Survey to Value Public Goods: The Contingent Valuation Method*, Resource for the Future.

Rosenberger, R. S. and J. B. Loomis (2001), *Benefit transfer of outdoor recreation use values: A technical document supporting the Forest Service Strategic Plan*, U.S. Department of Agriculture, Forest Service, Rocky Mountain Research Station.

산 림 경 제 학

산촌, 생물다양성 그리고 기후변화

PART

06

제6부는 산림경제학의 이론적 토대를 실제 사회·환경적 이슈에 적용하여 그 활용 가능성을 탐구하는 응용편이다. 특히 산촌 문제, 생물다양성 보전, 기후변화 대응과 같은 현대 산림의 핵심 이슈들을 경제학적 관점에서 살펴보려고 한다. 산촌 이슈는 인구감소와 지역소멸 위험 속에서 산림자원을 활용한 지역경제의 자립과 순환 구조를 모색하며, 생물다양성에서는 유전자원의 관점에서는 이익공유와 함께 생태계 보전차원에서는 인센티브 제도의 하나인 생태계서비스지불제(Payment for Ecosystem Services: PES)를 탐구한다. 또한 기후변화는 탄소흡수원으로서의 산림의 역할과 배출권 거래 등 기후경제 메커니즘을 중심으로 다룬다. 여기서는 산림경제학이 과거 단순한 자원 관리 학문을 넘어, 사회·경제·환경의 통합적 조화를 실현하는 영역까지 포괄하는 실천적 학문임을 보여준다.

CHAPTER

17 산촌과 산림경제학

1 산촌의 개념과 구조적 특성

산촌의 정의

산촌(mountain village)은 사전적으로 산지 산림으로 둘러싸인 지역에 위치한 촌락을 의미한다. 한국 법령에서는 「산림기본법」에 따라 "산림면적 비율이 높고 인구밀도가 낮은 지역"을 산촌으로 정의하며, 구체적으로 행정구역 면적 대비 산림면적 70% 이상, 인구밀도가 전국 읍·면 평균 이하, 경지율(경작지 비율)이 전국 평균 이하인 읍·면을 산촌으로 지정한다. 2024년 기준 전국 108개 시·군의 468개 읍·면이 산촌지역으로 분류되며, 이는 우리나라 인구의 약 3%인 142만 명이 거주하는 지역이다(산림청, 2017; 산림청, 2024)

국제적으로 통일된 산촌의 정의는 존재하지 않지만, 유엔 식량농업기구(FAO) 등은 "산악 환경에 의존하여 생계를 꾸리는 공동체"를 폭넓게 산악 지역주민으로 간주한다.[1] 해발고도만으로 정의하기는 어렵지만, 대체로 높은 지형과 험

1) Mountain Partnership은 2002년 유엔 지속가능발전정상회의에서 출범한 국제 협력 네트워크로, 유엔식량농업기구(FAO)가 주도한다. 전 세계 500개 이상의 정부, 학계, 시민단체, 민간기관이 참여하여 산악지역의 생태계 보전, 주민의 삶의 질 향상, 기후변화 대응, 지속가능한 발전을 목표로 하며, 옹호활동·역량강화·지식공유·산악제품개발 등 다양한 프로그램을 통해 글로벌 거버넌스를 실천하고 있다.

준한 환경 속에 살아가는 사람들을 의미하며, 이들의 생계는 산림과 초지 등 산림 자원에 밀접하게 연관되어 있다. 2020년 기준 산악지역은 지구 육지의 약 24%를 차지하고, 유럽연합(EU)만 보더라도 인구의 약 12%가 산악 지대에 거주할 정도로 광범위하다(FAO, 2020 Mountain Partnership Secretariat – Annual Report 2019).

이러한 산촌·산악 지역은 풍부한 산림생태계와 청정 자연자원을 보유하여 국토 환경의 핵심이라 평가된다. 예를 들어, 산악지역은 지구 담수의 절반 이상을 공급하는 "물의 탑" 역할을 하고, 세계 생물다양성의 보고로서 식량·약용 자원의 유전자 풀을 제공하며, 전통 문화와 경관을 간직한 공간이다. 한편으로 이러한 지역들은 지형적 고립성과 접근성 부족 때문에 도시나 평야 지역과 구별되는 생활상이 나타나며 소외되기 쉽다. 요약하면 산촌은 풍부한 산림자원과 아름다운 경관을 지닌 반면, 낮은 인구밀도와 불리한 입지 여건으로 인해 사회·경제적 발전에서 뒤처진 특성을 지니고 있다.

산촌의 구조적 특징과 제약

산촌은 구조적으로 여러 특징과 발전을 위한 한계를 안고 있다. 특히 우리나라는 인구 감소와 고령화는 대표적인 문제이다. 한국의 산촌 인구는 전체의 3% 수준으로 적을 뿐 아니라, 젊은 층의 지속적인 유출로 고령화 비율이 높아지고 있다. 산업 기반이 빈약해 일자리 부족과 소득 정체가 나타나는데, 산촌은 경지율이 낮고 농경지가 부족하여 농업소득이 적고 임업 또한 영세하게 이루어져 주민 소득 수준이 전반적으로 낮은 편이다. 실제로 많은 산촌이 낙후된 주거환경과 부족한 사회서비스로 인해 도시 대비 생활여건이 열악하며, 이로 인해 악순환적으로 인구 과소화가 심화되는 실정이다.

국제사회에서 산촌이나 산악지역공동체가 겪는 어려움 역시 비슷한 양상을 보인다. 특히 접근성과 기본 서비스의 부족으로 인한 불이익이 두드러진다. OECD 보고에 따르면 유럽 산악지역의 인구는 2010년 이후 평균 3% 감소하는 등 쇠퇴 추세를 보이고 있으며, 많은 산촌이 의료·인터넷 등 필수 서비스에서 열세에 있다. 예를 들어, 유럽의 산악 지역은 인구 천 명당 의사가 2.68명에 불과해 전체 지역 평균(3.37명)을 밑돌고, 인터넷 속도도 국가 평균보다 20% 이상 느린

곳이 많다. 이런 낮은 의료 접근성과 디지털 격차는 산촌의 정주 매력을 떨어뜨려 청년층과 인재 유치를 가로막는 장애가 되고 있다. 실제 산촌에 정착하거나 머물기를 망설이게 하는 이유로 교육·고용기회의 부족, 교통 불편, 서비스 부족 등이 흔히 지적된다. 또한 FAO의 분석에 따르면 개발도상국의 산악지역 농촌인구 중 약 절반(3억 4,600만 명)이 최소한의 식량섭취도 충족하지 못하는 불안정 상태로 파악되었다. 이는 산촌 주민 다수가 자급적 생계에 의존하지만 생산성이나 시장 접근이 낮아 경제적 취약성이 큼을 알 수 있다. 더불어 산촌은 산지의 가파른 지형과 기후 영향으로 인한 자연재해 위험에도 노출되어 있다. 기후변화로 인한 산사태, 가뭄, 눈사태 등의 위험이 커지지만, 대응 인프라가 부족해 피해에 취약한 실정이다. 이처럼 생태환경의 불안정과 인프라 부족이 겹치면서 산촌은 구조적 어려움을 겪고 있다.

【산촌진흥의 주요 제약 요인】

1. 낮은 인구밀도와 인구유출: 청년층의 도시 이동과 출생률 저하로 공동체 활력이 떨어지고 고령화 심화.
2. 열악한 사회서비스: 의료시설, 교육기관, 인터넷망 등의 부족으로 삶의 질과 경제활동에 제약.
3. 취약한 경제기반: 농지 부족과 산림자원 활용의 어려움으로 전통산업 외에 대체소득원이 부족하며, 산림으로부터 얻는 임산물 판매도 유통망 미비로 부가가치 창출이 제한됨.
4. 빈곤 및 식량안보 취약: 세계 산촌 주민 상당수가 낮은 소득과 식량불안정에 시달리며, 극빈층의 90% 이상은 생계를 위해 산림에 의존하고 있음.
5. 정책적 관심 부족: 산촌 인구가 적고 정치·경제적 영향력이 낮아, 국가 정책결정에서 목소리가 잘 반영되지 않는 경향이 있음. 국제 무대에서도 산촌은 "중앙에서 먼 변두리"로 여겨져 정책 입안자들의 인식이 부족하다는 지적이 있음.

산촌진흥을 위한 노력

구조적 제약을 해소하기 위해 한국 정부와 국제사회 모두 노력을 기울이고 있다. 한국은 「제2차 산촌진흥기본계획(2018~2027)」을 통해 산촌 인구유지와 소득 증대를 목표로 여러 사업을 추진 중이다. 예를 들어 산촌거점권역을 설정하여 산림자원 순환경제와 지역 일자리를 창출하고, 산촌 주민을 산림경영·복지 사업에 연계 참여시키는 전략을 도입하였다. 또한 귀산촌 활성화를 위해 도시 청년 및 은퇴세대의 산촌 정착을 지원하고, 2027년까지 귀산촌 인구를 현재 7만 명에서 10만 명 수준으로 늘린다는 목표도 세웠다. 국제적으로도 2022년을 "국제 산악의 해"로 지정하고 후속 조치로 2023~2027 5개년 산악지역 개발행동 기간을 선포하는 등(유엔 총회 결의 77/172) 산촌 문제에 대한 인식을 높이고 있다. 이는 산촌의 구조적 어려움을 글로벌 의제로 부각시키고, 각국이 정책 경험을 공유하며 협력하도록 유도하려는 노력의 일환이다. OECD, FAO, UN 산악파트너십(Mountain Partnership) 등 국제기구들은 산촌의 인프라 확충, 교육·훈련 지원, 청년·여성 참여 촉진, 기후적응 강화 등을 권고하며, 산촌이 처한 여러 제약을 종합적으로 완화하고자 하는 정책을 촉구하고 있다.

또한 산촌 지역발전 정책은 산림의 생태·사회·문화적 기능을 훼손하지 않는 범위에서 경제활동을 도모해야 지속성을 가질 수 있다. 이러한 인식 아래 한국은 산촌개발 사업에 환경보전형 접근을 도입하여 무분별한 난개발을 지양하고, 주민 주도의 사회적경제 모델로 산림자원을 활용하도록 지원하고 있다.

사회적경제(social economy)란?

단순히 이윤을 추구하는 경제가 아니라, 사회의 공익과 공동체의 가치를 실현하기 위해 운영되는 경제 활동 전반을 말한다. 즉, 돈을 버는 것이 목적이 아니라 사람과 사회를 이롭게 하는 것을 우선으로 하는 경제 형태다. 사회적경제는 자본주의 시장경제의 한계를 보완하려는 움직임에서 비롯되었다. 시장경제가 효율성과 경쟁을 중시하다 보니, 그 과정에서 소외되는 사람이나 지역, 환경문제 등이 발생했다. 이런 문제를 해결하기 위해 사회적 가치와 경제적 가치를 함께 추구하는 방식으로 등장한 개념이다.

유럽도 2022년 제12차 유럽 산악협약에서 채택된 실라선언(Sila Declaration)을 통해 "스마트 산악지역"을 만들기 위한 투자(디지털 접속, 교통·보건 인프라 개선)를 촉구함과 동시에, 산악관광과 농업을 환경적으로 지속가능하게 운영하여 환경보전과 주민복지가 조화를 이루도록 할 것을 강조하였다(EUROMONTANA, 2022). 결국 산촌의 발전은 산림의 다원적 가치를 최대한 살리면서, 그 혜택이 산촌 주민에게 돌아가도록 경제구조를 설계하는 방향으로 나아가도록 해야 한다. FAO 등 국제기구도 산촌이 "소외된 변방"이 아니라 기후변화 대응, 식량안보, 생물다양성 보호의 전략적 파트너임을 강조하며, 이들을 지원하는 것이 지속가능발전목표(SDGs) 달성에 필수적이라고 보고 있다.

산촌은 산림자원의 가치 실현과 환경보전의 전초기지로서 체계적인 투자와 포용적 정책으로 산촌경제의 활력을 높이고 산림의 다원적 기능을 발휘하도록 대상을 발굴하고 방향을 모색하는 차원에서 나가야 할 것이다.

2 산림경제학적 관점에서의 산촌진흥

산촌은 단순히 산이 많은 지역만을 뜻하는 것이 아닌 산림자원을 중심으로 한 생활·생산·소비의 공간적 단위이며, 숲과 사람, 그리고 지역사회가 상호작용하는 복합체이다. 따라서 산촌은 생태적 기능과 사회경제적 기능이 동시에 작동하는 사회–생태적 시스템(socio–ecological system)으로 봐야 한다.

그러나 현대의 산촌은 급격한 인구감소와 고령화, 산업 구조의 약화로 심각한 위기에 놓여 있다. 젊은 인구가 도시로 이주하면서 노동력과 소비 기반이 줄어들고, 산림의 경제적 가치는 하락하고 있다. 이로 인해 마을 단위의 생산활동은 위축되고, 지역 내 소득 순환이 약화되어 외부 의존적 경제구조가 고착화되었다. 이러한 상황에서 산촌은 단순한 복지 정책이나 정부의 재정지원 사업 대상지가 아니라, 산림자원을 중심으로 경제적 자립과 공동체 복원을 동시에 달성하기 위한 사업지 개념에서 진흥 방안을 수립해야 한다.

1) 사회적경제 이론: 산림자원의 협력적 관리

가) 사회적경제의 정의

사회적경제는 외부효과·공공재·정보 비대칭·독과점 등으로 인한 시장 실패와 관료제 경직성·획일적 공급·재정 제약·낮은 참여 등으로 인한 정부 실패가 빚어낸 공백을 메우려는 실천에서 등장했다. 사회적경제(social economy)는 사회(society)가 지향하는 공익과 공동체의 필요를 경제(economy)의 자원 배분·조정 메커니즘 속에 제도화한 영역을 의미한다. 사회적경제의 개념은 학계, 나라, 제도마다 다르나 공통 원칙은 존재한다. 사회적경제는 ① 사회적 목적의 우선성, ② 참여와 민주적 거버넌스, ③ 잉여의 공익적·공동체적 재투자, ④ 책임성과 투명성, ⑤ 혼합 재원에 기반한 지속가능성을 핵심 원칙으로 삼아 경제활동을 수행하는 조직과 그 실천을 포괄한다. 여기에는 협동조합, 사회적기업, 마을기업, 자활기업, 공익 비영리법인 및 이들과 유사한 하이브리드 조직이 포함되며, 이윤의 단순 극대화나 국가의 행정적 공급으로 환원되지 않는 시장경제와 국가경제 사이의 제3의 경제영역으로서 기능한다(Defourny & Develtere, 1999).

나) 사회적경제와 산림자원 관리

사회적경제는 생존을 위해 자신의 이익을 추구하는 이기적인 인간 관점과는 달리, 호혜와 연대를 바탕으로 사회적 가치를 창출하는 경제적 활동이라는 관점에서 출발한다. 이는 구성원들과의 호혜적 관계 맺음을 통해 형성된 조직 및 지역공동체가 사회문제 해결을 위한 집합체로 기능하며, 지역사회 연결망 속에서 서로 보살피고 돕는 호혜적 존재임을 강조한다.

산림자원은 경제적 가치와 동시에 공공재적 성격을 지니는 중요한 생태계 자원이며, 그 이용 방식에 따라 지속가능성 문제가 따른다. 산림과 같이 소유권이 불분명하거나 모두에게 개방된 무주지(open access) 상태에서는 이용자들이 남보다 먼저 채취하려는 과잉 이용(공유지의 비극)이 발생하기 쉽다. 산림자원과 같은 공유자원(common-pool resource)의 문제는 칼 폴라니(Karl Polanyi)의 비판과 깊이 연결된다.[2)] 칼 폴라니는 인간(노동), 자연(토지), 화폐를 상품으로 보고 시장에

2) 경제학자 칼 폴라니(Karl Polanyi)는 저서 『거대한 변환』에서 시장이 사회적 관계에서 '탈

전적으로 맡겼기 때문에 심각한 사회문제가 발생했다고 주장하였다.

산림자원 관리에 있어 사회적경제 원리의 접점은 바로 이 자연(토지)의 탈상품화(decommodification)와 경제의 재매개화(re-embedding)에 있다. 사회적경제는 경제활동이 시장 중심의 가치에서 벗어나 다시 사회의 품에 안길 수 있도록 경제의 위치를 재정립함으로써, 이윤극대화가 아닌 환경의 지속가능성 보전을 포함한 사회적 가치 실현을 우선시하는 토대를 제공한다. 이는 산림의 공익적 가치를 시장 메커니즘에 의해 훼손되지 않도록 보호하는 근본적인 당위성을 제시한다. 이러한 산림자원의 관리 문제에 대한 이론적 해결책은 사회적경제의 협력적 원리와 깊은 접점을 가진다.

① 오스트롬 이론과 '공동체에 의한 제도적 창의성'

엘리너 오스트롬(Elinor Ostrom)의 공유재 이론은 공유자원의 비극을 극복하는 대안이 "공동체에 의한 제도적 창의성"에 있음을 밝혔다. 오스트롬이 제시한 성공적인 공유자원 관리의 설계 원칙들, 즉 명확한 경계, 이용자들이 참여하는 민주적 규칙 만들기, 그리고 자치적 집합체의 권리 인정 등은 사회적경제 조직의 기본 원칙과 일치한다.

a. 민주적 거버넌스의 적용

사회적경제 조직은 자본의 소유 정도와 분리된 의사결정 권한 (예: 1인 1표제)을 가지며 민주적이고 개방적인 운영구조를 가진다. 이러한 특징은 산림 이용자들이 스스로 만든 규칙이 외부에서 강요된 규칙보다 준수율이 높다는 오스트롬의 통찰을 실현하는 데 필요한 민주적 참여 체계를 형성할 수 있게 한다.

b. 지역 기반의 해결

사회적경제는 지역공동체 개발과 지역순환경제 발전을 기본 원칙으로 삼으며, 지역의 특성에 따라 다양한 모습으로 발전한다. 이는 공유자원 관리가 현장 상황을 가장 잘 아는 지역주민들의 참여를 통해 상향식(Bottom-up)으로 이루어져야 한다는 공동체 기반 산림경영(CBFM)의 전제와 부합한다.

각화'(disembedded)되는 현상을 비판적으로 분석했다.

② 지역공동체의 기반 사회적 자본

공동체 기반 산림경영(Community-Based Resources Management: CBFM)과 같은 공유자원 관리 활동의 성공은 지역공동체 내부에 형성된 사회적 자본(신뢰, 협력, 규범)을 필수적인 기반으로 한다.

> **사회적 자본(social capital)이란?**
>
> 개인이나 집단이 사회적 관계 속에서 형성한 신뢰, 규범, 네트워크 등을 의미한다. 다시 말해, 사회 구성원들이 서로 협력하고 연대할 수 있게 만드는 보이지 않는 사회적 자산이다. 사회적 자본은 물질적 자본(돈, 토지, 시설 등)이나 인적 자본(교육, 기술, 지식 등)과 달리, 사람들 간의 관계 속에서 축적된다. 즉, '함께 살아가는 힘'이라고 볼 수 있다. 사회적 자본은 공동체 구성원들의 협력적 행동과 제도 운영을 촉진하는 역할을 수행하며, 갈등 해결에도 필수적이다.

사회적경제는 근본적으로 호혜와 연대의 원칙에 기반하고 있으므로, 이러한 활동 자체가 지역사회에서 신뢰(호혜적 관계)와 네트워크를 형성하고 규범을 확립함으로써 사회적 자본을 축적하는 메커니즘으로 기능한다. 신뢰와 규범이 높은 공동체는 "내가 규칙을 지키면 남들도 지킨다"는 기대가 형성되어 집합행동의 딜레마를 완화하고, 산림보전에 대한 협력과 규율 준수를 촉진하여 자원의 장기적 이용을 가능하게 한다.

사회적 자본은 구조적 측면(네트워크의 밀도와 범위)과 인지적 측면(신뢰 수준, 호혜 규범의 내면화)으로 구분될 수 있으며, 신뢰, 협력, 규범 등의 요소로 이루어져 공동체 구성원들의 협력적 행동과 제도 운영을 촉진한다. 사회적 자본은 공동체 기반 산림경영의 성공을 좌우하는 보이지 않는 기반자산이며, 네트워크, 신뢰, 규범이라는 세 축이 상호작용하여 주민들의 집합행동을 유인하고 제도적 안정성을 부여한다.

사회적경제 관점에서 볼 때 산촌진흥의 핵심은 "사람"에 있다. 주민참여와 협동을 촉진하는 산촌 거버넌스를 구축하면 지역 문제를 스스로 해결하고 기회도 함께 만들어갈 수 있다. 이는 산림을 단순한 자원이 아니라 공동의 자산으로 바라보게 하며, 경제·환경·사회적 목표의 조화를 이루는 길을 열어준다는 의미이며,

참여를 통한 협력적 산림관리 모델은 산촌의 자립 기반과 지속가능성을 높이는 데 필수적인 토대이다.

2) 지역경제이론: 내생적 발전과 순환경제의 원리

가) 지역경제의 정의

지역경제(local economy)는 일정한 공간적 범위 안에서 주민, 기업, 공공기관이 상호작용하며 이루어지는 생산 · 소비 · 고용 · 분배 등 모든 경제활동의 총체를 의미한다. 이는 단순히 경제활동의 물리적 장소를 뜻하는 것이 아니라, 지역 내부의 자원과 역량을 활용하여 자립과 순환을 지향하는 경제적 생태계(economic ecosystem)를 의미한다. 지역경제는 외부시장에 종속되지 않고, 지역의 자원 · 노동 · 기업활동이 지역 내부에서 연계되고 유지되는 구조를 지향하며, 외부 충격에 대응하고 적응할 수 있는 회복탄력성(resilience)을 갖춘다. 나아가 사회 · 문화 · 환경적 맥락 속에서 자원이 순환하고 가치가 창출되는 과정을 통해 내생적 발전(endogenous development)을 추구하는 체계라 할 수 있다.

한편, 지역경제학(regional economics)은 일반경제학이 자원의 생산과 분배를 추상적 공간에서 분석하는 데 그치는 것과 달리, 경제활동이 실제로 '어디에서' 발생하고 '어떻게 공간적으로 배분되는가'를 탐구하는 학문이다. 즉, 재화와 용역의 생산 · 소비 · 유통 과정에서 발생하는 공간적 불균형(spatial inequality)과 입지 결정 요인(location factors)을 분석하고, 지역 간 상호작용 및 자원의 효율적 공간 배분을 연구함으로써 각 지역의 발전 전략을 모색한다.

다시 말해, 지역경제는 산업화와 도시화로 인한 지역 간 불균형 해소와 지속가능한 발전이라는 시대적 과제 속에서 형성된 실천적 경제체계이며, 지역경제학은 지역이라는 공간적인 범위 내에서 경제학적인 이론을 도구로 하여 현상을 구명하고 정책적 대안을 제시하는 학문이라 할 수 있다.

나) 내생적 발전과 순환경제의 원리

지역경제이론에서 말하는 내생적 발전(endogenous development)은 지역 내부의 자원, 역량, 지식에 기반하여 지역사회가 스스로 발전전략을 수립 · 실행하는 것을 뜻한다. 이는 외부 자본이나 중앙정부 주도의 외생적 발전과 대비되는 개념으로, "지역주민이 발전 방향을 결정하고, 과정을 통제하며, 발전의 혜택이 지역 내에 머물도록 한다"는 원칙을 강조한다. 예컨대 Slee(1993)는 내생적 발전을 위해서는 지역 고유의 인적 · 자연 자원을 최대한 활용하고, 지역주민의 참여와 주도가 보장되어야 한다고 지적하였다. 1970년대 이후 유럽을 중심으로 등장한 내생적 발전론은 중앙집권적 산업화 정책의 한계를 극복하고 지역 균형발전과 지역 혁신을 이루기 위한 대안으로 주목받았다. 이는 곧 지역주민의 역량 강화, 사회적 기업가정신, 네트워크 형성과 같은 요소와 밀접히 연결된다.

한편, 순환경제(circular economy)는 자원의 폐기 없이 지속적으로 순환 이용함으로써 환경과 경제의 선순환을 도모하는 경제모델이다. "필요 이상 소비하지 않고, 한 번 쓴 자원을 최대한 재사용 · 재활용하여 폐기물을 최소화하는 시스템"으로 정의할 수 있다(Kirchherr et al., 2017). 순환경제에서는 감축(reduce) – 재사용(reuse) – 재활용(recycle) – 회복(recover)의 이른바 4R 원칙을 통해 생산과 소비의 방식을 바꾸고자 한다. 산림 분야에서 순환경제 원리를 적용하면, 목재자원의 단계적 활용(cascading use)[3]을 통해 자원 선순환 체계(resource circulation system)를 구축할 수 있다. 또한 임산 부산물(가지, 톱밥 등)을 버리지 않고 활용해 바이오에너지나 퇴비로 전환하는 것도 산림순환경제의 한 사례이다. 이러한 지역순환경제는 환경부하를 줄이는 동시에 새로운 지역 비즈니스와 일자리 창출로 이어져 지역경제 활성화에 기여한다.

① 내생적 발전과 '지역주민의 참여와 자기결정'

내생적 발전과 순환경제는 모두 지역 차원에서의 지속가능성에 초점을 맞추고 있다. 내생적 발전론에 의하면 "지역주민의 참여와 자기결정"이 발전의 출발점이며, 이를 통해 외부 충격에 강한 자립적 지역경제를 만들 수 있다. 즉, 지역이 스스로 문제를 진단하고 고유한 해결책을 모색함으로써 창의성과 주인의식이 높아지고, 외부 지원이 줄어들어도 지속될 수 있는 동력을 얻게 된다.

3) 목재자원의 단계적 활용(cascading use)이란 한 번 생산된 목재를 가능한 한 오랫동안 다양한 단계에서 재사용·재활용하여 자원의 효율성과 경제적 가치를 극대화하는 이용 방식이다. 즉, 고부가가치 용도에서 시작해 점차 저부가가치 용도로 전환하고, 마지막에는 에너지 자원으로 활용함으로써 목재의 생애주기를 최대한 연장하는 전략이다.

② 외부 의존도 탈피를 위한 순환경제

순환경제는 이러한 내생적 발전을 환경적 지속가능성 측면에서 뒷받침한다. 지역 내 자원순환 시스템을 구축하면 에너지와 물질의 외부 의존도를 낮추고, 지역 내 부가가치가 높아져 결과적으로 지역 자립이 강화된다. 예컨대, 농산촌 지역에서 생산된 생물자원(목재, 농업부산물 등)으로 연료나 제품을 만들고 소비하면, 원료 수입이나 쓰레기 처리에 드는 비용을 아끼고 지역 내 경제순환을 촉진할 수 있다. 또한 순환경제 전략은 지역주민의 참여와 혁신을 필요로 하므로 자연스럽게 지역공동체의 협력과 거버넌스를 강화하는 효과도 있다.

지역경제이론이 주는 시사점은 산촌진흥에서 "지역 스스로 돕는 힘"을 길러야 한다는 것이다. 외부 지원에만 의존해서는 일시적 변화에 그치기 쉽지만, 내발적 동력을 갖춘 지역은 지속적으로 발전한다. 이를 위해 첫째, 산촌의 산림·경관·전통문화 같은 지역 고유자원을 발굴해 새로운 경제활동과 결합해야 한다. 예를 들면 산림자원을 식품, 공예, 관광으로 연계하는 순환형 비즈니스 모델을 창출할 수 있다. 둘째, 주민 역량 강화와 사회적 기업가 육성을 통해 지역문제를 해결할 주체를 키워야 한다. 이는 참여를 촉진하고 공동체 신뢰를 구축하여 지속적 지역 발전의 밑거름이 될 것이다. 셋째, 에너지·물질의 지역순환 구조를 도입해 외부에서의 유입을 최소화해야 한다. 예를 들어 산촌마을 단위의 에너지 자립(신재생에너지 활용)과 로컬푸드 소비는 탄소중립과 경제순환을 동시에 달성할 수 있다. 결국 내생적 발전과 순환경제는 함께 작동할 때 산촌이 외풍에 흔들리지 않는 자생력과 환경친화적 번영을 이루는 기반이 될 것이다.

3) 산촌진흥의 산림경제학적 함의

지금까지 살펴본 산림자원의 협력적 관리와 지역 단위의 내생적 발전과 순환경제 전략은 산촌 활성화를 위한 실천적 방안이자, 동시에 중요한 산림경제학적 함의를 지닌다. 첫째, 주민참여 거버넌스와 사회적 자본의 축적은 시장 실패와 정부 실패를 보완하는 역할을 한다. 순수한 시장 논리에만 맡길 경우 수익성이 낮아 공급되지 않는 서비스나 재화(예: 오지 산촌의 에너지, 교통 등)를 주민협동을 통해 제공하고, 신뢰에 기반한 거래로 정보 비대칭 문제를 해결하며, 외부효과를 내부화함으로써 환경보전과 경제를 양립시킬 수 있다. 이는 산촌 공동체가 칼 폴라니의 이중적 운동에서 말하는 사회적 보호 장치로 기능하여, 산림자원 남벌이나 시장 논리에 의한 마을 해체를 방지할 수 있음을 뜻한다. 또한 국가나 지자체 등과 같은 관 주도의 개발은 현장에 대한 이해 부족으로 실패하는 경우가 많은데, 주민참여 모델을 통해 지역 특성에 맞는 맞춤형 해결책을 제시하고 민주적 정당성을 확보함으로써 정부 실패를 줄여준다.

둘째, 순환경제와 내생적 발전전략은 지속가능한 산림경영과 지역발전을 통합하는 경제모델을 제시한다. 전통적인 개발 패러다임에서는 산촌을 도시로부터 자본과 인프라를 이전받는 수동적 수혜 공간으로 보았지만, 현대의 산촌진흥 전략에서는 산촌을 자립적 경제주체로 재인식해야 한다. 산림은 상품 원료의 공급지에 머물지 않고 다기능적 자원으로 활용되어야 한다. 예를 들어 산림은 탄소흡수원이자 재생에너지 원천으로서 기후위기 대응에 기여하고, 휴양·치유 공간으로서 도시민 대상 서비스 산업의 기반이 되며, 전통문화와 지식의 보고로서 교육·관광 자원이 되었다. 이러한 다양한 가치들이 지역경제에서 순환하도록 설계하면 산림의 경제적 가치가 극대화됨과 동시에 환경보전 인센티브가 생길 것이다. 이는 산림경제학적으로 자원효율성을 높이고 외부효과를 줄일 수 있다.

미래 산촌진흥 전략은 이처럼 산림자원을 매개로 경제·사회·환경 목표를 아우르는 해법이라 할 수 있다. 참여 거버넌스는 사람을 연결하고, 순환 기반 경제는 자원을 순환시키며, 자립 기반 발전은 지역경제를 활성화할 수 있을 것이다. 이 셋의 선순환 구조 안에서 산촌은 외부 충격에도 탄력적으로 대응하는 회복탄력성(resilience)을 갖춘 공동체로 거듭날 것이다. 나아가 이러한 전략은 비단 산촌뿐 아니라 도시와 농촌을 포함한 전체 사회의 포용적 녹색전환(green transformation)을 향한 방향성을 제시할 것이다. 산촌 주민의 작은 성공들이 모여 큰 변화를 이루어내듯, 통합된 전략이 곳곳에 뿌리내릴 때 비로소 우리 사회는 사람과 자연이 조화롭게 공존하는 지속가능한 미래에 한 걸음 더 다가설 수 있을 것이다.

3 지속가능한 산촌진흥을 위한 과제

산촌은 인구감소, 산업 침체, 환경 위기라는 복합적 문제에 직면해 있다. 그러나 동시에 산촌은 풍부한 자연자원과 공동체 문화를 바탕으로 지속가능한 지역 발전의 거점이 될 수 있는 잠재력을 가지고 있다. 이를 실현하기 위해서는 참여·순환·자립의 선순환 구조를 안정적으로 정착시키고, 사회적 자본·경제역량·정책기반을 종합적으로 강화해야 한다. 다음은 지속가능한 산촌 발전을 위한 네 가지 주요 과제이다.

1) 주민참여 확대와 사회적 자본 형성

지속가능한 산촌 발전을 이루기 위해 가장 우선적으로 필요한 것은 주민의 적극적인 참여와 상호 신뢰를 기반으로 한 거버넌스 체계를 세우는 일이다. 과거의 산촌 정책은 주로 정부나 행정기관이 중심이 되어 위에서 아래로 지시하는 하향식(top－down) 방식으로 추진되었다. 하지만 최근에는 이러한 방식이 지역 현실과 주민의 요구를 충분히 반영하지 못한다는 한계가 드러나면서, 주민이 스스로 계획을 세우고 실행에 참여하는 상향식(bottom－up) 접근이 중요하게 부각되고 있다. 즉, 산촌 주민이 단순히 정책의 수혜자에 머무는 것이 아니라, 정책의 설계와 실행 과정에서 함께 책임을 지는 공동 주체로 참여할 때 정책은 비로소 실질적인 효과와 지속가능성을 확보할 수 있다는 뜻이다.

또한 산촌의 발전에서 중요한 역할을 하는 것은 물적 자본보다 사회적 자본이다. 여러 연구에서도 개인의 경제적 자산보다 주민들 사이의 신뢰와 협력 수준이 지역사회의 발전에 더 큰 영향을 미친다고 보고되고 있다. 이런 관점을 산촌에 적용하면 마을 단위의 협동조합, 사회적기업, 주민협의체 등과 같은 조직을 통해 주민 참여를 제도적으로 보장하고 협력의 구조를 강화하는 것이 필요하다는 점을 알 수 있다.

2) 고유자원 기반 경제·사회적 역량 강화

산촌의 경쟁력은 외부 자본이나 산업 이전이 아니라 지역 고유자원에서 비롯된다. 산림, 수자원, 전통지식, 생태경관, 문화자원 등은 산촌만의 차별적 발전 자산이다. 따라서 지속가능한 발전을 위해서는 이러한 고유자원을 활용한 내생적 산업화와 지역의 인적역량 강화가 병행되어야 한다. 경제적 측면에서, 산촌은 1·2·3차 산업의 융합(6차 산업화)을 통해 부가가치를 높일 수 있다. 예를 들어 임산물 생산(1차)에 가공·포장(2차), 체험·관광(3차)을 결합하면 소득창출과 일자리를 동시에 달성할 수 있다.

사회적 측면에서는 지역주민의 역량강화(capacity building)가 필수적이다. 주민이 사업 기획과 경영, 재정 운영에 직접 참여하려면 경영교육, 산림 기술, 디지털 역량 등 다방면의 학습이 필요하다. 이에 따라 각 지역의 산촌활성화센터나 산림일자리발전소가 교육·컨설팅 프로그램을 확대하여 지역 리더를 양성하는 것이 중요하다. 결국, 산촌의 지속가능성은 자원(what)이 아니라 역량(how)에 의해 좌우된다고 볼 수 있다.

3) 정책 지원 및 제도적 뒷받침

참여와 자원의 순환이 자발적으로 이루어지기 위해서는 정책적 환경과 제도 인프라가 뒷받침되어야 한다. 지속가능한 산촌 발전을 위한 정책은 단기적 지원사업을 넘어 장기적·통합적 전략 체계를 갖춰야 한다. 첫째, 중앙－지방－주민 간 협력 구조가 필요하다. 중앙정부는 법·재정·제도적 틀을 마련하고, 지방정부는 지역 맞춤형 사업을 집행하며, 주민조직은 실행 주체로서 참여하는 다층 거버넌스(multi－level governance) 구조가 정착되어야 한다. 둘째, 재정적·금융적 지원 체계를 확충해야 한다. 산촌의 주민조직은 대부분 영세하기 때문에 초기 사업비 조달이 어렵다. 이에 따라 사회적금융, 지역기금, 공공－민간 협력펀드 등 다양한 형태의 자금조달 수단이 마련되어야 한다. 셋째, 법·제도 개선이 요구된다. 현행 「산촌진흥법」과 「산림기본법」은 각각 독립적으로 운영되고 있으나, 향후 사회적경제 및 탄소중립 정책 등 타정책과의 연계 조항을 강화해야 한다. 즉, 지속가능한 산촌 발전은 제도적 혁신과 실질적 행정 지원이 병행될 때 가능하다.

4) 미래지향적 산촌 발전 전망

미래의 산촌은 더 이상 인구 감소와 고령화로 인해 사라질 위험에 처한 공간이 아니라, 녹색전환 시대의 핵심 거점으로 변환해야 한다. 기후위기 대응, 탄소중립, 생태관광, 지역균형발전 등 오늘날 국가가 직면한 주요 과제들이 모두 산촌과 밀접히 연결되어 있기 때문이다. 이러한 점에서 산촌은 단순히 보호받아야 할 주변부가 아니라, 지속가능한 사회로 나아가기 위한 전략적 중심지로 새롭게 인식될 필요가 있다.

앞으로 산촌 발전의 방향은 세 가지 측면에서 모색할 수 있다. 첫째, 산림을 탄소흡수원으로 적극 관리하여 기후변화 대응의 선도적 역할을 수행해야 한다. 산림의 공익적 기능을 체계적으로 관리하고, 탄소저장 능력을 높이는 것이 국가 탄소중립 목표 달성의 핵심이 될 것이다. 둘째, 에너지 자립과 자원순환경제의 구축을 통해 지역 내에서 지속가능한 생태경제 모델을 만들어야 한다. 재생에너지 활용, 산림 부산물의 자원화, 지역 내 소비 촉진 등을 통해 산촌은 외부 의존도를 낮추고 자립적 경제 체계를 갖출 수 있다. 셋째, 삶의 질이 높은 정주공간으로서 산촌을 재설계하여 도시와의 균형 있는 관계를 형성해야 한다. 이는 단순히 인프라를 확충하는 수준을 넘어, 자연환경과 조화를 이루며 일·주·휴가 공존하는 새로운 생활공간으로 산촌을 발전시키는 것을 뜻한다.

이러한 미래형 산촌은 단순한 개발의 결과물이 아니라, 인간과 자연, 그리고 경제가 함께 발전하는 공진화(co-evolution) 체계로 작동해야 한다. 즉, 주민 참여를 통한 공동체의 신뢰 구축, 순환경제를 통한 지속가능한 지역경제 유지, 그리고 자립 기반의 내생적 성장을 통해 산촌은 국가 전체의 지속가능성을 이끌어가는 핵심 공간으로 자리 잡게 된다.

따라서 앞으로의 산촌 정책과 연구는 산림경제학적 분석, 거버넌스 체계 설계, 주민역량 강화를 하나의 통합적 틀 속에서 다루어야 한다. 그렇게 될 때 비로소 산촌은 환경적·경제적·사회적 측면에서 모두 지속가능한 미래 모델로 발전할 수 있다.

연습문제

1. 산촌의 법적 정의와 국제적 개념을 비교하여 설명하시오.

2. 현대 산촌이 직면한 구조적 위기 요인을 경제 · 사회적 측면에서 세 가지 이상 제시하고, 그 해결을 위한 산림경제학적 접근을 설명하시오.

3. 사회적경제가 산촌진흥에 기여할 수 있는 이유를 시장 실패와 정부 실패 보완의 관점에서 논하시오.

4. 산촌지역에서 순환경제(circular economy) 개념을 적용할 수 있는 구체적 사례를 한 가지 제시하고, 경제적 · 환경적 효과를 분석하시오.

5. 지역경제이론의 관점에서 볼 때, 주민참여와 사회적 자본 형성이 산촌경제의 내발적 성장을 촉진하는 이유를 논하시오.

6. 지속가능한 산촌 발전을 위한 향후 정책 방향을 제시하시오.

참고문헌

김동준·김준순·민경택·박주원·안기완·이요한·조장환·최수임(2023), 『산림경제학』, 향문사

박소희·장주연·민지애(2023), “산촌의 입지 유형에 따른 사회경제적 변화: 인구와 산업을 중심으로”, 『한국지역개발학회지』, 35(5)63-82.

산림청(2017), 『제2차 산촌진흥기본계획(2018~2027)』, 산림청.

산림청(2024), 『2024 산촌기초조사』, 산림청.

장주연·배재수·설아라(2019), “우리나라 산촌의 인구 추이와 미래 전망”, 『농촌계획』25(4)99-107.

이상면(2015), “사회적경제와 지역개발”, 『지역개발연구』, 47(2)87-119.

Defourny, J. and Develtere, P (1999). “The social economy: the worldwide making of a third sector”, Social economy North and South; 17-47.

EUROMONTANA (2022), “Being young in a mountain area Mountain youth’s needs in 2022 and aspirations for the future”, EUROMONTANA.

FAO(2020), *Mountain Partnership Secretariat - Annual Report 2019*, FAO.

Kirchherr, J., Reike, D., and Hekkert, M. (2017), “Conceptualizing the circular economy: An analysis of 114 definitions”, Resources, conservation and recycling, 127 221-232.

Millennium Ecosystem Assessment (2005), *Ecosystems and Human Well-being: Synthesis*, Island Press.

Mitchell, R. C. and R. T. Carson (1989), *Using Survey to Value Public Goods: The Contingent Valuation Method*, Resource for the Future.

Price, Martin F., and Paul A. Egan (2014), “Our global water towers: ensuring ecosystem services from mountains under climate change,” Mountain Ecosystem Thematic Group, IUCN Commission for Ecosystem Management.

Slee, B. (1993), “Endogenous development: a concept in search of a theory”, Options Mediterraneenns, 54 43-54.

TEEB (2010), *The Economics of Ecosystems and Biodiversity: Mainstreaming the Economics of Nature -A Synthesis of the Approach, Conclusions and Recommendations of TEEB*, Earthscan, London and Washington, D.C.

CHAPTER

18

생물다양성과 산림경제학

1 생물다양성과 산림

숲은 생명의 저장고

생물다양성은 "육상·해상 및 그 밖의 수중생태계와 이들 생태계가 부분을 이루는 복합생태계 등 모든 분야의 생물체 간의 변이성을 말하며, 이는 종내의 다양성, 종 간의 다양성 및 생태계의 다양성을 포함"한다고 정의된다(생물다양성협약 제2조). 생물다양성은 종다양성(Species diversity), 생태계다양성(Ecosystem diversity), 유전다양성(Genetic diversity)을 포함하여 총체적으로 지칭하는 말이다.

산림은 식물, 동물, 미생물 등이 살아가는 서식지이며, 육상생태계에서 가장 많은 종을 보유하고 있다. 생물다양성협약(CBD)에서 다루는 7가지 주요 생물군계(농업, 건조지, 산림, 육·수상, 도서, 해양, 산악지) 중 하나로 포함되어 있으며, 협약에서도 산림생물다양성의 중요성을 다음과 같이 언급하고 있다.

"산림 생물다양성은 수천 년에서 수백만 년에 걸친 진화 과정의 결과이며, 이러한 과정은 기후, 화재, 경쟁, 교란 등 생태적 요인에 의해 추진되어 왔다. 또한, 산림 생태계의 물리적 및 생물학적 특성이 다양하기 때문에 높은 수준의 적응이 나타나며, 이는 산림 생태계의 생물다양성의 본질적 구성 요소이다. 특정 산림 생태계 내에서 생태적 과정을 유지하기 위해서는 해당 생태계의 생물다양성이 유지되어야 한다(decision II/9)."

산림생물다양성은 임목뿐만 아니라 산림에서 서식하는 야생동식물과 미생물, 생명체의 유전적 다양성까지 포함한다. 산림 내 모든 생명체와 그들이 수행하는 생태적 역할까지 포괄하는 넓은 개념이다(산림청, 2012). 또한, 산림생물다양성을 구조적 다양성(산림면적, 자연 및 보호지역산림, 종 혼합, 영급구조), 구성적 다양성(전체 동식물상 및 종, 멸종위기종), 기능적 다양성(인간과 자연적 주요 활동들로 인한 영향)으로 구분할 수 있다(이동근 등, 2014). 생물다양성이 풍부한 산림에서는 복잡한 상호작용이 일어나며 끊임없이 변화하는 환경 조건에서 생물들이 적응하고 생태계기능을 유지하도록 한다.

산림생물다양성은 단순한 생태적 가치뿐 아니라 경제적 가치를 지닌다. IPCC (Intergovernmental Panel on Climate Change)는 지구 온도가 2.5℃ 상승할 경우 지구상의 식물과 동물의 20~30%가 멸종 위기에 처할 수 있다고 경고하였으며, 생물다양성 손실과 생태계 훼손으로 인한 경제적 비용은 2008년 기준 연간 2~4.5조 달러, 즉 전 세계 GDP의 3.3~7.5%에 해당한다고 분석하였다(PricewaterhouseCoopers LLP, 2010). 국내에서도 산림생물다양성의 경제적 가치는 높게 평가되고 있다. 김정택 등(2012)은 산림생물다양성으로 인한 연간 경제적 순편익을 6조 4,655억 원으로 산정하였다. 2025년 5월 산림청 보도자료에 따르면, 산림생물다양성 보전기능의 가치를 2023년 기준 12조 6천억 원으로 평가하였다. 이는 2020년 기준의 11조 6천억 원보다 약 1조 원(8%) 증가한 수치이다.

생물다양성협약의 흐름과 글로벌 목표의 진화: 아이치에서 쿤밍-몬트리올까지

1992년 브라질 리우데자네이루 유엔환경개발회의에서 생물다양성협약(Convention on Biological Diversity: CBD)이 채택되어 1993년 발효되었다. 생물다양성협약의 목적은 유전자원에 대한 적절한 접근, 관련기술의 적절한 이전 및 재원제공 등을 통하여 ① 생물다양성 보전, ② 생물다양성 구성 요소의 지속가능한 이용, ③ 유전자원 이용으로부터 발생하는 이익의 공정하고 공평한 공유이다.

생물다양성 목표는 시대적 상황과 이전 목표 이행 평가 결과를 반영하여 지속적으로 발전해 왔다. 제10차 CBD 당사국총회에서는 총 47개 결정문이 채택되었고, 그 중 국내 산림생물다양성 이행 관련 결정문은 '2011~2020 전략계획', '산악지생물다양성', '산림생물다양성', '생물다양성과 기후변화', '보호구역', '지구식물보전전략' 여섯 가지로 구분하여 살펴볼 수 있다(민서정 등, 2011).

표 18-1 COP10 산림 관련 결정문 주요 내용

관련 이슈	주요 내용
2011-2020 생물다양성 전략계획	• "Living in harmony with nature(자연과의 조화로운 삶)" 제창 • 2015년까지 산림 관련 목표 설정, 당사국들에게 이행 촉구 - 산림을 포함한 자연서식지의 손실률을 최소 반절, 가능한 제로에 가깝게 함 - 육상 및 내수구역의 17%를 보호구역으로 지정 - 훼손지를 최소 15% 복원
산악지 생물다양성	• 산악지는 습지 · 내수면 · 산림 등 다양한 생태계를 포함하고 있어 그 중요성과 관리의 시급성이 부각됨 • 모니터링과 정보의 주기적 수집(중요지역, 고유종 · 특산종서식지, 전통지식) • 기후변화 영향 연구 및 적응전략 수립 • 현 보호구역의 효과적 관리 및 연계성 확보
산림 생물다양성	• FAO가 추진하고 있는 "세계 산림유전자원 현황보고서" 작성에 대한 당사국들의 지지와 협력의사 밝힘 • CPF(산림협력체)와의 협력사항으로 산림생물다양성 이슈에 대한 TEMATEA 모듈개발 합의
생물다양성과 기후변화	• UNFCCC · UNCBD · UNCCD 사이에의 상호편익에 관한 모범사례 및 toolkit 개발에 합의 • 3대 협약 간 공동 활동 개발 제안 및 공동준비회의 개최 추진키로 함 • 기후변화 저감사업 등에 대한 생물다양성 보호수단(safeguard)논의 착수
보호구역	• 2015년까지 보호구역 전체면적의 60%까지 관리효과성평가 확대 및 제도화하여 UNEP에 보고 • 기후변화 측면에서 생태네트워크 등 보호구역 연계성 확보로 경관 수준의 보호구역 통합
지구식물보전 전략(GSPC)	• GSPC 2011~2020 글로벌 전략(식물종 및 유전자원의 현지 내 · 외 보전, 서식지 보전 및 복원)이 채택되었고, 이에 따라 산림보전에 대한 작업계획 작성 및 이행이 요구됨

하지만 아이치 생물다양성 목표(2011-2020)는 전체 20개 세부 목표 중 완전히 달성된 목표는 없는 것으로 평가되었으며, 훼손된 생태계 복원 목표(15% 복원) 또한 미달성으로 평가되었다(SCBD, 2020).

2020년 이후 생물다양성 보전과 지속가능한 이용을 위한 새로운 체계 수립의 필요성이 대두되었다. 2022년 12월 제15차 당사국총회(COP15)에서는 「쿤밍－몬트리

올 글로벌 생물다양성 프레임워크(Kunming-Montreal Global Biodiversity Framework: GBF)」가 채택되었으며 주요 내용으로는 2030년까지 지구의 육상 및 해양 면적의 30%를 보호구역으로 지정하고, 생태계 복원 및 생물다양성 회복을 위한 구체적인 조치를 취할 것을 권고하고 있다. 쿤밍-몬트리올 글로벌 생물다양성 프레임워크의 2050 비전은 아이치 목표를 계승한 '자연과의 조화로운 삶(Living in Harmony with Nature)'이며, 2050년까지 달성해야 할 4개의 장기 목표(Goals)와 2030년까지 취해야 할 긴급 조치인 23개의 행동 지향적 실천 목표(Action Targets)로 구성되어 있다.

표 18-2 산림 관련 GBF 실천목표 및 아이치 목표와의 차이점

실천목표	아이치 목표와 차이점
목표 A. 생태계의 온전성 향상 및 종의 보전과 회복	유전적 다양성이 강조됨에 따라 보전 대상종이 모든 생물종으로 확대되고 멸종위협 관련 구체적 수치 목표가 제시됨
실천목표 1. 생물다양성 통합 공간계획 수립	통합적인 공간계획을 수립하고, 생물다양성이 높은 중요한 지역 관련 목표가 제시됨
실천목표 2. 훼손 생태계 복원 및 연결성 보장	훼손된 생태계 복원 목표가 상향되었으며, 생태계의 연결성이라는 새로운 지표가 제시됨
실천목표 3. 생물다양성 보전지역(보호지역+OECM)	보호구역 확대 목표가 상향되었으며, OECM활용을 위한 가이드라인이 마련됨
실천목표 4. 야생종 보전·복원 및 인간-야생생물 갈등 관리	유전적 다양성을 구체화함
실천목표 7. 영양물질, 살충제 및 해로운 화학물의 저감	영양물질, 살충제 및 해로운 화학물질의 저감과 관련된 구체적 수치 목표(절반 이상 감소)가 제시됨
실천목표 8. 기후변화 영향 최소화	전체 생물다양성으로 확대 및 자연기반해법 강조
실천목표 10. 지속가능한 생산 보장	기존 목표와 크게 차이가 없음
실천목표 12. 도시 녹지/수변 공간 면적, 접근성 및 혜택 증가	신규 목표임
실천목표 13. 유전자원/전통지식 접근 및 이익공유 보장	2014년 나고야의정서가 발효되어 법적 효력 발생
실천목표 18. 생물다양성 유해보조금 감축 및 긍정적 인센티브 강화	유해보조금 감축을 위한 정량적 목표치 제시
실천목표 20. 역량/기술이전/과학기술 협력 강화	기존 목표와 크게 차이가 없음

출처: 임효인 등, 2023; 저자 재구성.

이는 아이치 목표보다 구체적이고 도전적인 목표를 수립하고 이행 체계를 강화하였다. 육상 보호지역 목표를 17%에서 30%로 확대하였으며, 훼손지 복원 목표도 15%에서 30%로 확대하였다. 또한, 기후변화 대응 및 산림을 통한 자연기반해법의 중요성이 강조되면서 도시 녹지공간, 도시숲과 관련된 신규 목표(실천목표 12)가 제시되었으며, 생물다양성 보전을 위한 산림의 역할을 강화하였다(임효인 등, 2023).

우리나라의 산림생물다양성 노력 및 목표

우리나라는 CBD 당사국으로서 국가생물다양성 전략을 수립하고 있다. 산림청은 쿤밍-몬트리올 글로벌 생물다양성 프레임워크 및 제5차 국가생물다양성 전략(환경부)의 실천목표를 반영하여 제4차 산림생물다양성 기본계획(2023~2027)을 수립하였다. 산림청은 '산림과 함께하는 지속가능한 대한민국'이라는 비전 하에 산림생물다양성의 회복, 보전, 지속가능한 이용의 조화를 목표로 설정하였으며, 이를 실현하기 위해 4개 추진전략과 14개 중점 과제를 제시하였다(산림청, 2023).

표 18-3 제4차 산림생물다양성 기본계획 추진 전략 및 과제

추진전략	중점 추진 과제
산림생물다양성 보전 및 증진	- 생물다양성을 고려한 통합적 산지 공간계획 - 산림생태계 연결성 회복 및 훼손산림 복원 - 산림 내 보호지역 확대 및 관리강화 - 산림생물다양성의 지속적인 관리기반 강화
산림생물다양성 위협요인 저감	- 기후변화의 산림생물다양성 영향 최소화 - 산림재난 저감으로 산림생태계 보전 - 산림생태 교란식물 관리 및 산림생태계 오염 저감
지속가능한 이용과 이익 공유	- 지속가능한 임업의 확대 - 대국민 서비스 강화를 위한 산림 생태계서서비스 유지 - 도시숲 확대 및 접근성 증진 - 산림생명자원의 지속가능한 이용 및 이익 공유
목표의 이행수단 확보	- 산림생물다양성 가치 주류화 - 국제협력 강화 - 국내이행 여건 마련 및 거버넌스 구축

출처: 산림청, 2023.

산림청은 국가 계획 수립뿐만 아니라 개발도상국의 산림생태계 복원을 지원하고 전 지구적 생물다양성 목표 달성에 기여하기 위해 생물다양성협약(CBD)과의 협력사업을 추진하고 있다. 2014년 10월 대한민국 평창에서 열린 제12차 CBD 당사국총회에서 산림생태계복원 이니셔티브(Forest Ecosystem Restoration Initiative: FERI)를 제안하여 채택되었다(산림청, 2018). FERI는 과거 황폐화된 산림생태계를 성공적으로 복원한 경험을 개발도상국과 공유하고 지원하기 위해 설계되었다. 콜롬비아, 캄보디아 등 12개 국가의 산림복원 프로젝트를 통해 현재까지 총 925ha의 산림을 복원하는 성과를 이루었다.

산림생태계복원 이니셔티브(FERI)는 네 가지 주요 축을 중심으로 운영된다.

1. 지식 상품 생산 및 의사결정 지원 도구 개발(Knowledge & Tools)
2. 워크숍 및 학습을 통한 역량 개발(Capacity Development)
3. 목표 이행 지원을 위한 국가 직접 지원(Direct Support)
4. 산림 복원에 대한 파트너십, 소통 및 인식 제고(Partnerships & Awareness)

FERI는 현재 쿤밍-몬트리올 글로벌 생물다양성 프레임워크(KMGBF) 이행 지원의 핵심 행동 중 하나이다. 특히, KMGBF 목표 중 2030년까지 황폐화된 생태계의 30%를 효과적으로 복원(Target 2)하겠다는 목표 이행을 지원하는 내용을 담고 있다. 또한, KMGBF의 목표 1, 2, 3, 10, 11, 22를 포함한 여러 목표 달성에 기여하며, 다른 리우 협약 및 지속가능발전목표(SDGs) 달성에도 기여하고자 한다.

2 ABS 원리와 적용

유전자원 접근 및 이익 공유의 개념 및 절차

과거 생물유전자원은 인류 공동의 자산으로 인식되어 자유롭게 접근하고 이용할 수 있었으나, 생물다양성협약 채택 이후 생물유전자원에 대한 국가의 주권적 권리가 인정되었다(생물다양성협약 제3조, 제15조 제1항). 나고야의정서는 생물다양성협약의 3대 핵심 목표 중 하나인 '유전자원의 이용으로부터 발생하는 이익의 공정하고 공평한 공유(Access to genetic resources and the fair and equitable sharing of benefits arising from their utilization)'의 국제적 합의를 위해 2010년 일본에서 열린 제10차 생물다양성협약 당사국총회(COP10)에서 채택되었다. 나고야 의정서의 주요 내용은 유전자원에 접근할 때 사전통보승인(Prior Informed Consent: PIC)을 받아야 하며, 유전자원 접근 및 이익공유와 관련하여 제공자와 이용자 간 상호합의조건(Mutually Agreed Terms: MAT)을 체결해야 한다는 점이다. 또한, 생물유전자원뿐만 아니라 관련 전통지식도 ABS의 범위에 포함된다.

유전자원에 대한 접근과 이익 공유(Access and Benefit-Sharing: ABS)에서 접근(Access)은 유전자원을 수집, 이전, 이용하는 일련의 절차 및 유전자원 샘플을 획득하는 행위까지 포함하는 포괄적인 개념이다. 이익 공유(Benefit-Sharing)는 CBD 제15조 제7항에 의하면 유전자원의 이용으로부터 얻어진 이익을 상호합의조건(MAT)에 따라 유전자원의 제공자와 공유하는 것을 의미한다. 여기서 이익이란 금전적 이익(유전자원 관련 선불, 로열티, 장비 공급 등)과 비금전적 이익(교육 훈련, 기술이전, 연구개발 성과 공유 등)으로 구분되며, 유전자원의 이용을 통해 자원을 제공하는 사람과 이를 이용하는 사람 모두에게 돌아가는 혜택을 통틀어 이르는 말이다(한국생명공학연구원, 2013). ABS는 생물다양성을 보전하고 지속가능하게 이용하기 위한 경제적 유인책으로, 생물자원을 활용하여 상업적 이익이 발생하였을 때 이를 제공한 자 또는 국가에게 일정 부분의 이익을 공유하여야 한다는 논리이다.

표 18-4 ABS 절차적 단계

단계	주요 내용
접근	- 적용 대상 및 당사국 여부 확인: 이용하려는 유전자원이 ABS 적용 대상인지, 제공국이 의정서 당사국인지 확인 - 정보 확인 및 문의: ABS 정보공유체계(ABSCH)에서 제공국의 법률 규정 및 현황 확인 후, 제공국 연락기관에 구체적인 도입 절차, 요건, 책임기관 연락처 등 문의
사전통보승인(PIC) 취득	- 이용자는 제공국의 책임기관에 연구계획서를 제출하여 자원 접근 허가의 성격을 가지는 PIC(Prior Informed Consent)를 발급받음
상호합의조건(MAT) 체결	- PIC을 받은 연구자는 '자원제공자'와 유전자원 이용 결과물 및 성과 공유 조건에 대해 상호 협의하여 MAT(Mutually Agreed Terms) 계약을 체결함.
연구수행 및 이익공유	- 연구결과물, 논문, 특허 등 발생한 이익을 MAT에 기재된 내용에 근거하여 자원제공자와 공유함.

출처: 이종현 등(2021); 저자 재구성.

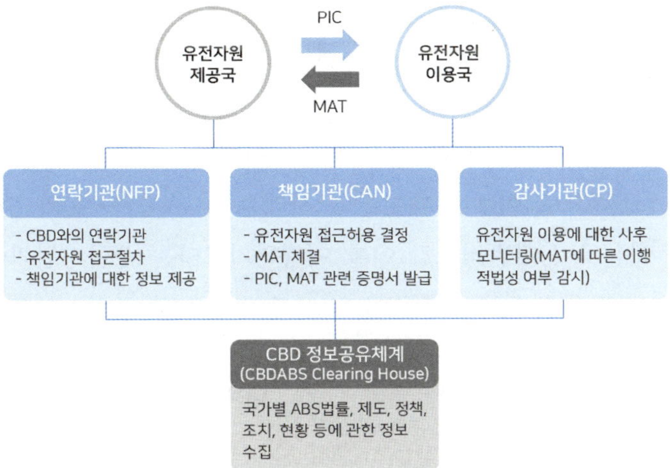

▶ **그림 18-1** 유전자원 접근 및 이익공유 구조(산림청, 2025)

나고야의정서는 유전자원의 이용으로부터 발생하는 이익의 공정하고 공평한 공유를 이행하는 방법 및 절차를 제공하고 있다. 유전자원을 이용하고자 하면 표 18-4와 같이 4단계 이행 절차를 거쳐야 한다. 유전자원에 접근하고자 하는 자는 해당 유전자원 제공국이 정한 절차에 따라 사전통보승인(Prior Informed Consent: PIC)을 받고, 이용자와 제공자 간 체결된 상호합의조건(Mutually Agreed Terms: MAT)에 따라 창출된 이익을 제공자와 공유해야 한다. 유전자원의 이용으로부터 발생하는 이익의 공정하고 공평한 공유를 이행하기 위해 당사국마다 입법적·행정적 또는 정책적 조치를 취하도록 요구하고 있으며, 이를 유전자원 접근 및 이익공유 정보공유체계(ABS-Clearing House)에 공유할 것을 의무화하였다. 우리나라도 「유전자원의 접근·이용 및 이익 공유에 관한 법률」을 제정하고 나고야의정서의 시행을 본격화하였다.

후디아(Hoodia), 아로그야파차(Arogya pacha), 테프(Teff) 주요 ABS 사례

ABS의 선례는 아래와 같이 세 가지 유형으로 구분할 수 있다.

① 자원 보유국의 자원을 사전허락 없이 무단 상업화하여 이익공유를 불이

행하는 경우(생물해적 행위(biopiracy))

② 생물해적행위에 대해 제공국이 제기한 소송이 인용(認容)됨에 따라 특허가 취소되는 경우

③ 이익공유가 합의에 따라 성공적으로 이행되는 경우

ABS가 성공적으로 이행된 대부분의 사례는 ①→②→③의 순서로 진행되어 왔다. 즉, 이용국이 자발적으로 이를 이행하기보다는 생물자원의 무단 특허취

표 18-5 사례별 ABS 절차상 특성

ABS 절차분석 대상 선례	내용
테프	접근과정: NGO인 생물해적행위 반대연합(Coalition Against Biopiracy)이 HPFI에 후크선장상을 수여함에 따라 이후 언론보도 등을 통해 공식적인 접근 절차가 이루어지지 않은 것이 알려지게 됨.
	적용범위 설정: 적용범위를 '비전통적 식음료 제품개발'에 국한. 에티오피아의 IBC는 부속서에 나열된 제품생산과 중복되어 다른 이용주체에 접근 허가를 승인할 수 없으며, HPFI는 부속서에 나열된 제품생산 목적 외에 다른 목적으로는 별도의 승인 없이 이용할 수 없음.
	이익공유: 금전적 재원지원기금(FiRST)을 조성하여 이익공유 금액 기부. 하지만 관리방식이 불분명하고, 의사결정 프로세스와 구조에 대해 확정되지 않아, 이에 대한 논의가 여전히 진행 중임.
	의무준수 이행: 국내법에 대해서는 에티오피아의 국내법이 적용되었으며, 각종 국제협약들 중 CBD를 최우선근거조항으로 하기로 합의하여 계약에 적용됨.
후디아	접근과정: 남아공의 NGO인 바이오와치(Biowatch), 남아공소수원주민실무그룹(WIMSA) 등을 중심으로 CSIR과 San부족 간의 ABS 협정이 이루어지지 않은 것이 알려지게 됨.
	이익공유: San Trust를 조직하여 특허출원주체 CSIR로부터 받은 이익공유 금액을 총괄 관리 · 운용하며, 나미비아 · 보츠와나의 후디아 전통지식 보유 부족에게 이를 분배하는 역할을 수행함.
	의무준수 이행: 지역별 환경부서가 감시기관의 역할을 수행하고 있으며, 지역 특성에 맞는 감시시스템을 구축하고 있음.
아로그야파차	접근과정: CBD 채택 이전부터 TBGRI가 이익공유를 이행해 왔음. 이익공유 전례가 많았던 것도 아니고 인도 정부가 법적으로 이를 권고한 것도 아니었으나, 모든 이해관계자가 같은 국적이었으며 TBGRI가 선제적으로 이익공유를 이행함.
	이익공유: 의사결정 과정에서 Kani 부족의 거버넌스 시스템이 부족하여 의사결정에 문제가 있었음. NGO의 도움으로 신탁기금이 설립되었으며, 1999년 본격적으로 이익공유가 이루어짐.

출처: 민서정 등, 2013.

득 및 상업적 이용에 대해 자원 보유국이 공식적으로(소송 제기 등) 또는 비공식적으로(해당 제품에 대한 불매운동 등) 이의를 제기한 후, 양자 간 협의를 통해 ABS 계약이 체결되는 절차를 밟아왔다. CBD 사무국에서 ABS의 원활한 이행을 위한 인식제고 차원에서 제시하고 있는 대표적인 선례는 후디아, 아로그아파차, 테프 세 가지가 있으며 절차상 특징은 표 18-5와 같다.

3 생태계서비스지불제

PES 제도의 원리 및 사례

생태계서비스지불제(Payment for Ecosystem Services: PES)는 수혜자부담원칙에 근거한 생물다양성 보전의 대표적인 경제정책 수단이다. 이는 생태계서비스의 수혜자가 공급자에게 서비스 이용에 대한 대가를 지불하는 자발적 계약 방식이다(OECD, 2010; 안소은·노백호, 2020에서 재인용). 다시 말해, 생태계서비스를 제공하는 개인이나 지역사회에 그 서비스의 가치에 상응하는 대가를 지급함으로써, 생태계의 보전과 지속가능한 관리를 촉진하는 것이다. 이 제도는 토지소유자 등과 자발적 계약을 체결하고, 야생생물 서식지 보전, 수자원 확보, 토양 정화, 탄소흡수 등의 생태계 보전 활동에 대해 경제적 보상을 제공함으로써 민간의 참여를 유도한다.

생태계서비스지불제의 작동 원리는 그림 18-2에서 제시된 사례를 통해 쉽게 이해할 수 있다. 예를 들어, 토지소유자가 ① 목초지로 전환과 ② 산림 보전의 두 가지 토지 이용 선택지를 갖고 있다고 하자. 일반적으로 토지소유자는 ① 목초지로 전환할 때 더 큰 사적 편익을 얻을 수 있다. 그러나 목초지로 전환하면 지역 내 다른 구성원들(생태계서비스 수혜자)에게 상당한 비용을 발생시킨다. 산림이 사라지면 수자원서비스 감소, 생물다양성 손실, 탄소배출 증가와 같은 비용이 증가하게 되며, 이는 생태계서비스 수혜자가 부담해야 하는 손실로 나타난다.

이에 반해, ② 산림으로 보전할 경우 토지소유자가 얻을 수 있는 사적 이익은 목초지 전환보다 작다. 즉, 보전을 선택하면 토지소유자는 기회비용(opportunity cost)을 감수해야 한다. 그림 18-2에서 '최소 수용액'으로 표시된 부분이 바로 이

기회비용을 의미하며, 이는 토지소유자가 보전을 선택하기 위해 반드시 보상받아야 하는 최소한의 금액이다. 또한, 산림이 유지되면 생태계서비스 수혜자들은 목초지 전환으로 인해 발생했을 손실을 예방할 수 있다. 이로 인한 비용이 바로 '최대 지불액'이며, 이는 수혜자가 보전을 위해 지불할 의사가 있는 최대 금액(willingness-to-pay)을 의미한다. 다시 말해, 수혜자가 감당할 수 있는 최대 비용(최대 지불액)이 토지소유자가 최소한으로 요구하는 보상액(최소 수용액)보다 크다면, 양측 모두에게 이익이 되는 지급 구간이 형성된다.

이때 PES 제도는 ③ 보전 + PES 지급과 같이 작동한다. 수혜자는 보전의 가치를 인정하여 토지소유자에게 일정 수준의 보상을 제공하고, 토지소유자는 이를 통해 목초지 전환 대신 보전을 선택하게 된다. 즉, PES는 토지소유자에게 기회비용을 보상하면서도 사회 전체적으로는 더 큰 환경적·경제적 손실을 예방하는 방식으로 상호 호혜적인 거래를 성립시킨다. PES의 참여는 자발적이어야 하며, 합리적인 토지소유자는 지급액이 최소한 자신의 기회비용을 충족할 경우에만 PES 계약에 참여한다.

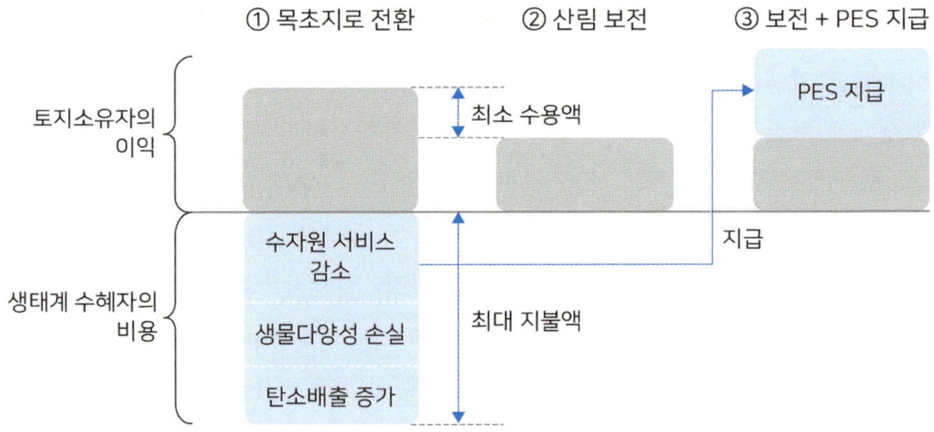

▶ **그림 18-2** 생태계서비스지불제의 작동 원리(OECD, 2010)

모든 PES에서는 구매자가 명확히 확인되어야 하고 시장 조건(market conditions)이 형성되어야 하며(여기에는 조건부 지급 등도 포함), 서비스 제공자가 법적·제도적으로 인식될 수 있어야 한다. 이를 바탕으로 이상적으로 모든 PES 제도를 뒷받침하는 표 18-6과 같이 7가지 핵심원칙을 제시하고 있다.

PES는 산림 부문에서도 적용되며 산림이 제공하는 생태계서비스를 보전하고 복원하는 활동에 대해 지불이 이루어진다. 국제적인 산림 PES 사례로는 산림 황폐화 및 손실로 인한 배출량 감소(Reducing Emissions from Deforestation and forest Degradation: REDD+)가 있다. REDD+를 통해 개발도상국은 산림전용 및 황폐화로 인한 배출량을 줄이기 위해 노력하고, 실제로 감축을 달성할 경우 선진국으로부터 그 대가를 받게 된다. 또 다른 사례로 일본의 경우를 살펴보면, 일본 정부는 산림 정비를 통한 국가 온실가스 감축 목표 달성과 산림의 다양한 공익적 기능 제공을 위한 안정적 재원 확보를 목적으로 2018년 산림환경세와 산림환경양여세를 신설하였다. 이에 따라 2024년부터는 1인당 연간 1,000엔을 산림환경세로 징수하고 있다(강학모 · 최수임, 2024).

표 18-6 PES 제도 원칙과 주요 내용

PES 원칙 (특성)	주요 내용
자발성(Voluntary)	이해관계자들은 PES 계약에 자발적으로 참여해야 함.
수혜자 부담 (Beneficiary pays)	생태계서비스의 수혜자(개인, 지역사회, 기업 또는 정부)로부터 지불이 이루어짐. 이를 위해 해당 서비스에 대한 명확한 수요가 존재하고, 서비스 제공이 재정적 가치를 가져야 함.
직접 지불 (Direct payment)	서비스 제공자에게 직접 이루어져야 함.
부가성 (Additionality)	토지나 자원 관리자가 일반적으로 수행할 것으로 기대되는 활동을 초과하는 행동에 대해 이루어짐. 최소한 법적 규제 준수를 넘어서는 활동이어야 하며, 특정 서비스의 공급을 늘릴 가능성이 있어야 함.
조건부성(Conditionality)	지불은 생태계서비스의 혜택 제공에 따라 이루어져야 함.
지속성 확보 (Ensuring permanence)	수혜자가 지불한 관리 개입은 쉽게 되돌릴 수 없어야 하며, 이를 통해 서비스 제공이 지속되도록 보장해야 함.
누출 방지 (Avoiding leakage)	PES 제도는 한 지역에서 생태계서비스를 확보하는 과정에서 다른 지역에서 서비스가 손실되거나 훼손되는 누출(leakage)을 방지하도록 설계되어야 함.

출처: Fripp, E., 2014.

우리나라의 경우, PES와 유사한 제도가 있으며 산림 부문에서는 대표적으로 대체산림자원조성비가 있다. 대체산림자원조성비제도란 산지를 타용도로 전환하여 전용하는 경우 그에 해당하는 대체산지를 조성하는 데 소요되는 비용을 원인자(개발사업시행자)에 납부하도록 하는 제도로 2003년도에 도입되었다. 하지만 이는 산림의 다양한 생태계서비스(수질 함양, 정화, 탄소 저감 등)를 충분히 반영하지 못하고, 부과 수준이 낮아 산림 조성·보존으로 얻는 기대수익보다 산지 전용으로 얻는 개발이익이 더 큰 구조적 한계가 있다(여형범, 2014).

연습문제

1. 생물다양성의 정의를 설명하고, 산림이 생물다양성 보전에 기여하는 주요 역할을 서술하시오.

2. 아이치 생물다양성 목표(2011-2020)와 쿤밍-몬트리올 글로벌 생물다양성 프레임워크(GBF)의 차이점을 비교하시오.

3. 나고야의정서의 기본 원리를 설명하고, PIC와 MAT의 의미를 간단히 서술하시오.

4. 생태계서비스지불제(PES)의 개념을 정의하고, PES 제도의 한 가지 예시와 함께 설명하시오.

참고문헌

강학모 · 최수임(2024), "일본의 산림환경세 동향 분석에 관한 연구", 『산림경제연구』, 31(1)35-47.

김정택 · 이관규 · 김준순(2012), "산림생물다양성의 경제적 가치 평가", 『농업생명과학연구』 46(4)31-39.

민서정 · 이관규 · 김준순(2013), "ABS 선례분석을 통한 국내 자생 생물자원의 주권적 권리확보 방안 연구", 『환경정책』, 21(4)45-66.

민서정 · 정화영 · 이관규 · 김준순(2011), "국내 산림생물다양성 보전 및 증진을 위한 대응 전략", 『산림과학 공동학술발표논문집』, 2011(0)313-315.

산림청(2012), 『생물다양성과 산림』.

산림청(2023), 『제4차 산림생물다양성 기본계획(2023~2027)』.

산림청(2025), https://www.forest.go.kr/kfsweb/kfi/kfs/cms/cmsView.do?cmsId=mn=AR03_02_04_01.

산림청(2018), 『2018년 산림생태계복원 이니셔티브(FERI) 추진현황』.

안소은 · 노백호(2016), "산림생태계서비스지불제의 비용효과성 평가를 위한 지수체계 개발 및 적용", 『한국산림과학회지』, 105(3)377-390.

여형범(2014), 『환경서비스(PES) 지불제도 도입 조사 연구』, 충남연구원.

이동근 · 이명균 · 정태용(2014), 『생물다양성, 경제로 논하다』, 보문당.

임효인 · 박고은 · 김아름(2023), 『전세계 생물다양성 보전의 새로운 도약 「쿤밍-몬트리올 글로벌 생물다양성 목표」 달성을 위한 산림부문의 과제』, 국립산림과학원 국제산림정책토픽 제123호.

이종현 · 안민호 · 장영효(2021), "나고야의정서 이행에 따른 ABS 체계의 이해와 환경생태분야 연구자의 대응방안", 『한국환경생태학회지』, 35(4)336-346.

한국생명공학연구원(2013), 『연구자를 위한 나고야의정서(ABS) 가이드』.

OECD(2010), *Paying for Biodiversity: Enhancing the Cost-Effectiveness of Payments for Ecosystem Services*, OECD (Organization for Economic Co-operation and Development) Publishing.

PricewaterhouseCoopers, L. L. P. (2010), *Biodiversity offsets and the mitigation hierarchy: a review of current application in the banking sector*, PricewaterhouseCoopers Business and Biodiversity Offsets Programme and UN Environment Programme Finance Initiative.

Secretariat of the Convention on Biological Diversity(SCBD)(2020), *Global Biodiversity Outlook 5*.

Fripp, E.(2014), *Payments for Ecosystem Services (PES): A practical guide to assessing the feasibility of PES projects,* Center for International Forestry Research (CIFOR).

CHAPTER

19 기후변화와 산림경제학

1 기후변화와 산림

기후변화는 지구 생태계와 인간에게 심각한 영향을 미치는 전 지구적 도전 과제이다. 지구 온난화로 인해 극단적 기상 현상, 해수면 상승, 생물다양성 감소 등 복합적인 문제를 초래하고 있다. 특히, 2011~2020년 전 세계 평균 지표면 온도는 산업화 이전(1850~1900년) 대비 약 1.1°C 상승하였으며, 이로 인해 식량과 물 안보, 인류 건강, 경제 및 사회 전반에 걸친 광범위한 악영향과 함께 자연과 인간 모두에게 심각한 손실과 피해가 발생하고 있다(IPCC, 2023). 이제는 지구 온난화를 넘어 지구 열대화(Global Boiling)의 시대가 왔다("The era of global warming has ended; the era of global boiling has arrived.")고 유엔 사무총장 안토니오 구테레스는 말한다.

기후변화 대응을 위해 산업, 에너지, 폐기물, 농업 등 다양한 분야에서 온실가스 감축 노력을 하고 있다. 인간의 활동으로 인해 발생하는 온실가스 배출을 줄이기 위한 노력을 **완화**(Mitigation)라고 하며, 이미 발생한 기후변화로의 영향을 최소화하거나 위협을 줄이기 위해 장기적이고 광범위한 대안을 마련하는 것을 **적응**(Adaptation)이라 정의한다. 완화와 적응은 상호 보완적인 역할을 하며, 기후변화의 영향을 효과적으로 대응하기 위해서는 두 접근법을 균형 있게 고려해야 한다. 최근에는 자연 자원을 활용하여 기후변화에 대응하는 **자연기반해법**(Nature-based Solutions: NbS)이 주목받고 있다. 산림, 농경지, 초지, 습지 등 다양한 생태계를 지속가능하게 관리하여 기후변화에 대응하려는 접근이다. 이 중에서도 산림은 대표적인 자연기반해법으로 조림, 산림경영, 보호 등 다양한 활동을 통해 기후변화 완화와 적응에 기여한다.

산림은 탄소흡수원인가? 배출원인가?

산림은 지구의 유일한 탄소흡수원이다. 나무가 성장하는 과정에서 광합성을 통해 대기 중 이산화탄소(CO_2)를 흡수하고, 이를 줄기 · 가지 · 잎 · 뿌리와 토양에 장기간 저장한다. 토양 역시 산림생태계의 중요한 탄소 고정 기능을 한다. 2020년 기준, 전 세계 산림은 약 6,620억 톤의 탄소를 저장하고 있으며, 이 중 약 45%는 토양에, 44%는 살아 있는 나무에, 나머지 약 10%는 고사목이나 낙엽층 등에 저장하고 있다. 산림을 보호하고 복원하며 지속가능하게 관리할 경우, 연간 최대 30억 톤의 이산화탄소 배출량을 줄일 수 있다고 평가한다(FAO, 2020a). 더 나아가 수확 이후에도 건축자재나 가구 등 목제품으로 활용하면 탄소를 오랜 기간 저장할 수 있고, 상품성이 낮은 경우 바이오매스 에너지 등으로 전환되어 화석연료를 대체하는 에너지원으로도 활용할 수 있다(장윤성 등, 2022).

그러나 산림은 적절히 관리되지 않으면 저장된 탄소를 방출하는 배출원이 되기도 한다. 토지 전용(산림을 농지 · 정주지 등으로 전환), 불법 벌채, 산불, 병충해로 인해 나무에 저장되었던 탄소가 다시 대기 중으로 방출되는 것이다. 산림을 지속가능하게 관리하고 이용하면 탄소흡수원으로 기능을 수행하지만, 그렇지 않을 때 탄소배출원으로 전락할 수 있는 양면성을 가지므로 산림탄소의 선순환 체계 구축이 필요하다.

산림전용으로 인해 배출되는 온실가스는 전 세계 배출량의 약 20%를 차지한다. FAO(2020b)에 따르면 2015년부터 2020년까지 매년 약 1,000만 헥타르의 산림이 사라졌다. 특히, 생태적 중요성이 높은 열대림은 전체 산림면적의 약 45%를 차지하며, 연간 약 15억 톤의 탄소를 흡수할 수 있다. 하지만 개발, 벌목, 농경지 확대 등으로 인해 열대림은 급격히 감소하고 있으며, 열대림 지역의 산림전용으로 인한 연간 배출량은 국가별 규모로 비교할 때 중국과 미국에 이어 세계 3위에 해당하는 수준을 기록한다(WRI, 2018).

산림과 기후변화에 관한 국제사회의 흐름

2015년 채택된 파리협정(Paris Agreement)은 흡수원으로서 산림의 역할을 강조한다. 협정은 산림 및 기타 온실가스흡수원의 보전과 증진이 기후변화 완화에 필수적임을 명시하며, 특히 제5조에서 각국이 산림 보호와 복원을 촉진하고, 지속가능한 산림관리를 통해 탄소흡수를 증대시키기 위한 노력을 강화할 것을 권고한다. 특히, '개발도상국에서의 산림전용과 산림황폐화로 인한 배출의 감축 관련 활동, 그리고 산림의 보전, 지속가능한 관리 및 산림 탄소 축적 증진'을 언급하며 REDD+(Reducing Emissions from Deforestation and forest Degradation)를 통한 대응을 장려하고 있다. 이러한 노력은 국가별 온실가스 감축목표(Nationally Determined Contributions: NDCs)의 이행 과정에서 추진되며, 산림이 핵심적인 역할을 수행한다.

파리협정 제5조

1. 당사자는 협약 제4조 제1항 라목에 언급된 바와 같이, **산림을 포함한 온실가스흡수원 및 저장고를 적절히 보전하고 증진하는 조치를** 하여야 한다.
2. 당사자는, 협약 하 이미 합의된 관련 지침과 결정에서 규정하고 있는 기존의 프레임워크인: 개발도상국에서의 산림 전용과 산림 황폐화로 인한 배출의 감축 관련 활동, 그리고 산림의 보전, 지속가능한 관리 및 산림 탄소 축적 증진 역할에 관한 정책적 접근 및 긍정적 유인과; 산림의 통합적이고 지속가능한 관리를 위한 완화 및 적응 공동 접근과 같은 대안적 정책 접근을, 이러한 접근과 연계된 비탄소 편익에 대하여 적절히 긍정적인 유인을 제공하는 것의 중요성을 재확인하면서, 결과기반지불 등의 방식을 통하여, 이행하고 지원하는 조치를 하도록 장려된다.

파리협정 이후, 열대우림을 포함한 산림의 중요성은 활발히 논의되고 있다. 2021년 11월 2일 제26차 유엔기후변화협약 당사국총회(COP26)에서 '산림 및 토지 이용에 관한 글래스고 정상선언(Glasgow Leaders' Declaration on Forests and

Land Use)'이 채택되었으며, 각국 정상들은 '2030년까지 산림 손실과 토지 황폐화를 중단하고 복원하기 위해 협력한다'는 공동 목표에 합의하고 서명하였다. 글래스고 정상선언은 산림의 지속가능한 이용을 위해 다섯 가지 분야를 종합적으로 고려할 것을 강조하였다. 첫째, 경제발전과 농업의 균형, 둘째, 농림축산물의 지속가능한 교역, 셋째, 농산촌 지역주민의 생계와 역량 배양, 넷째, 효과적인 재정 및 기술 지원, 다섯째, 지속가능발전목표(SDGs)와 파리협정과의 연계이다. 이 선언에는 우리나라를 비롯하여 영국, 미국, 프랑스, 중국, 러시아, 일본, 독일 등 주요 선진국과 세계 3대 열대우림 보유국인 브라질, 인도네시아, 콩고민주공화국 등을 포함한 총 133개국이 참여하였다.

또한, 유럽연합(EU)은 2023년 6월 「EU 산림전용방지법(EU Deforestation Regulation: EUDR)」을 채택하였다. EU 시장에 수입되는 소, 코코아, 커피, 팜유, 고무, 대두, 목재의 7가지 농·임산물과 관련 파생제품이 대상이 되며, 2020년 12월 31일 이후 산림전용 및 산림황폐화를 일으키지 않은 토지에서 생산된 제품인지 증명하도록 의무화한다. 사업자는 공급망 전반에 걸쳐 생산지 정보를 추적 및 확인해야 하며, 이를 어길 시 제재를 받는다(고승호 등, 2024). 이러한 규제는 국제 공급망의 탈(脫) 산림전용을 유도하는 강력한 조치로서 국제적인 산림 보전 노력을 뒷받침하는 역할을 할 것으로 평가된다.

2 탄소가격제와 산림

탄소가격제(carbon pricing)는 오염자부담(polluter pays) 원칙에 따라 온실가스 배출 비용을 시장에 반영함으로써 배출자의 행태 변화를 유도하는 대표적인 경제적 유인수단이다. 즉, 온실가스 배출로 인해 발생하는 사회적 비용을 배출자(기업 등)가 직접 부담하도록 내부화하여 온실가스 감축을 유도하는 제도이다. 탄소가격제는 배출 감축을 유도하는 시장신호가 가격(price) 변수를 중심으로 작동하는지, 또는 총량(quantity) 변수를 중심으로 작동하는지에 따라 크게 두 가지 형태로 구분된다. 탄소세(carbon tax)는 배출 단위당 세율을 부과하여 배출의 '가격'을 고정하는 가격 기반(price-based) 제도이며, 배출권거래제(Emission Trading System:

ETS)는 배출총량(cap)을 설정하고 그 범위 내에서 배출권을 거래하도록 하는 수량 기반(quantity-based) 제도이다(송홍선, 2021). 탄소가격제는 현재 전 세계 온실가스 배출량의 약 28%를 포괄하고 있으며 43개의 탄소세와 37개의 배출권거래제(ETS)가 시행 중이다(World Bank, 2025).

배출권거래제

배출권거래제(Emissions Trading System: ETS)는 정부가 온실가스 배출 총량을 설정(Cap)하고, 기업들이 할당된 배출권(Allowance)을 시장에서 거래(Trade)하도록 허용함으로써 비용 효과적으로 감축목표를 달성하도록 설계된 시장 기반 정책 수단이다. 이는 확실한 총량 관리를 통해 감축목표를 보장하면서도 개별 기업에게는 유연성을 제공한다는 점에서 전략적 중요성을 가진다. 탄소 배출에 대한 명시적인 가격을 형성하여 기업들이 감축 기술에 투자하거나 배출권을 구매하는 것 사이에서 경제적인 의사결정을 내리도록 유도한다.

배출권거래제는 유럽연합(EU)과 한국, 중국, 미국, 일본 등 주요 국가에서 활발히 운영되고 있다. 우리나라 배출권거래제는 국가 온실가스 감축목표 달성을 위해 2015년 1월 1일부터 시행되고 있다. '저탄소 녹색성장 기본법 제46조'에 의거하여 '온실가스 배출권 할당 및 거래에 관한 법률'이 제정되었으며, 환경부가 배출권거래제를 총괄하고 있다. 정부는 5년마다 국가 온실가스 감축목표(NDC)에 부합하도록 배출권을 설정 및 기업에 할당하며, 기업은 할당받은 배출권 범위 내에서 배출을 관리하거나, 여유 배출권을 거래소를 통해 매매할 수 있다. 우리나라 배출권거래제의 기본 거래단위는 이산화탄소 환산톤(tCO_2eq)이며, 기업이 거래할 수 있는 배출권에는 정부가 무상 혹은 유상으로 할당하는 할당배출권(Korean Allowance Unit: KAU), 외부감축사업을 통해 발급되는 외부사업 인증실적(Korean Offset Credit: KOC), 그리고 KOC를 배출권으로 전환하면 상쇄배출권(Korean Credit Unit: KCU)가 된다.

탄소세

탄소세(Carbon Tax)는 온실가스 배출을 규제하기 위한 시장 기반의 정책수단으로 배출권거래제와 함께 탄소가격제의 대표적인 유형으로 꼽힌다. 탄소세는 온실가스 배출 단위당(tCO_2eq) 일정 금액의 세금을 부과함으로써 배출자에게 탄소 배출의 사회적 비용을 부담시키는 제도이다. 탄소세는 1990년대 초 북유럽을 중심으로 도입된 이후 점차 확산되었다. 스웨덴은 144.6US$/$tCO_2eq$로 세계에서 가장 높은 세율을 적용하고 있으며, 폴란드나 멕시코 등은 10달러 미만의 낮은 세율을 유지하고 있다(World Bank Group, 2025). 대부분 국가는 탄소세와 ETS가 중복으로 부과되는 것을 방지하기 위해 ETS 참여 사업장을 탄소세 과세 대상에서 제외하거나 세율을 감면하는 등 ETS 제도와 탄소세를 이중으로 활용하는 상호보완 체계로 추진하고 있다.

결국 탄소세와 ETS는 모두 국가 차원의 감축목표를 달성하기 위한 규제적 탄소가격제에 해당한다. 그러나 최근에는 이러한 공공부문 중심의 규제 정책만으로는 탄소중립(Net Zero) 목표를 달성하기 어렵다는 인식이 확산되면서, 민간 부문의 자율적 감축 참여를 기반으로 하는 자발적 탄소시장(Voluntary Carbon Market:

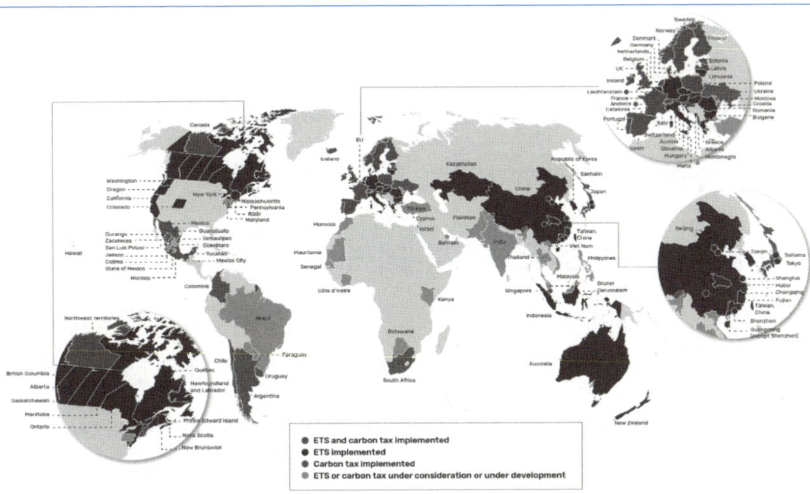

▶ **그림 19-1** 전세계 탄소거래제 시행 현황(2025년 기준)

VCM)이 주목받고 있다. 특히 산림과 토지 이용 부문은 탄소흡수원으로서 규제시장과 자발적 시장 모두에서 핵심적인 역할을 수행하고 있으며, 자연기반해법(NbS)을 중심으로 민간 주도의 탄소상쇄 프로젝트(REDD+, 신규조림·재조림, 산림경영개선 등)가 활발히 확대되고 있다. 이러한 변화는 탄소가격제가 정부의 규제에서 민간의 자발적 참여로 확장되는 글로벌 전환의 흐름을 보여준다.

자발적 탄소시장

자발적 탄소시장(Voluntary Carbon Market)은 정부의 규제 의무가 없는 기업, 기관, 개인 등이 자발적으로 탄소 배출량을 상쇄하기 위해 형성된 시장이다. 기업의 사회적 책임 및 자발적 기후 행동 목표에 따라 움직이며 최근 기업의 사회적 책임(Corporate Social Responsibility: CSR)과 ESG(Environment, Social, Governance) 경영을 달성하고자 하는 기업이 급증하면서 시장이 성장하고 있다.

자발적 탄소시장은 규제 대상이 아닌 기업이나 개인의 참여를 통해 더욱 광범위한 기후 행동을 촉진하며, Verra(VCS), Gold Standard 등 독립적인 인증 표준 기관들에 의해 운영된다. VCM에서 거래되는 상품은 프로젝트를 통해 발생된 상쇄 크레딧(Offset Credit)이며 제3자 검증을 거쳐 인정된다. 그러나 다양한 인증기관과 방법론 등이 존재하여 신뢰성에 대한 문제가 등장하기도 하였으며, 이를 회복하고자 자발적 탄소시장 무결성 이니셔티브(Voluntary Carbon Market Integrity Initiative: VCMI)는 2023년 6월, "무결성 이행 지침(Claims Code of Practice)"을 발표하여 기업의 크레딧 사용 등급과 품질 요건을 구체화하였다.

파리협정 제6조와 국제감축 메커니즘

자발적 탄소시장은 민간 부문이 주도하는 자율적 감축 메커니즘으로 빠르게 성장했지만, 시장 내 인증체계의 분절화와 감축 실적의 이중계산(double counting) 문제, 국가 NDC와의 연계 부족이 한계로 지적되어 왔다. 이러한 상황에서 국제사회는 탄소감축 실적의 신뢰성을 확보하고, 국가 간 감축협력을 제도적으로 관리하기 위한 새로운 규범 체계를 모색하게 되었다. 바로 이러한 문제의식 속에서 출범한 것이 파리협정 제6조(Article 6)이다. 제6조는 국가 간 협력을 통해 감축목표를 보다 효율적으로 달성하고, 민간 시장에서 발생한 감축 실적이 국가 NDC에 일관되게 반영되도록 하기 위한 국제적 기준을 제시한다.

파리협정 제6.2조는 국제적으로 이전되는 감축 결과(Internationally Transferred Mitigation Outcomes: ITMOs)의 거래를 허용함으로써 국가 간 양자 협력을 통한 감축 활동을 제도화한다. 이 조항의 핵심은 동일한 감축 실적이 두 국가의 NDC에 중복 반영되는 '이중 계산(Double Counting)'을 방지하는 데 있다. 이를 위해 도입된 상응 조정(Corresponding Adjustment)제도는 감축 실적이 판매국의 인벤토리에서 차감되고 구매국의 인벤토리에 추가되도록 하는 회계적 조정 절차를 규정한다. 예를 들어, 페루가 산림 보전 프로젝트를 통해 달성한 감축 실적을 스위스가 구매하여 자국의 NDC 달성에 활용하는 경우, 페루는 그만큼의 감축량을 자국 보고서에서 차감하고, 스위스는 해당 양을 추가하여 보고한다. 이를 통해 하나의 감축 실적이 전 세계적으로 한 번만 인정되도록 보장하는 것이다(송민경 등, 2023).

제6.4조는 UNFCCC 감독하에 운영되는 국제 탄소시장 메커니즘(Article 6.4 Mechanism)을 규정하고 있다. 이는 교토의정서 시절의 CDM(청정개발체제)을 계승·발전시킨 형태로 감축 활동을 통해 생성된 크레딧(A6.4ERs)을 국제적으로 거래할 수 있도록 한다. 이 메커니즘은 정부뿐 아니라 민간 부문이 직접 참여할 수 있도록 설계되어 있으며, 프로젝트 수준의 감축 실적이 국제 기준에 따라 검증·등록·발행되어, 다른 국가의 NDC 달성 또는 자발적 탄소시장(VCM) 내 상쇄 수단으로 활용될 수 있다. 특히 산림과 토지 이용 부문은 제6.4조 메커니즘의 주요 대상 분야 중 하나로, 신규조림·재조림(ARR), 산림경영개선(IFM), REDD+ 등 다양한 형태의 활동을 통해 감축 실적을 창출할 수 있다. 이는 자발적 시장과 규제 시장의 경계를 점차 허물고, 향후 두 시장 간의 신뢰성 있는 상호인정을 촉진할 것으로 기대된다.

산림을 활용한 탄소사업

산림은 탄소를 흡수하고 저장하는 흡수원으로, 온실가스 감축에 있어 독보적인 역할을 수행한다. 산림과 토지 이용 기반의 프로젝트는 상쇄 메커니즘(offset mechanism)을 통해 온실가스 감축 목표 달성에 기여하며 자발적 탄소시장에서 가장 활발히 거래되는 프로젝트 유형으로 꼽힌다. 산림 사업은 비용 대비 감축 잠재력이 높고 지역사회 생계 개선·생물다양성 보전·토지 회복력 강화 등 다양한 공편익을 제공하기 때문에 민간 수요가 지속적으로 증가하고 있다.

산림 탄소사업은 일반적으로 신규조림(Afforestation)/재조림(Reforestation), 산림경영개선(Improved Forest Management), 산림전용 방지(REDD+) 등이 있다. 신규조림은 비산림 지역을 산림으로 전환하는 사업으로, 신규조림을 통해 탄소흡수량을 증가시킨다. 재조림은 벌채되거나 황폐화된 토지를 복원하는 과정에서 탄소 저장을 회복하며, 산림경영개선은 기존 산림의 관리 방식을 개선하여 탄소흡수와 저장량을 늘리는 방식으로 벌기령 연장, 수종갱신 등의 활동이 해당한다.

UNFCCC의 신규조림과 재조림의 정의

신규조림(Afforestation): 해당 토지가 1990년 12월 31일 이전에는 산림이 아니었던 지역에 나무를 심어 산림으로 만든 경우.

재조림(Reforestation): 해당 토지가 1990년 12월 31일 이후 일시적으로 산림이 아닌 상태가 된 지역에 다시 산림을 복구한 경우. 단, 최근(예: 50년 이내) 과거에 산림이었던 지역이어야 한다.

REDD+는 "Reducing Emissions from Deforestation and Forest Degradation"의 약자로, 개발도상국에서 발생하는 산림전용과 황폐화를 줄여 탄소 배출을 감소시키는 국제적 메커니즘이다. REDD+는 단순히 산림을 보호하는 것을 넘어, 지속가능한 산림관리와 산림의 탄소흡수 능력 증대를 목표로 한다. REDD+는 대표적으로 5가지 활동으로 구성되며, 온실가스를 감축하기 위해 ① 산림전용, ② 산림황폐화 방지 활동, ③ 온실가스흡수를 위한 산림보전, ④ 지속가능한 산림관리, ⑤ 산림 탄소축적 증진의 활동이 포함된다. 지역마다 산림 훼손의 원인이 다르기 때문에 각 국가의 산림전용 및 황폐화의 원인(Driver)과 주체(Agent)를 정확히 파악하는 것이 중요하다. 이렇게 지역별 특성에 따라 REDD+의 활동을 구성하며, 하나 이상의 활동으로 사업을 수행한다. 결과적으로, 신규조림·재조림, IFM, REDD+는 모두 산림의 탄소흡수기능을 강화하고 온실가스 배출을 방지하기 위한 상호보완적 메커니즘으로 작동한다. 신규조림·재조림이 신규탄소흡수원 창출, IFM이 기존 산림의 관리개선과 탄소저장량 유지, REDD+가 산림전용 방지에 각각 기여함으로써, 산림 탄소사업 전체가 파리협정과 탄소시장 체제하에서 핵심적인 감축수단으로 자리매김하고 있다.

3 기후재원과 산림

기후변화를 완화하고 이에 적응하기 위한 노력은 선진국에서부터 개도국에 이르기까지 전 세계적인 노력이 필수적이다. 그러나 개도국은 기후변화로 인한 피해에 가장 취약하면서 대응을 위한 재정적 역량이 부족하여 이중으로 취약한 상황에 놓여 있다. 국제사회는 공동의 책임을 지고 개발도상국의 기후변화 완화 및 적응을 위한 노력을 지원하기 위해 다양한 형태의 기후재원(Climate Finance)을 마련하고 있다. 기후재원은 유엔기후변화협약(UNFCCC)과 파리협정 이행의 핵심적인 수단으로서 지역, 국가, 초국가적 수준에서 공공 및 민간 분야로부터 조달되는 모든 재원을 포함한다. 기후재원의 정의는 아직 국제적으로 합의된 바는 없으나, UNFCCC 재원상설위원회(Standing Committee on Finance: SCF)는 기후재원을 '온실가스 배출을 저감하고 흡수원을 증진하며, 인간 및 생태계 시스템이 기후변화의 부정적 영향에 대한 취약성을 줄이고 회복탄력성을 유지 및 증진하는 데 사용되는 재원'으로 정의한다. 기후변화 완화와 적응을 위한 모든 형태의 자금을 기후재원이라 할 수 있다.

기후재원의 배경과 현재

기후재원에 대한 논의는 1992년 채택된 기후변화협약에서부터 등장한다. 제4조 3항에 따르면 선진국(부속서Ⅱ 국가)은 온실가스 농도 안정화를 위해 개도국(비부속서Ⅰ국가)에 이전과 중복되지 않은 '새롭고 추가적인 재원(new and additional financial resources)'을 제공해야 한다고 명시하며, 선진국에게 개도국 지원의 의무를 부과하였다. 이후, 2010년 COP16에서 선진국이 2020년까지 연간

1,000억 달러를 조성한다는 구체적인 목표를 설정하였으며, 기후변화로 인한 공동의 그러나 차별화된 책임(Common But Differentiated Responsibilities: CBDR) 원칙에 따라 개도국의 재정적 지원을 공식화하였다. 2015년 파리협정은 제9조를 통해 개발도상국의 기후변화 완화 및 적응을 위한 노력을 지원하기 위한 선진국의 재정 지원 책임을 언급하며, 제2조 1항에서는 '전 지구적 재원의 흐름을 온실가스 저배출 및 기후회복적 발전 경로와 일치시키는 것'을 전 지구적 목표로 명시하였다. 이는 기후재원이 단순히 선진국의 공여 약속에 그치지 않고, 금융 시스템 전체의 녹색 전환을 추구해야 함을 의미한다. 다시 말해, 공공재원뿐 아니라 민간재원까지 포함한 광범위한 자금 흐름이 파리협정 목표에 부합하도록 전환되어야 한다는 점을 강조하였다(UNFCCC, 2015).

이러한 배경에서 국제사회는 2025년 이후의 새로운 기후재원 목표를 2024년 당사국총회(COP29)에서 합의하였다. 신규 기후재원 목표(New Collective Quantified Goal on Climate Finance: NCQG)는 국제사회가 2035년까지 연간 1.3조 달러 이상을 전 세계적 기후 투자로 확대하기 위해 협력하고, 이 중 연간 3,000억 달러를 선진국 주도로 조성하는 것이다. 이전 목표(연간 1,000억 달러)에 비해 3배 증가한 수치이며, 개도국의 수요와 우선순위를 반영하였다는 점에 의의가 있다. NCQG는 2025년부터 적용되며, 2030년에 중간 점검을 시행해 필요할 경우 목표를 조정하도록 설계되었다. 이는 국제사회가 기후재원을 '수십 억에서 수조 달러 규모로 전환하는(From Billions to Trillions)' 방향으로 나아가야 한다는 점을 재확인한 것으로, 향후 막대한 규모의 자금조달 필요성을 시사한다.

기후재원과 산림

국제사회는 2030년까지 산림 손실을 중단하고 복원하겠다는 목표를 세웠으나 이를 달성하기 위한 재원은 현저히 부족한 실정이다. 필요한 재원은 연간 약 4,600억 달러로 추정되지만 현재 동원되고 있는 산림 관련 기후재원은 연간 약 23억 달러에 불과해 필요 재원의 1%도 채 충족하지 못하고 있다(Forest Declaration Assessment, 2022). 원주민(IPs)과 지역공동체(LCs)가 토지권 보장과 생태계 보전을 위해 필요로 하는 재원 역시 매우 부족하며 현재 지원 수준은 필요 금액의 약 3%

에 머물고 있다.

2025년 COP30에서는 열대우림 보전을 위한 새로운 글로벌 재원인 Tropical Forests Forever Facility(TFFF)가 핵심 의제로 논의될 것으로 전망된다. TFFF는 공공·민간 자본을 종합해 산림을 보전한 국가에 지속적이고 예측 가능한 재원을 제공하는 새로운 구조를 목표로 하며, 보전된 산림 면적에 기반한 보상 방식과 원주민 및 지역공동체에 최소 20% 이상을 배분하는 등 여러 혁신적 요소가 포함된 제안이다. 그러나 아직 구체적인 설계와 이행 가능성은 논의 중에 있으며, 현재 재원 규모와 필요한 수준 간 격차가 커 산림기후재원을 둘러싼 약속들이 실제로 어떻게 이행될 것인지는 여전히 불확실하다.

연습문제

1. 탄소가격제의 경제적 원리를 설명하고, 배출권거래제(ETS)와 탄소세(Carbon Tax)의 구조적 차이를 비교하시오.

2. 자발적 탄소시장과 규제시장(배출권거래제)과의 주요 차이점을 기술하시오.

3. 파리협정 제6조(Article 6)의 주요 내용 중 제6.2조와 제6.4조를 설명하고, ITMOs의 운영 원리를 기술하시오.

4. 산림 탄소사업의 주요 유형(신규조림/재조림, 산림경영개선, REDD+)을 비교하고, 각 사업이 온실가스 감축에 기여하는 바를 설명하시오.

5. 기후재원(Climate Finance)의 개념을 정의하고, 개발도상국 산림 보전 및 복원을 위한 재원 조달의 주요 한계와 개선 방향을 논하시오.

참고문헌

고승호 · 박민규 · 남기원(2024), 『EUDR: 산림 파괴 없는 미래를 위한 정책』, 생각나눔.

송민경 · 김래현 · 이호상 · 이윤정(2023), 『파리협정 제6조와 산림 이해하기』, 국립산림과학원 산림과학속보 23-16.

송홍선(2021), 『2050 탄소중립과 배출권거래제의 활성화』, 자본시장연구원 이슈보고서 21-23.

장윤성 · 한희 · 김영환 · 유리화(2022), 『산림과 탄소 이야기』, 국립산림과학원 산림과학속보 22-07.

FAO(2020a), *The State of the World's Forests 2020*, Food and Agriculture Organization of the United Nations.

FAO(2020b), *Global Forest Resources Assessment 2020*, Food and Agriculture Organization of the United Nations.

Forest Declaration Assessment Partners(2022), *Forest Declaration Assessment: Are we on track for 2030?*, Climate Focus.

UNFCCC(2015), *Paris Agreement*, Article 2(1)(c).

World Bank(2025), *State and Trends of Carbon Pricing*, World Bank.

World Bank Group(2025), https://carbonpricingdashboard.worldbank.org/compliance/price.

World Resources Institute(WRI)(2018), https://wri-indonesia.org/en/data/if-tropical-deforestation-were-country-it-would-rank-third-co2e-emissions.

찾아보기

ㅇ

저자 약력

김준순(金俊淳) 교수는 1984년 고려대학교 임학과에 입학하여 학사와 석사 학위를 받았고 독일 괴팅겐(Göttingen)대학교에서 비시장재 가치평가를 주제로 1997년에 경제학 박사학위를 취득하였다.

1999년부터 2003년까지 국토연구원과 환경정책평가연구원(현 환경연구원)에서 근무하였으며 2003년 3월부터 강원대학교 산림경영학과 교수로 재직하며 산림 관련 경제학 분야 강의와 연구를 하고 있다. 요즘은 손주(이나, 이환)들이 커가는 모습을 보는 즐거움을 누리는 중이다.

산림경제학

초판발행 2026년 2월 20일

지은이 김준순
펴낸이 안종만 · 안상준

편 집 우석진
기획/마케팅 정성혁
표지디자인 BEN STORY
제 작 고철민 · 김원표

펴낸곳 (주) 박영사
서울특별시 금천구 가산디지털2로 53, 210호(가산동, 한라시그마밸리)
등록 1959. 3. 11. 제300-1959-1호(倫)
전 화 02)733-6771
f a x 02)736-4818
e-mail pys@pybook.co.kr
homepage www.pybook.co.kr
ISBN 979-11-303-9780-1 93320

정 가 27,000원